SHENGTAI HUANJING JIANCE JIGOU
ZIZHI RENDING PINGSHEN
DIANXING ANLI JIEXI

生态环境监测机构资质认定评审典型案例解析

中国环境监测总站 / 编著

中国环境出版集团 · 北京

图书在版编目（CIP）数据

生态环境监测机构资质认定评审典型案例解析/中国环境监测总站编著．—北京：中国环境出版集团，2022（2022.9 重印）
ISBN 978-7-5111-5088-2

Ⅰ．①生…　Ⅱ．①中…　Ⅲ．①生态环境—环境监测—资格认证—评定—案例—中国　Ⅳ．①X835

中国版本图书馆 CIP 数据核字（2022）第 045144 号

出 版 人　武德凯
责任编辑　曲　婷
责任校对　任　丽
封面设计　宋　瑞

出版发行　中国环境出版集团
（100062　北京市东城区广渠门内大街 16 号）
网　　址：http：//www.cesp.com.cn
电子邮箱：bjgl@cesp.com.cn
联系电话：010-67112765（编辑管理部）
发行热线：010-67125803，010-67113405（传真）

印　　刷　北京中科印刷有限公司
经　　销　各地新华书店
版　　次　2022 年 3 月第 1 版
印　　次　2022 年 9 月第 2 次印刷
开　　本　880×1230　1/16
印　　张　18.25
字　　数　320 千字
定　　价　86.00 元

《生态环境监测机构资质认定评审典型案例解析》

编 委 会

前言

生态环境监测机构的资质认定评审，是规范生态环境监测机构监测行为，保证监测活动独立、规范、科学，确保监测数据质量的重要手段。为进一步规范生态环境监测机构资质管理，生态环境部和国家市场监督管理总局于 2018 年联合印发了《检验检测机构资质认定生态环境监测机构评审补充要求》（国市监检测〔2018〕245 号），在《检验检测机构资质认定能力评价检验检测机构通用要求》（RB/T 214—2017）的基础上，针对生态环境监测的特点，从布点、采样、现场测试、样品制备、分析测试、数据传输等各个环节对从事生态环境监测的检验检测机构提出了更为严格的具体要求。

在资质认定评审中，由于生态环境监测涉及领域多、工作环节多、标准方法和规范多达上千个，在实施资质认定评审过程中，不同的专家难免对评审条款和标准方法理解角度不一致，从而出现评价尺度不一致的情况。为提高生态环境监测机构资质认定在实施评审环节的一致水平，统一评审人员开具基本符合/不符项的尺度，确保评审关键环节的掌握，进而保证资质认定行政许可结果的可靠性，国家计量认证环保评审组（中国环境监测总站）精心策划，组织数十位资深的资质认定评审员，收集近年来其在评审以及监督检查中实际开具的基本符合/不符项案例，重点梳理了对评审要求理解不统一、认识存在分歧、机构有困惑的问题，选出了 140 个具有代表性的案例，结合每个案例发生的具体场景，对标最适用条款，深入剖析不符合事实，并辅以专家点评和建议应采取的措施，本书所举案例均为具有典型性的实际案例，其内容完整、分析透彻、专业针对性强。

本书的出版，是资质认定评审人员、生态环境监测机构、专业技术评价机构及生态环境监测工作人员不可多得的辅导资料，对指导评审人员更好开展资质认定评审工作，生态环境监测机构正确建立运行管理体系和做好不符合工作整改以及提高生态环境监测工作质量等，均具有重要的参考意义和实用价值。

因时间仓促，限于编者水平，书中难免存在疏漏之处，敬请广大读者批评指正。

本书编写组

2022 年 3 月

目录

附　录 / 159

1 机 构

【场景】

在某生态环境监测机构资质认定首次评审现场，评审员检查时发现该机构体系文件中没有规定应遵守《中华人民共和国环境保护法》和《中华人民共和国计量法》等相关法律法规的内容，也没有相关法律法规宣贯的记录。询问该机构总经理，总经理回答："国家法律法规必须遵守是常识，不遵守责任自负，即使体系文件中不做规定我们也会遵守。"

【不符合的条款号】

《检验检测机构资质认定能力评价　检验检测机构通用要求》（RB/T 214—2017）（以下简称《通用要求》）4.1.3，《检验检测机构资质认定　生态环境监测机构评审补充要求》（以下简称《补充要求》）第四条。

【不符合事实描述】

体系文件中缺少应遵守《中华人民共和国环境保护法》和《中华人民共和国计量法》等相关法律法规的描述。

【分析点评】

《通用要求》4.1.3 规定"检验检测机构及其人员从事检验检测活动，应遵守国家相关法律法规的规定，遵循客观独立、公平、公正、诚实信用原则，恪守职业道德，承担社会责任"；《补充要求》第四条规定"生态环境监测机构及其监测人员应当遵守《中华人民共和国环境保护法》和《中华人民共和国计量法》等相关法律法规"。遵守法律法规是对生态环境监测机构及其人员最基本的要求，遵纪守法的承诺应在管理体系文件中加以体现。该机构没有在体系文件中规定全体员工应遵守《中华人民共和国环境保护法》和《中华人民共和国计量法》等相关法律法规，也没有组织员工进行相关法律法规的宣贯，不能有效地保证员工遵纪守法。

【建议采取的措施】

（1）按照文件修订程序修订体系文件，补充"遵守《中华人民共和国环境保护法》和《中华人民共和国计量法》等相关法律法规"的规定或承诺。

（2）受控发放修订后的体系文件。

（3）组织全员对修订后的体系文件进行宣贯，并学习《通用要求》和《补充要求》的相关规定。

【场景】

在对某生态环境监测机构进行现场评审时，评审员发现该机构体系文件里没有防范和惩治环境监测数据弄虚作假的相关制度和措施。询问管理层人员该公司对防范和惩治环境监测数据弄虚作假有哪些措施？管理层人员回答："我们公司没有这个要求，而且我们的同事工作都是很认真的，是不会弄虚作假的。"

【不符合的条款号】

《补充要求》第五条。

【不符合事实描述】

机构未按《补充要求》第五条规定建立防范和惩治弄虚作假行为的制度和措施。

【分析点评】

《补充要求》第五条规定"生态环境监测机构应建立防范和惩治弄虚作假行为的制度和措施，确保其出具的监测数据准确、客观、真实、可追溯。生态环境监测机构及其负责人对其监测数据的真实性和准确性负责，采样与分析人员、审核与授权签字人分别对原始监测数据、监测报告的真实性终身负责"。该机构管理层没有学习并贯彻落实《补充要求》，没有建立防范和惩治弄虚作假行为的制度和措施，以防止监测数据弄虚作假行为的发生。

【建议采取的措施】

（1）组织相关人员深入学习《补充要求》第五条与《关于深化环境监测改革　提高环境监测数据质量的意见》（厅字〔2017〕35 号）（以下简称"两办意见"）。

（2）将《补充要求》第五条的内容纳入管理体系文件，建立防范和惩治弄虚作假行为的制度和措施。

（3）对全员宣贯修订后的体系文件及防范和惩治弄虚作假行为的文件规定。

【场景】

在对某生态环境监测机构进行监督检查时，检查人员发现编号为×××的监测报告中包含废气中甲苯、乙苯等苯系物组分的达标监测结果。但查看相应的苯系物监测原始记录，发现其中有苯的超标监测结果。经进一步核实，委托合同中的监测项目有苯，但该超标结果未在监测报告中体现。

【不符合的条款号】

《补充要求》第五条。

【不符合事实描述】

编号为×××的监测报告中未按合同要求出具全部监测项目结果，选择性出具监测报告，未包含超标废气中苯的监测结果。

【分析点评】

《补充要求》第五条规定“生态环境监测机构应建立防范和惩治弄虚作假行为的制度和措施，确保其出具的监测数据准确、客观、真实、可追溯”。该机构在编号为×××的监测报告中未如实报出废气中苯超标的监测结果，没有按合同约定将全部项目监测结果完整录入监测报告，擅自减少监测项目，隐瞒原始记录中苯超标的数据，导致监测结果不真实、不客观、不准确，出具虚假监测结果的监测报告，涉嫌弄虚作假。依据《检验检测机构监督管理办法》（国家市场监督管理总局令　第39号）（以下简称“39号令”）第十四条（三），属“减少、遗漏或者变更标准等规定的应当检验检测的项目，或者改变关键检验检测条件的”；依据《环境监测数据弄虚作假行为判定及处理办法》（环发〔2015〕175号）（以下简称“175号文”）第五条（二），属“监测报告与原始记录信息不一致，或者没有相应原始数据的”，需提交资质认定部门查实处理。

【场景】

在对某生态环境监测机构进行监督检查时，检查人员发现编号为 A×××与 B×××的两个监测报告所附的两份污水采样原始记录中，现场采样人员李××的签名笔迹完全不同。检查人员当场让李××签名确认，证实 A×××监测报告所附原始记录签名与其实际签名一致，B×××监测报告所附原始记录签名与其实际签名不一致。经再三询问，李××承认当日只在 A 处采样并在原始记录上签名，未在 B 处采样。

【不符合的条款号】

《通用要求》4.1.4，《补充要求》第五条。

【不符合事实描述】

编号为 B×××的监测报告所附污水采样原始记录中，现场采样人员李××的签名与本人实际签名笔迹不一致。

【分析点评】

《通用要求》4.1.4 规定“检验检测机构应建立和保持维护其公正和诚信的程序”；《补充要求》第五条规定“生态环境监测机构应建立防范和惩治弄虚作假行为的制度和措施，确保其出具的监测数据准确、客观、真实、可追溯”。该机构现场采样人员李××未在 B 处采样，但编号为 B×××的监测报告所附污水采样原始记录中有李××签名，且与本人实际签名笔迹不一致，涉嫌伪造签名，弄虚作假。依据“39 号令”第十四条（二），属“伪造、变造原始数据、记录，或者未按照标准等规定采用原始数据、记录的”；依据“175 号文”第五条（四），属“伪造监测时间或者签名的”，需提交资质认定部门查实处理。

【场景】

在对某生态环境监测机构进行监督检查时，检查人员发现编号为×××的监测报告所附原始记录显示，两份地下水现场采样记录表记录的采样时间分别为 2020 年 5 月 19 日、20 日，但样品交接记录表记录的样品交接时间却均为 2020 年 5 月 19 日。样品管理员坚持说，样品确实是 5 月 19 日傍晚一并交接的，并提供了当日微信对话记录为证。经询问，采样人员最后承认，监测方案要求连续两天采样，实际到达现场后一次性把应该两天采集的样品全部采回来了。

【不符合的条款号】

《补充要求》第五条。

【不符合事实描述】

编号为×××的监测报告所附地下水采样记录中，采样时间为 2020 年 5 月 20 日，但样品交接时间为 2020 年 5 月 19 日。

【分析点评】

《补充要求》第五条规定“生态环境监测机构应建立防范和惩治弄虚作假行为的制度和措施，确保其出具的监测数据准确、客观、真实、可追溯”。按照监测工作正常程序，样品采集时，应当实时记录采样点位、分析项目和采样时间等信息，采样结束后，应将样品及时送交实验室样品管理员，并填写样品交接记录表，记录样品交接时间等信息。该机构编号为×××的监测报告的原始记录中，现场采样时间未如实记录，涉嫌伪造监测时间，弄虚作假。依据“39 号令”第十四条（二），属“伪造、变造原始数据、记录，或者未按照标准等规定采用原始数据、记录的”；依据“175 号文”第五条（四），属“伪造监测时间或者签名的”，需提交资质认定部门查实处理。

【场景】

2020 年 8 月，检查人员对某生态环境监测机构进行监督检查时，发现在 2020 年 3 月、5 月、7 月对×××企业的 3 份监测报告中，无组织排放监测中氨监测原始记录的所有数据及监测结果完全一致，其中环境温度、大气压等环境参数数值也完全相同，只有样品分析时间不同。技术负责人解释："这家企业长期委托我们做自行监测，排污状况一直很稳定，监测结果不变是完全可能的。"

【不符合的条款号】

《通用要求》4.1.4，《补充要求》第五条。

【不符合事实描述】

同一企业 3 份不同监测月份的监测报告中，无组织排放监测中氨的监测原始记录数据及监测结果完全一致。

【分析点评】

《通用要求》4.1.4 规定"检验检测机构及其人员应不受来自内外部的、不正当的商业、财务和其他方面的压力和影响，确保检验检测数据结果的真实、客观、准确和可追溯"；《补充要求》第五条规定"生态环境监测机构应建立防范和惩治弄虚作假行为的制度和措施，确保其出具的监测数据准确、客观、真实、可追溯"。生产企业排放的废气包括污染物的浓度会随生产工况、治理设施运行工况等发生变化，不同时间采集的样品中污染物的浓度、监测的参数也不尽相同。该机构在 2020 年 3 月、5 月、7 月的 3 份无组织排放监测中氨监测原始记录，全部数据信息及监测结果完全相同，包括环境温度、大气压等环境参数数值也完全相同。这 3 个不同月份的环境温度完全相同，显然违背客观事实，涉嫌未实施检测直接编造监测结果与监测报告，属弄虚作假行为，依据"39 号令"第十四条（一），属"未经检验检测的"；依据"175 号文"第五条（六），属"未开展采样、分析，直接出具监测数据或者到现场采样、但未开设烟道采样口，出具监测报告的"，需提交资质认定部门查实处理。

【场景】

2020年年初，在一次专项监督检查时，检查人员发现某生态环境监测机构二噁英分析的前处理设备有2台氮吹仪、5台旋转蒸发仪和2套手工的索氏提取器，分析设备为一台高分辨气相色谱-高分辨质谱仪。监测报告档案显示上年度共出具了约2万个二噁英样品的测试结果，包括地表水、烟气、土壤、固废等样品类别。查看编号为×××的监测报告，机构也提供不出样品前处理记录与高分辨气相色谱-高分辨质谱仪分析的谱图。

【不符合的条款号】

《补充要求》第五条。

【不符合事实描述】

二噁英监测的设备数量与出具的监测数据量不匹配，提供不出编号为×××监测报告的高分辨气相色谱-高分辨质谱仪样品分析的谱图。

【分析点评】

《补充要求》第五条规定“生态环境监测机构应建立防范和惩治弄虚作假行为的制度和措施，确保其出具的监测数据准确、客观、真实、可追溯”。按机构所配备的二噁英监测设备数量和监测方法及二噁英分析所需时间测算，1台高分辨气相色谱-高分辨质谱仪一年内不可能完成2万个二噁英样品的监测，其1年内所出具的监测结果数据量远远超过其设备的承载能力，并且提供不出编号为×××监测报告的高分辨气相色谱-高分辨质谱仪样品分析的谱图，可判断该机构涉嫌弄虚作假，伪造监测数据。依据“39号令”第十四条（一），属“未经检验检测的”；依据“175号文”第五条（六），属“未开展采样、分析，直接出具监测数据或者到现场采样、但未开设烟道采样口，出具监测报告的”，需提交资质认定部门查实处理。

【场景】

国家专项监督检查组在对某生态环境监测机构材料审核时，检查人员发现编号为 A×××、B×××、C×××3 份监测报告中包括离子色谱法分析结果，对应的监测原始记录中有分析时间等信息，但无使用的离子色谱仪及谱图等信息。检查人员查阅离子色谱仪使用记录，未查到对应分析时间段离子色谱仪的使用记录信息；检查人员又检查离子色谱的工作站，也未查找到对应分析时间段内的相关监测数据。检查人员问："你们有几台离子色谱仪？"离子色谱分析人员说："我们公司就 1 台离子色谱仪，相关监测项目都是这台仪器分析的。"

【不符合的条款号】

《通用要求》4.1.4，《补充要求》第五条。

【不符合事实描述】

编号为 A×××、B×××、C×××3 份监测报告中离子色谱法相关监测结果的原始记录缺少所使用仪器的信息及谱图，离子色谱仪使用记录中没有对应分析时间段的仪器使用记录，离子色谱仪工作站中无对应的电子记录。

【分析点评】

《通用要求》4.1.4 规定"检验检测机构及其人员应不受来自内外部的、不正当的商业、财务和其他方面的压力和影响，确保检验检测数据结果的真实、客观、准确和可追溯"；《补充要求》第五条规定"生态环境监测机构应建立防范和惩治弄虚作假行为的制度和措施，确保其出具的监测数据准确、客观、真实、可追溯"。该机构出具的 3 份监测报告所涉及的离子色谱仪监测结果不能追溯：原始记录中缺少离子色谱仪使用信息及谱图、没有相关电子数据支持、仪器使用记录中也没有相关的记录。监测活动无法再现，涉嫌伪造监测数据，弄虚作假。依据"39 号令"第十四条（一），属"未经检验检测的"；依据"175 号文"第五条（六），属"未开展采样、分析，直接出具监测数据或者到现场采样、但未开设烟道采样口，出具监测报告的"，需提交资质认定部门查实处理。

【场景】

在对某生态环境监测机构进行现场评审时，评审员查看编号为×××的监测报告所附废气中苯系物的气相色谱监测原始记录，发现缺少部分打印的谱图。评审员要求从仪器工作站中调出原始记录谱图并打印，但分析人员无法从仪器工作站调出相应的监测原始记录谱图。评审员再要求调出备份的电子数据和谱图时，分析人员回答未及时做备份。

【不符合的条款号】

《补充要求》第五条。

【不符合事实描述】

编号为×××的监测报告所附废气苯系物的原始记录，机构提供不出气相色谱仪分析废气中苯系物的原始数据和纸质版或电子版谱图。

【分析点评】

《补充要求》第五条规定“生态环境监测机构应建立防范和惩治弄虚作假行为的制度和措施，确保其出具的监测数据准确、客观、真实、可追溯”。该机构对能直接处理并输出数据和谱图的气相色谱仪未按要求打印谱图或备份电子介质的数据和谱图。出具的监测报告所涉及的废气苯系物监测结果不能追溯，涉嫌伪造监测数据，弄虚作假。依据“39号令”第十四条（一），属“未经检验检测的”；依据“175号文”第五条（六），属“未开展采样、分析，直接出具监测数据或者到现场采样、但未开设烟道采样口，出具监测报告的”，需提交资质认定部门查实处理。

2 人　员

【场景】

某生态环境监测机构资质认定扩项评审，评审员文审时发现：该机构监测人员一览表中 24 名监测人员均无专业技术职称，只有 2 名人员符合工程师同等能力的要求。机构负责人解释：因本机构前阶段效益不佳等原因，几名有职称或满足同等能力要求的监测人员于近期离职，还没来得及招聘满足要求的人员。

【不符合的条款号】

《补充要求》第六条。

【不符合事实描述】

机构的中级及以上专业技术职称或同等能力环境监测专业技术人员占从事生态环境监测专业技术人员总数小于 15%。

【分析点评】

《补充要求》第六条规定“中级及以上专业技术职称或同等能力的人员数量应不少于生态环境监测人员总数的 15%”。该机构中级及以上专业技术职称或同等能力的人员只有 2 名，占从事生态环境监测人员总数的 8.3%，未达到《补充要求》第六条规定的 15%的要求。

【建议采取的措施】

（1）学习《补充要求》对人员管理方面的规定。

（2）针对中级及以上专业技术职称或同等能力人员的流失情况，及时补充相应资质条件的人员，以保持机构的人员条件持续符合《补充要求》的规定。

（3）整改待专业技术人员满足要求后，重新提交资质认定申请。

【场景】

某生态环境监测机构资质认定首次评审，评审员现场检查中发现：技术负责人为某国企产品与原料检验相关工作岗位退休人员，无生态环境监测相关经历；聘用合同显示该技术负责人为两周前聘用，机构工资表中无此人名字；在问答考核中，技术负责人不熟悉地表水、环境空气、噪声等常用的环境监测标准和技术规范。

【不符合的条款号】

《通用要求》4.2.3，《补充要求》第七条。

【不符合事实描述】

机构的技术负责人无从事生态环境监测相关工作 5 年以上的经历，不熟悉生态环境监测的相关技术。

【分析点评】

《通用要求》4.2.3 规定“检验检测机构的技术负责人应具有中级及以上专业技术职称或同等能力，全面负责技术运作”；《补充要求》第七条规定“生态环境监测机构技术负责人应掌握机构所开展的生态环境监测工作范围内的相关专业知识，具有生态环境监测领域相关专业背景或教育培训经历，具备中级及以上专业技术职称或同等能力，且具有从事生态环境监测相关工作 5 年以上的经历”。该机构技术负责人长期从事的产品与原料检验工作，与生态环境监测分属不同的领域，且聘用时间太短，不能胜任“全面负责技术运作”的职责；考核结果也表明其未掌握该机构拟开展的生态环境监测相关专业知识，不能胜任生态环境监测机构技术负责人一职。

【建议采取的措施】

（1）该机构最高管理者及相关管理人员应认真学习《通用要求》和《补充要求》对技术负责人的规定。

（2）按《通用要求》和《补充要求》规定的技术负责人条件，重新物色并聘用符合要求的人员担任技术负责人一职。

（3）新任技术负责人参加生态环境监测相关技术工作，通过一段时间的实际工作考查，确认技术负责人的能力。

（4）当新任技术负责人能够全面负责技术运作时，重新提交资质认定申请。

【场景】

某生态环境监测机构资质认定评审时，评审员检查中发现：质量负责人未参加过《通用要求》与《补充要求》的相关培训，也未参与该机构管理体系文件的编制；考试与提问结果表明质量负责人不熟悉如何组织开展内部审核、不符合的纠正，也不熟悉生态环境监测质量管理标准（如 HJ 630、HJ 168 等）的相关要求。查阅质量负责人的人员技术档案，了解到该质量负责人为环境工程专业本科毕业，从事环境影响评价、环境污染治理研究方面的工作 20 年，与该机构签订聘用合同仅 1 个月。机构负责人介绍说："这是我们高薪聘请的管理人员，在环保系统相当有名气！对我们公司环保方面的业务很有益处。"

【不符合的条款号】

《通用要求》4.2.3，《补充要求》第九条。

【不符合事实描述】

质量负责人不熟悉如何组织开展内部审核、不符合的纠正等体系运行要求，也不熟悉生态环境监测领域特定的质量管理要求。

【分析点评】

《通用要求》4.2.3 规定"质量负责人应确保管理体系得到实施和保持"；《补充要求》第九条规定"生态环境监测机构质量负责人应了解机构所开展的生态环境监测工作范围内的相关专业知识，熟悉生态环境监测领域的质量管理要求"。该质量负责人虽在生态环境领域工作多年，但所从事的工作与生态环境监测不直接相关，不仅不了解生态环境监测的相关专业知识，不熟悉生态环境监测领域的质量管理要求，也未参加过《通用要求》《补充要求》的培训，不熟悉如何组织开展内部审核、不符合的纠正等体系运行要求，也不熟悉生态环境监测领域特定的质量管理要求，无法确保管理体系得到实施和保持，故不能胜任该机构质量负责人之职。

【建议采取的措施】

（1）该机构负责人及相关管理人员应认真学习《通用要求》和《补充要求》对质量负责人的规定。

（2）安排质量负责人参加《通用要求》《补充要求》及内部审核相关的培训，学习该机构拟开展的生态环境监测工作范围内的相关专业知识。

（3）通过一段时间的实际工作，确认质量负责人的能力；或按《通用要求》和《补充要求》规定的质量负责人条件，重新物色聘用符合要求的人员担任此职。

【场景】

某生态环境监测机构资质认定首次评审时，评审员查阅质量手册发现未设置技术负责人、质量负责人的代理人，也未规定如何指定代理人。机构负责人解释："技术负责人与质量负责人临时不在岗关系不大，不会直接影响工作。"

【不符合的条款号】

《通用要求》4.2.3。

【不符合事实描述】

质量手册中未对技术负责人、质量负责人等关键管理人员的代理人做出相关要求。

【分析点评】

《通用要求》4.2.3 规定"应指定关键管理人员的代理人"。技术负责人、质量负责人作为关键管理人员对保证管理体系正常运行至关重要。该机构不重视技术负责人、质量负责人等关键管理人员，未设置代理人或规定指定代理人的方式。若其因故不在岗时，没有人员代行其工作职责和权利，不能确保管理体系正常运行和监测工作持续正常开展。

【建议采取的措施】

（1）学习《通用要求》对技术负责人、质量负责人的规定要求及关键管理人员的代理人的规定要求。

（2）依据《通用要求》在体系文件中规定技术负责人、质量负责人代理人的资格条件，并设置技术负责人、质量负责人的代理人。

（3）宣贯修订后的体系文件，并在后续工作中实施。

【场景】

某生态环境监测机构于2018年12月通过资质认定首次评审，2019年8月申请资质认定扩项评审。扩项申请能力增加了原有生态环境监测领域的“水和废水”“环境空气和废气”、“土壤”3个大类中的部分新项目，申请的授权签字人也是原来已批准的授权签字人王××。评审组现场评审时发现，原授权签字人王××，大学毕业6年，工作时间也有6年，但从事生态环境监测工作时间不到2年。

【不符合的条款号】

《补充要求》第八条。

【不符合事实描述】

授权签字人王××的生态环境监测工作经历不足3年。

【分析点评】

《补充要求》第八条规定“生态环境监测机构授权签字人应掌握较丰富的授权范围内的相关专业知识，并且具有与授权签字范围相适应的相关专业背景或教育培训经历，具备中级及以上专业技术职称或同等能力，且具有从事生态环境监测相关工作3年以上经历”。该机构首次评审时间在《补充要求》正式实施（2019年5月1日）之前，对授权签字人仅按《通用要求》评审能够符合要求，但扩项评审时间在《补充要求》正式实施之后，该机构应按照《补充要求》规定的授权签字人条件选用符合要求的人员担任授权签字人一职。《补充要求》对从事生态环境监测工作的监测机构的授权签字人要求为至少从事生态环境监测工作3年，该机构的授权签字人王××生态环境监测工作经历不足3年，虽然在首次评审时能满足《通用要求》对授权签字人的基本要求，但扩项评审时却不满足《补充要求》的要求，因此评审组判定原授权签字人王××不符合要求，不满足本次扩项对授权签字人的评审要求，不予推荐。

【建议采取的措施】

（1）该机构最高管理者及相关管理人员应认真学习《通用要求》和《补充要求》对授权签字人的规定。

（2）按《通用要求》和《补充要求》规定的授权签字人条件，重新物色并聘用符合要求的人员担任授权签字人一职。

（3）当新任授权签字人确认能够满足相关要求时，重新提交资质认定申请。

案例15

【场景】

某生态环境监测机构申请资质认定首次评审，申请参数为生态环境监测领域的“水和废水”“环境空气和废气”“噪声”3类90个参数。申报的授权签字人是在环境监测机构工作了5年的工程师。评审员现场评审发现：机构提供的典型报告中有对结果进行符合性判定内容，但质量手册中授权签字人任职要求缺少《补充要求》第二十二条“充分了解相关环境质量标准和污染排放/控制标准的适用范围，并具备对监测结果进行符合性判定的能力”的描述。评审组对授权签字人进行提问考核，询问被考核人水质、噪声相关的环境质量标准和污染排放/控制标准的适用范围以及如何开展水质监测、废气监测等问题时，该授权签字人均回答不出。

【不符合的条款号】

《通用要求》4.2.4，《补充要求》第八条和第二十二条。

【不符合事实描述】

管理体系文件对授权签字人任职要求规定中缺少需要掌握环境领域标准和监测结果符合性判断等专业知识的能力的有关要求；授权签字人不掌握与其授权签字范围相适应的专业知识。

【分析点评】

《通用要求》4.2.4 规定“检验检测机构的授权签字人应具有中级及以上专业技术职称或同等能力”；《补充要求》第八条规定“生态环境监测机构授权签字人应掌握较丰富的授权范围内的相关专业知识，并且具有与授权签字范围相适应的相关专业背景或教育培训经历，具备中级及以上专业技术职称或同等能力，且具有从事生态环境监测相关工作3年以上经历”；《补充要求》第二十二条规定授权签字人应“充分了解相关环境质量标准和污染排放/控制标准的适用范围，并具备对监测结果进行符合性判定的能力”。该机构管理层不掌握《通用要求》与《补充要求》对授权签字人的规定，建立管理体系时未明确授权签字人的任职要求，也未在质量手册中加以规定；申报的授权签字人不掌握授权范围内的相关专业知识，不熟悉环境质量标准和污染排放/控制标准的适用范围，不具备对监测结果进行符合性判定的能力，不具备签发报告的能力，不能确保审核签发报告数据和结果的准确性与可靠性，故不能担任该机构授权签字人一职。该机构申报的授权签字人不符合《通用要求》和《补充要求》的规定，不予推荐。

【建议采取的措施】

（1）认真学习《通用要求》和《补充要求》对授权签字人的规定。

（2）按《通用要求》和《补充要求》规定的授权签字人条件，重新物色并聘用符合要求的人员担任授权签字人一职。

（3）当新任授权签字人满足要求时，重新提交资质认定申请。

【场景】

2019 年 8 月，检查人员在对某生态环境监测机构进行监督检查时，发现分析人员戴××到岗后 1 个月就开始出具 GC-MS 的分析数据。随后，检查人员调阅了该机构的人员技术档案，发现戴××的技术档案中缺少能力确认资料，聘用合同也未规定试用期。戴××的最高学历为本科，专业是建筑工程。同时还发现分析人员张××的污染源挥发性有机物分析能力确认记录中，只有分析方法原理的理论考试记录，未进行实验室分析等实际技能考核。检查人员询问该机构负责人，负责人解释："戴××有 1 年半的 GC-MS 分析实验经历，在某制药厂从事过产品质量分析，是我们挖过来的 GC-MS 操作熟练能手，没有必要进行能力确认；对于张××，只要通过培训和考试进行能力确认就可以，没有考虑培训和考核还需要包括基本理论、基本技能、样品分析等。"

【不符合的条款号】

《通用要求》4.2.5，《补充要求》第十条。

【不符合事实描述】

分析人员戴××未进行能力确认就开始出具 GC-MS 的分析数据；分析人员张××的污染源挥发性有机物分析能力确认方式未包括实验室分析等实际技能的培训与考核确认。

【分析点评】

《通用要求》4.2.5 规定"检验检测机构应对抽样、操作设备、检验检测、签发检验检测报告或证书以及提出意见和解释的人员，依据相应的教育、培训、技能和经验进行能力确认"；《补充要求》第十条规定"承担生态环境监测工作前应经过必要的培训和能力确认，能力确认方式应包括基础理论、基本技能、样品分析的培训与考核等"。该机构的管理人员及分析人员对《通用要求》和《补充要求》学习不够，认为只要有相关工作经验就可以不进行能力确认，即使进行能力确认，也只是简单地进行理论考试。该机构未对设备（GC-MS）操作人员戴××进行能力确认，未对分析人员张××进行相关基本技能、样品分析的培训和考核，无法确认分析人员具备相应的监测能力，无法保证出具的监测数据结果准确可靠。

【建议采取的措施】

（1）学习《通用要求》和《补充要求》对监测人员能力确认的要求。

（2）对承担技术工作的相关人员进行具体项目方法基本理论、基本技能、样品分析等全面的培训和考核。

（3）按照《通用要求》4.2.5 和《补充要求》第十条的要求，举一反三，对抽样、操作设备、分析、签发监测报告或证书以及提出意见和解释的人员，依据相应的教育、培训、技能和经验进行能力确认，采用包括基础理论、基本技能、样品分析的培训和考核等方式进行，并做好记录归档保存。

【场景】

在对某生态环境监测机构进行资质认定扩项评审时，评审员考核检测员李××土壤有机氯农药项目的相关检测原理和如何排除干扰等问题时，李××回答说，自己只是跟着仪器公司的工程师进行仪器操作培训，对原理和如何排除干扰等并不了解。随后，评审员调取了李××的技术档案资料进行审查，档案里没有相应的培训记录和基础理论考核记录，也没有土壤有机氯农药项目的能力确认记录。机构负责人解释："为了尽快完成此次扩项评审，先让仪器公司的工程师培训李××仪器操作，然后边工作边学习，很快就可以胜任此项工作的。"

【不符合的条款号】

《通用要求》4.2.5，《补充要求》第十条。

【不符合事实描述】

机构提供不出检测员李××土壤有机氯农药项目能力确认记录。

【分析点评】

《通用要求》4.2.5 规定"检验检测机构应对抽样、操作设备、检验检测、签发检验检测报告或证书以及提出意见和解释的人员，依据相应的教育、培训、技能和经验进行能力确认"；《补充要求》第十条规定"承担生态环境监测工作前应经过必要的培训和能力确认，能力确认方式应包括基础理论、基本技能、样品分析的培训与考核等"。检测人员李××承担土壤有机氯农药项目检测，在上岗前，机构应该针对土壤有机物检测方法，对李××进行相应培训及理论考试、基本技能和样品分析考核，考核通过后进行能力确认，能力确认合格才能承担土壤有机氯农药的检测工作，并保存相关记录。该机构急于完成土壤有机氯农药项目的扩项评审，未对检测员进行必要的考核和能力确认就让其上岗，不能确保其出具的监测数据结果是正确可靠的。

【建议采取的措施】

（1）认真学习《通用要求》和《补充要求》中关于人员能力确认的规定。

（2）对检测员李××进行土壤有机氯农药项目的全面培训，细化到采样、样品处理、样品分析、仪器操作、数据处理等环节。

（3）按照《通用要求》4.2.5 和《补充要求》第十条的要求，对检测员李××采用包括基础理论、基本技能、样品分析等考核方式进行能力确认，做好记录并存档。

（4）核查所有检测人员的技术档案，完善检测人员的能力确认记录，所有与检测相关的人员均应经能力确认合格方可上岗。

【场景】

在某生态环境监测机构资质认定评审现场，评审员审阅土壤二噁英样品前处理操作人员的档案时，机构提供不出该人员二噁英前处理相关培训和能力确认记录。技术负责人解释："他只负责前处理，不从事分析，所以不需要对他进行培训和能力确认。"

【不符合的条款号】

《通用要求》4.2.5，《补充要求》第十条。

【不符合事实描述】

机构提供不出土壤二噁英样品前处理操作人员的培训和能力确认记录。

【分析点评】

《通用要求》4.2.5 规定"检验检测机构应对抽样、操作设备、检验检测、签发检验检测报告或证书以及提出意见和解释的人员，依据相应的教育、培训、技能和经验进行能力确认"；《补充要求》第十条规定"承担生态环境监测工作前应经过必要的培训与能力确认，能力确认方式应包括基础理论、基本技能、样品分析的培训和考核等"。土壤二噁英样品前处理是监测过程的重要环节，直接影响监测结果质量，前处理技术人员也应进行培训和能力确认。

【建议采取的措施】

（1）学习《通用要求》和《补充要求》，理解和领会人员能力确认的相关规定。

（2）按照《通用要求》4.2.5 和《补充要求》第十条的规定，对土壤二噁英样品前处理人员，采用包括基础理论、基本技能（样品前处理）的培训和考核等方式进行能力确认，做好记录并归档。

（3）所有相关的监测人员均经能力确认合格和授权方可上岗。

【场景】

2019 年 12 月，某生态环境监测机构资质认定扩项评审时，评审员查看该机构技术人员档案，发现监测人员高××的技术档案中只有 2018 年 3 月进行的水质多环芳烃等已获证项目的监督记录，没有本次申请扩项的新项目土壤中多环芳烃的监督记录。查看 2019 年监督计划，也没有对新项目涉及的监测人员进行监督的内容。评审员询问质量负责人及质量监督员：“为什么不进行监督？”质量负责人回答：“对高××已经监督过了。高××工作多年，属于熟悉监测工作的老员工，且已对水质多环芳烃监测进行了监督，所以不需要对其新项目的监测进行监督。”

【不符合的条款号】

《通用要求》4.2.5。

【不符合事实描述】

人员监督计划中未包含对开展新项目的人员的监督内容。

【分析点评】

《通用要求》4.2.5 规定“应由熟悉检验检测目的、程序、方法和结果评价的人员，对检验检测人员包括实习员工进行监督”。该机构错误地认为对有经验的监测人员在开展新项目时不需要监督，监督计划未按实际工作的范围制定，未涵盖拟扩项的新项目。高××承担的新项目土壤中多环芳烃与其原来具有能力的水质多环芳烃在监测方法、操作要求及技术要点上均有不同，不能以上年度监督的水质多环芳烃代替新项目土壤中多环芳烃。监督计划缺少了对开展新项目人员监测能力的监督内容，对监测人员的监测能力没有开展充分的监督，不能判断新项目监测人员是否真正具有对新项目正确监测的能力。

【建议采取的措施】

（1）学习《通用要求》中对人员监督的规定。

（2）监督员要识别本机构需要监督的监测人员，如实习员工、转岗人员、操作新设备人员、采用新方法人员及已经上岗的人员，并根据实际工作情况制订全面的监督计划。

（3）按照监督计划对监测人员进行监督，记录并归档。

案例20

【场景】

某生态环境监测机构申请资质认定扩项评审，评审员现场查阅资料时发现2019年的年度培训计划未覆盖当年申请扩项的新项目，未包括水中微生物、废气中酚类化合物、土壤中总汞、土壤样品制备的技术培训，也没有相关的培训记录。评审员询问时，质量负责人解释："今年的年度培训计划是去年年底就制订了的，扩项是今年新确定的工作内容，所以计划中未覆盖申请扩项的新项目；承担扩项工作的监测人员都自行学习了相关的标准和规范，所以没有培训记录。"

【不符合的条款号】

《通用要求》4.2.6。

【不符合事实描述】

年度培训计划未覆盖申请扩项的新项目的培训，且提供不出相应的培训记录。

【分析点评】

《通用要求》4.2.6 规定"培训计划应与检验检测机构当前和预期的任务相适应"。如果本年度有扩项需求，年初制订培训计划时应包括拟扩项目的技术培训。若年度培训计划在上一年度末制订，或制订培训计划时尚未确定是否扩项，则应在确定扩项后对年度培训计划进行补充完善，组织相关人员进行培训。该机构的年度培训计划未覆盖当年申请扩项的新项目的培训，与其预期任务不相适应，在确定新扩项目后也未对涉及的监测人员开展培训。另外，监测人员自行学习水中微生物、废气中酚类化合物、土壤中总汞、土壤样品制备方面的标准和规范，无相关记录证明，无法确认培训情况。

【建议采取的措施】

（1）学习《通用要求》对人员培训方面的规定。

（2）制订与本机构当前和预期任务相适应的年度培训计划，并按照计划实施培训。如果计划实施过程中有新的任务，可补充培训计划并实施，或实施针对专项工作的培训，并做好记录、存档。

（3）对培训活动的有效性进行评价，并持续改进以实现培训目标。

【场景】

在对某生态环境监测机构进行资质认定现场评审时，评审员抽查人员技术档案，发现参加废气VOCs 项目考核的实验员李××档案中缺少对该人员的仪器设备授权、能力确认、监督等记录；气相色谱-质谱联用仪操作员王××档案中缺少授权后对人员能力进行监控的记录。该机构技术负责人说：“王××原来的授权就是在能力确认的基础上进行的，授权后也是按照标准方法进行监测的，所以就未对他再实施监控了。”

【不符合的条款号】

《通用要求》4.2.7。

【不符合事实描述】

机构提供不出实验员李××仪器设备授权、能力确认、监督等记录，提供不出实验员王××授权后的能力监控记录。

【分析点评】

《通用要求》4.2.7 规定“检验检测机构应保留人员的相关资格、能力确认、授权、教育、培训和监督的记录，记录包含能力要求的确定、人员选择、人员培训、人员监督、人员授权和人员能力监控”。该机构未认真学习《通用要求》，理解也不到位，错误地认为人员授权了、能力确认了，就不必保留相关的授权、能力确认、监督、能力监控等记录。

【建议采取的措施】

（1）组织相关管理和监测人员认真学习《通用要求》的有关规定。

（2）按照《通用要求》4.2.7 的要求，对相关监测人员进行授权、能力确认、监督，对授权后的人员能力进行监控。

（3）将人员能力确认、授权、监督、能力监控等工作如实记录并保存在人员技术档案中。

3 场所环境

【场景】

在对某生态环境监测机构实施现场评审时，评审员在考核某一固定污染源颗粒物项目的监测操作时，发现监测人员在排气筒弯道部位的开孔处进行监测，询问监测人员，回答说该排气筒只有这个地方有采样孔，且这个位置便于监测人员操作。评审员问如果不满足"采样位置应设置在距弯头、阀门、变径管下游方向不小于6倍直径和距上述部件上游方向不小于 3 倍直径处"时如何处理，监测人员回答说不知道。

【不符合的条款号】

《通用要求》4.3.1，《补充要求》第十一条。

【不符合事实描述】

固定污染源颗粒物项目监测操作时，监测人员未按《固定污染源排气中颗粒物测定与气态污染物采样方法》（GB/T 16157—1996）的要求设置采样位置。

【分析点评】

《通用要求》4.3.1 规定"检验检测机构应有固定的、临时的、可移动的或多个地点的场所，上述场所应满足相关法律法规、标准或技术规范的要求"；《补充要求》第十一条规定"生态环境监测机构应按照监测标准或技术规范对现场测试或采样的场所环境提出相应的控制要求并记录"。《固定污染源排气中颗粒物测定与气态污染物采样方法》（GB/T 16157—1996）中规定"采样位置应设置在距弯头、阀门、变径管下游方向不小于6倍直径和距上述部件上游方向不小于 3 倍直径处"，固定污染源废气监测时，采样点位的设置应满足上述规定。如果原有采样孔位置不满足技术方法要求，应重设采样孔；采样孔的设置也不能以操作方便为理由来确定，如果按技术方法、规范布设的采样孔位置不方便监测人员操作，则应搭建操作平台，确保采样规范、操作安全。该机构现场采样的开孔位于排气筒弯道处，不符合 GB/T 16157—1996 中采样位置的设置要求。

【建议采取的措施】

（1）学习相关监测技术标准、规范、《通用要求》和《补充要求》，对相关人员进行培训。

（2）按照监测标准、规范要求设置采样孔，重新监测。

【场景】

评审员在对某生态环境监测机构资质认定文审时，发现其检测区域位于居民楼 5 层，进一步现场核实时，发现实验室化学试剂、监测样品、易燃易爆气体气瓶的搬运与居民共用出入通道及电梯。

【不符合的条款号】

《通用要求》4.3.1。

【不符合事实描述】

实验室化学试剂、监测样品、易燃易爆气体气瓶的搬运与居民共用出入通道及电梯。

【分析点评】

《通用要求》4.3.1 规定“检验检测机构应有固定的、临时的、可移动的或多个地点的场所，上述场所应满足相关法律法规、标准或技术规范的要求”。该机构检测区域位于居民楼 5 层，实验室化学试剂、监测样品、易燃易爆气体气瓶的搬运与居民共用出入通道及电梯，存在消防及安全隐患；居民楼内无废气、废水处理设施，导致实验室废气、废液直排环境和下水道，不符合环境保护相关规定。

【建议采取的措施】

（1）学习消防、安全及环境保护相关技术规定、《通用要求》和《补充要求》。

（2）重新寻找符合法律法规及标准、规范要求的检测场所，重新提交评审申请。

案例24

【场景】

某生态环境监测机构申请《空气质量　恶臭的测定　三点比较式臭袋法》（GB/T 14675—93）监测能力，评审员在现场评审时，发现该机构恶臭实验嗅辨室没有通风换气设施和温湿度控制设施。

【不符合的条款号】

《通用要求》4.3.2。

【不符合事实描述】

恶臭嗅觉实验嗅辨室缺少通风换气设施和温湿度控制设施。

【分析点评】

《通用要求》4.3.2 规定“检验检测机构应确保其工作环境满足检验检测的要求”。《空气质量　恶臭的测定　三点比较式臭袋法》（GB/T 14675—93）规定“嗅辨室内能通风换气并保持温度在 17～25℃”。恶臭嗅觉实验嗅辨室无通风换气和温湿度控制功能，不满足《空气质量　恶臭的测定　三点比较式臭袋法》（GB/T 14675—93）的要求，无法保证嗅辩室内无异味和温湿度的控制要求。

【建议采取的措施】

（1）学习《通用要求》及相关技术要求。

（2）按照《空气质量　恶臭的测定　三点比较式臭袋法》（GB/T 14675—93），增设通风设施和温湿度控制设施。

【场景】

某生态环境监测机构申请《固定污染源废气 低浓度颗粒物的测定 重量法》（HJ 836—2017）方法的扩项评审，评审员在现场检查天平间时，发现该机构未对放置十万分之一天平的房间环境条件进行控制。当问到如何控制并保持温湿度恒定时，机构负责人回答："我们安装了空调和加湿器，可以调节温度和湿度，但没有考虑要保持称量前后温湿度的恒定问题。"

【不符合的条款号】

《通用要求》4.3.2。

【不符合事实描述】

低浓度颗粒物样品的称量环境达不到恒温恒湿要求。

【分析点评】

《通用要求》4.3.2 规定"检验检测机构应确保其工作环境满足检验检测的要求"。该机构称量低浓度颗粒物样品的房间没有恒温恒湿控制系统或具备恒温恒湿功能的称量设备，根据《固定污染源废气 低浓度颗粒物的测定 重量法》（HJ 836—2017），对恒温恒湿设备的要求为"温度控制（15～30℃）任意一点，控温精度±1℃，相对湿度应控制在（50±5）%RH 范围内"，且采样前、采样后平衡及称量时，应保证环境温度和环境湿度条件一致。空调和加湿器无法对称量环境的温度、湿度恒定进行准确控制，不满足《固定污染源废气 低浓度颗粒物的测定 重量法》（HJ 836—2017）的要求。

【建议采取的措施】

（1）学习《通用要求》和相关监测标准。

（2）改造天平室，安装恒温恒湿控制系统，或购置满足要求的恒温恒湿设备。

（3）待环境条件满足要求后，再申请该方法扩项。

【场景】

评审员现场评审某生态环境监测机构时，发现天平室中监测人员正在进行环境空气中 $PM_{2.5}$ 的滤膜称量。评审员问：“称量的环境条件是什么？”监测人员回答：“温度为 15～30℃，湿度为 45%～55%。”评审员问：“环境监控的记录有吗？”监测人员回答：“我们使用恒温恒湿称重系统称量，因系统温度基本不变化，就没有再记录。”

【不符合的条款号】

《通用要求》4.3.3。

【不符合事实描述】

机构提供不出使用恒温恒湿称重系统称量样品时对温湿度进行监控的记录。

【分析点评】

《通用要求》4.3.3 规定“检验检测标准或者技术规范对环境条件有要求时或环境条件影响检验检测结果时，应监测、控制和记录环境条件”。称量环境空气中 $PM_{2.5}$ 样品时，应控制称量时的温度和湿度满足《环境空气　PM_{10} 和 $PM_{2.5}$ 的测定　重量法》（HJ 618—2011）的要求。该机构在使用恒温恒湿称重系统时未对温度、湿度进行监控并记录，不能保证称量时的温度、湿度满足标准方法要求。

【建议采取的措施】

（1）学习《通用要求》及监测技术标准、规范。

（2）及时记录恒温恒湿称重系统使用时的温湿度条件；如果称重系统具有自动存储称量条件的功能，按数据信息管理相关要求执行。

案例27

【场景】

某生态环境监测机构于 2020 年 10 月 20 日采用《环境空气　二氧化硫的测定　甲醛吸收-副玫瑰苯胺分光光度法》（HJ 482—2009）测定环境空气中二氧化硫的原始记录中，缺少对实验室环境温度进行监控的记录。分析人员说：“实验室里有时钟和温度计，实验时看过温度和时间，实验室温度高时，显色时间短一点；温度低时，显色时间就长一点。”

【不符合的条款号】

《通用要求》4.3.3。

【不符合事实描述】

2020 年 10 月 20 日测定环境空气中二氧化硫项目的原始记录中，缺少样品测定过程中显色环节的环境温度及显色时间记录。

【分析点评】

《通用要求》4.3.3 规定“检验检测标准或者技术规范对环境条件有要求时或环境条件影响检验检测结果时，应监测、控制和记录环境条件。当环境条件不利于检验检测的开展时，应停止检验检测活动”。《环境空气　二氧化硫的测定　甲醛吸收-副玫瑰苯胺分光光度法》（HJ 482—2009）中规定“显色温度与室温之差不应超过 3℃”，根据季节和环境条件选择合适的显色温度和显色时间。该机构未对分析时的显色温度、实验室环境温度进行监控和记录，无法证明分析时的环境条件是否满足要求。

【建议采取的措施】

（1）学习《通用要求》及相关监测标准、规范。

（2）对相关人员进行培训，测定时对环境温度和显色温度进行监控并记录。

【场景】

某生态环境监测机构资质认定扩项评审，申报依据《加油站大气污染物排放标准》（GB 20952—2020）（附录 A、附录 B、附录 C）监测液阻、密闭性、气液比等项目，评审员在现场试验考核中发现该机构在监测现场未设置安全警示标识，无安全作业指导书。

【不符合的条款号】

《通用要求》4.3.4，《补充要求》第十一条。

【不符合事实描述】

该机构未在加油站油气回收监测现场设置安全警示标识。

【分析点评】

《通用要求》4.3.4 规定“检验检测机构应建立和保持检验检测场所良好的内务管理程序，该程序应考虑安全和环境的因素”；《补充要求》第十一条规定“环境测试场所应根据需要配备安全防护装备或设施，并定期检查其有效性”。加油站油气回收监测时，应划定安全警戒区域，保障监测安全。该机构监测时未采取有效措施对监测区域予以标识、警戒，存在安全隐患。为保证监测工作及人员的安全，应制定安全作业相关要求，指导监测工作。

【建议采取的措施】

（1）学习《通用要求》《补充要求》和相关技术规定。

（2）编制安全作业指导书，按相关程序审批，并受控发放及培训。

（3）按安全作业指导书规定，在现场测试场所监测时，设置警戒和标识。

【场景】

在一次国家专项监督检查某检测技术服务有限公司时，检查人员发现二噁英实验室废气未经处理直接排放到3楼裙楼平台排空；而且高、低浓度样品在同一区域进行前处理。

【不符合的条款号】

《通用要求》4.3.4，《补充要求》第十一条。

【不符合事实描述】

二噁英实验室废气未经处理直接排放；高、低浓度二噁英样品在同一区域进行前处理，存在交叉污染风险。

【分析点评】

《通用要求》4.3.4 规定“检验检测机构应建立和保持检验检测场所良好的内务管理程序，该程序应考虑安全和环境的因素。检验检测机构应将不相容活动的相邻区域进行有效隔离，应采取措施以防止干扰或者交叉污染”；《补充要求》第十一条规定“根据区域功能和相关控制要求，配置排风、防尘、避震和温湿度控制设备或设施；避免环境或交叉污染对监测结果产生影响”。二噁英实验室废气未经处理直接排放，不满足环境保护要求；高、低浓度样品在同一区域前处理，存在交叉污染的风险。

【建议采取的措施】

（1）学习《通用要求》《补充要求》和相关技术规定。

（2）二噁英实验室加装废气处理设施。

（3）样品前处理区域按高、低浓度样品采取物理隔离方式分区处理。

案例30

【场景】

在对某生态环境监测机构进行资质认定现场评审时，评审员对污染源废气监测进行了现场考核，发现现场监测人员在采样和现场测试的全过程中均未在高空作业下方的一定区域内放置安全警示标识。评审员问现场监测人员："你们在采样和现场测试的全过程中为什么不放置安全警示标识？"现场监测人员回答："公司没有要求，我们也没有配备安全警示牌，不过我们目前还没有出现什么安全问题。"

【不符合的条款号】

《通用要求》4.3.4，《补充要求》第十一条。

【不符合事实描述】

现场测试或采样场所没有配备安全警示标识。

【分析点评】

《通用要求》4.3.4 规定"检验检测机构应建立和保持检验检测场所良好的内务管理程序，该程序应考虑安全和环境的因素"；《补充要求》第十一条规定"现场测试或采样场所应有安全警示标识"。污染源监测平台下方应划定一定区域进行警示，防止高空坠物造成人员伤亡或物品损坏，该机构对于高空作业安全缺少相应规定，也未配备必要的安全警示标识予以警戒。

【建议采取的措施】

（1）学习《通用要求》《补充要求》和相关规定。

（2）明确高空作业安全控制要求，对相关人员进行培训。

（3）在现场测试或采样前检查安全设施的配备及使用情况，在现场测试和采样过程中，在监测平台下方划定一定区域，设置警示标识。

【场景】

评审组在现场检查某生态环境监测机构时，发现该机构从事微生物检测，但微生物检测区域无限制标识；已灭菌器皿和未灭菌器皿存放没有标识；其高温室设在微生物培养室里间，使用烘干设备的工作人员必须穿过该培养室才能进入高温室。机构负责人解释："我们有无菌区域，高温室和培养室是分了区的，不会影响微生物检测。"

【不符合的条款号】

《通用要求》4.3.4，《补充要求》第十一条。

【不符合事实描述】

微生物检测区域没有限制标识；已灭菌器皿和未灭菌器皿没有明确标识；高温室设在微生物培养室里间，未分区管理。

【分析点评】

《通用要求》4.3.4 规定"检验检测机构应将不相容活动的相邻区域进行有效隔离，应采取措施以防止干扰或者交叉污染。检验检测机构应对使用和进入影响检验检测质量的区域加以控制，并根据特定情况确定控制的范围"；《补充要求》第十一条规定"应对实验区域进行合理分区，并明示其具体功能，应按监测标准或技术规范设置独立的样品制备、存贮与检测分析场所。根据区域功能和相关的控制要求，配置排风、防尘、避震和温湿度控制设备或设施；避免环境或交叉污染对监测结果产生影响"。微生物检测区域根据使用功能，一般包含无菌区和有菌区，培养室是无菌区，进入这些区域应有一定的限制要求；微生物检测区域应相对独立，确保满足生物安全防护要求。灭菌和未灭菌器皿应分开存放，并明确标识，避免交叉污染和误用。该机构微生物检测区管理不符合上述要求，高温室和培养室虽然是分开的，但当使用烘干设备的工作人员从无菌区穿过时，就对无菌室的环境造成了影响，对微生物检测结果不利。

【建议采取的措施】

（1）学习《通用要求》《补充要求》和相关技术规定。

（2）对相关人员进行培训。

（3）在微生物检测区域明显的位置增加限制标识；将灭菌与未灭菌器皿分开存放，并明确标识；将高温室移出微生物检测区域，另选房间。

案例32

【场景】

评审员在观察现场试验时，发现制备纯水的仪器放置于分析挥发酚、总硬度和室内空气氨的实验室中。评审员询问是否知道这几个项目存在交叉污染的风险，实验室负责人回答："我们实验室空间有限，只能设置在一间实验室里，再说我们不会同时分析几个项目。"

【不符合的条款号】

《通用要求》4.3.4，《补充要求》第十一条。

【不符合事实描述】

实验室将挥发酚、总硬度与室内空气氨等项目的分析放在同一个房间内，同时还放有一台纯水制备仪器，存在交叉污染的风险。

【分析点评】

《通用要求》4.3.4 规定"检验检测机构应将不相容活动的相邻区域进行有效隔离，应采取措施以防止干扰或者交叉污染"；《补充要求》第十一条规定"应对实验区域进行合理分区，并明示其具体功能，应按监测标准或技术规范设置独立的样品制备、存贮与检测分析场所。根据区域功能和相关控制要求，配置排风、防尘、避震和温湿度控制设备或设施；避免环境或交叉污染对监测结果产生影响"。挥发酚、总硬度分析用到氨水，氨水易挥发，挥发到空气中的氨，有可能溶解到样品和纯水中，从而影响室内空气氨的测定及纯水的质量。

【建议采取的措施】

（1）学习《通用要求》《补充要求》和相关技术规定。

（2）对相关人员进行培训。

（3）将纯水机及氨、挥发酚、总硬度项目分析分别放到不同房间，并在每个房间明确具体的分析项目。

【场景】

评审员在现场评审时，发现前处理室浸泡移液管、比色管所用酸缸为普通塑料箱，塑料箱已老化，且无安全警示标识。询问实验人员："里面放的是什么浓度的酸？是否知道会存在安全隐患？"实验人员回答："是10%的硝酸，浓度不高，就用普通塑料箱装了。"

【不符合的条款号】

《通用要求》4.3.4，《补充要求》第十一条。

【不符合事实描述】

前处理室浸泡移液管、比色管所用10%硝酸的容器为普通塑料箱，且无安全警示标识。

【分析点评】

《通用要求》4.3.4 规定"检验检测机构应建立和保持检验检测场所良好的内务管理程序，该程序应考虑安全和环境的因素"；《补充要求》第十一条规定"环境测试场所应根据需要配备安全防护装备或设施，并定期检查其有效性"。普通塑料箱易老化，容易造成安全事故；盛放稀硝酸容器无安全警示标识，存在安全隐患。

【建议采取的措施】

（1）学习《通用要求》《补充要求》和相关技术规定。

（2）对相关人员进行培训。

（3）购置专用的酸缸，并加贴警示标识。

案例34

【场景】

评审员在查看某生态环境监测机构实验区域时，发现离子色谱仪与重金属样品消解在同一个实验区域内进行操作。评审员问技术负责人："为什么要设置在同一个实验区域内？"技术负责人回答："考虑到阴阳离子和重金属都是无机类的分析，而且检测人员也是同一组人员，便于工作。"

【不符合的条款号】

《通用要求》4.3.4，《补充要求》第十一条。

【不符合事实描述】

离子色谱仪与重金属样品消解在同一个实验区域内进行操作。

【分析点评】

《通用要求》4.3.4 规定"检验检测机构应将不相容活动的相邻区域进行有效隔离，应采取措施以防止干扰或者交叉污染"；《补充要求》第十一条规定"避免环境或交叉污染对监测结果产生影响"。重金属样品消解过程中需要用盐酸、硝酸等试剂，而离子色谱仪检测项目包含氯离子、硝酸根离子等，重金属消解使用的盐酸、硝酸均具挥发性，且消解过程中亦有酸雾溢出，易对离子色谱检测造成污染，影响测量结果准确性。

【建议采取的措施】

（1）学习《通用要求》《补充要求》和相关技术规定。

（2）对相关人员进行培训。

（3）将离子色谱仪与重金属样品消解分别置于不同的实验区域。

【场景】

评审组在对某生态环境监测机构现场评审时，发现石油类的红外分光光度法与紫外分光光度法及挥发性有机物测定设置在同一个实验区域内。实验室主任解释："都是测石油类，不会有干扰；挥发性有机物与石油类项目不同时测定，应该没有什么影响。"

【不符合的条款号】

《通用要求》4.3.4，《补充要求》第十一条。

【不符合事实描述】

石油类的红外分光光度法与紫外分光光度法及挥发性有机物的测定在同一区域。

【分析点评】

《通用要求》4.3.4 规定"检验检测机构应将不相容活动的相邻区域进行有效隔离，应采取措施以防止干扰或者交叉污染"；《补充要求》第十一条规定"避免环境或交叉污染对监测结果产生影响"。紫外分光光度法所用萃取剂正己烷在红外区有响应，对红外分光光度法测定石油类有干扰；紫外分光光度法和红外分光光度法所用萃取剂正己烷和四氯乙烯均具有挥发性，易对挥发性有机物的测定产生干扰。

【建议采取的措施】

（1）学习《通用要求》《补充要求》和相关技术规定。

（2）对相关人员进行培训。

（3）将石油类的红外分光光度法、紫外分光光度法以及挥发性有机物的测定分别放在不同的实验区域测定，并明确每个实验区域的功能。

案例36

【场景】

评审组在检查某生态环境监测机构时，发现该机构将氯化汞等剧毒药品放置在普通试剂柜内，检查试剂领用记录，只有一位试剂管理人员签字，没有实行双人双锁管理。询问试剂管理人员，管理人员回答："我们剧毒药品用量很小，实验室人员也少，因此有领用人和保管人两个人就属于双人管理。"

【不符合的条款号】

《通用要求》4.3.4。

【不符合事实描述】

剧毒试剂氯化汞放置在普通试剂柜，未按剧毒试剂存放并进行管理。

【分析点评】

《通用要求》4.3.4 规定"检验检测机构应建立和保持检验检测场所良好的内务管理程序，该程序应考虑安全和环境的因素"。《危险化学品安全管理条例》规定，剧毒化学品应当在专用仓库单独存放，并实行双人收发、双人保管制度，氯化汞属于剧毒化学品，无论数量多少，均应实行双人收发、双人保管制度。药品领用人不属于保管人，两个保管人同时保管、同时监督领用并签字，才属于双人保管。该机构以量少、人员不足为由，不对氯化汞药品实施规范管理，不符合相关要求。

【建议采取的措施】

（1）学习《通用要求》和相关技术规定。

（2）对相关人员进行培训。

（3）剧毒试剂单独存放，双人双锁保管，做好领用和保管记录。

【场景】

对某生态环境监测机构进行资质认定复查评审时，评审员在检查样品室时，发现样品室的冰箱中既存放有配制好的检测用标准溶液，又存放有待检测样品。样品管理员解释："因为检测室冰箱不够用，所以就把一些配制好的标准溶液存放在样品室冰箱中，应该不会产生什么影响。"

【不符合的条款号】

《通用要求》4.3.4，《补充要求》第十一条。

【不符合事实描述】

配制好的检测用标准溶液和待检测样品存放在样品室的同一冰箱中。

【分析点评】

《通用要求》4.3.4 规定"检验检测机构应将不相容活动的相邻区域进行有效隔离，应采取措施以防止干扰或者交叉污染"；《补充要求》第十一条规定"避免环境或交叉污染对监测结果产生影响"。标准溶液浓度较高，与样品混放，易造成交叉污染，一是标准溶液的纯度有可能受到影响，二是样品中污染物的浓度和性质有可能受到影响，因此，标准溶液和样品应分开存放。

【建议采取的措施】

（1）学习《通用要求》《补充要求》和相关技术规定。

（2）对相关人员进行培训。

（3）检查是否已造成影响。

（4）分别配备标准溶液和样品保存的专用冰箱。

【场景】

对某生态环境监测机构进行资质认定现场评审，评审员参观实验室时，发现水质总氮测定时，实验人员在微生物区域的灭菌高压锅里进行样品消解。询问实验人员，实验人员回答："这 2 个项目不干扰，哪台高压锅闲置就用哪台。"

【不符合的条款号】

《通用要求》4.3.4，《补充要求》第十一条。

【不符合事实描述】

水质总氮样品消解与微生物检测灭菌的高压锅混用。

【分析点评】

《通用要求》4.3.4 规定"检验检测机构应将不相容活动的相邻区域进行有效隔离，应采取措施以防止干扰或者交叉污染"；《补充要求》第十一条规定"避免环境或交叉污染对监测结果产生影响"。因微生物分析使用的培养基里有大量蛋白质，总氮消解和培养基灭菌共用一台灭菌高压锅，会对总氮测定结果有影响。考虑到生物安全因素，微生物检测区域应相对独立，不应与理化检测区域混用，因此微生物检测用灭菌高压锅不应与水质总氮消解用高压锅混用。

【建议采取的措施】

（1）学习《通用要求》《补充要求》和相关技术规定。

（2）对相关人员进行培训，存在干扰的项目设备不能混用。

（3）将微生物检测用灭菌高压锅放置在微生物检测区域，总氮消解用高压锅放置在理化检测区域，总氮与微生物检测分开使用高压锅。

【场景】

对某检验检测机构进行资质认定评审时，评审员发现检测化学需氧量、石油类的实验室内只有1个废液桶，且未标注是何种废液。评审员询问检测人员，检测人员回答："有机废液放置到废液桶中，酸、碱废液中和后直接排到下水道。"

【不符合的条款号】

《通用要求》4.3.4。

【不符合事实描述】

机构未对实验室化学需氧量和石油类检测的废液进行分类收集，并规范处理。

【分析点评】

《通用要求》4.3.4 规定"检验检测机构应建立和保持检验检测场所良好的内务管理程序，该程序应考虑安全和环境的因素"。按照《危险化学品安全管理条例》，实验室废液应按照废液性质分类存放；化学需氧量测定产生的废液为强酸性废液，且含有重金属，应分开收集；石油类测定产生的是有机废液，也应对其进行收集。检测化学需氧量和石油类的实验室内仅有1个废液桶，显然不能满足分类收集要求，废液桶无标识，易造成混淆。实验室产生的废液应按照《危险化学品安全管理条例》，送到有资质部门进行处置，不能自行处理。

【建议采取的措施】

（1）学习《通用要求》和相关技术规定。

（2）对相关人员进行培训。

（3）根据废液不同性质，配备不同标识的废液桶收集废液，并妥善保管；存放废液的场所应满足危废管理有关要求。

（4）对废物处置机构进行资质符合性评价后，签订合同。

【场景】

在对某生态环境监测机构进行资质认定现场评审时，评审员发现该机构的土壤和固废样品共用风干室和制备室。该机构技术负责人解释："我们平常土壤和固废监测的任务很少，加上我们的房间有限，所以风干室和制样室就没有分开设置，放在一起可以节省空间，而固废和土壤处理方式基本是相同的，因此就放一起了，待以后样品多了，我们会分开的。"

【不符合的条款号】

《通用要求》4.3.4，《补充要求》第十一条。

【不符合事实描述】

固废样品干燥、制备与土壤样品风干、制备同处一室，未实施有效隔离。

【分析点评】

《通用要求》4.3.4 规定"检验检测机构应将不相容活动的相邻区域进行有效隔离，应采取措施以防止干扰或者交叉污染"；《补充要求》第十一条规定"应对实验区域进行合理分区，并明示其具体功能，应按监测标准或技术规范设置独立的样品制备、存贮与检测分析场所。根据区域功能和相关控制要求，配置排风、防尘、避震和温湿度控制设备或设施；避免环境或交叉污染对监测结果产生影响"。《土壤环境监测技术规范》（HJ/T 166—2004）要求"分设风干室和磨样室"，该机构未按《土壤环境监测技术规范》（HJ/T 166—2004）要求单独设置土壤风干室和磨样室；固废样品一般浓度较高，若与土壤样品共用风干室和制备室，无有效隔离措施，存在土壤样品被污染的风险。

【建议采取的措施】

（1）学习《通用要求》《补充要求》及相关技术规定。

（2）按照《土壤环境监测技术规范》（HJ/T 166—2004）的要求设置独立的土壤风干室、制备室；另外设置独立的固废样品干燥、制备室。

【场景】

评审组在对某生态环境监测机构进行资质认定现场评审时，发现该机构配备了现场监测所需的安全帽、安全带、防毒面罩、防护服等安全防护装备，并提供了防护装备的出入库单，但提供不出对安全防护装备进行有效性检查的记录或证据。该机构称，防护装备购置时间不长，使用频次较低，都是合格产品，因此未进行检查。

【不符合的条款号】

《补充要求》第十一条。

【不符合事实描述】

机构提供不出对安全帽、安全带、防毒面罩、防护服等安全防护装备定期进行有效性检查的记录或证据。

【分析点评】

《补充要求》第十一条规定“环境测试场所应根据需要配备安全防护装备或设施，并定期检查其有效性”。防毒面罩、防护服等防护装备均具有有效期，安全帽、安全绳等经常使用也易出现磨损，为防止安全防护装备功能退化，机构应定期检查安全防护装备功能的有效性，并做好记录，避免使用时因防护装备功能退化造成安全事故。

【建议采取的措施】

（1）学习《补充要求》及相关技术规定。

（2）对相关人员进行培训。

（3）编制安全防护装备有效性检查记录表格，按文件控制程序完成记录表格审批，受控发放使用。

（4）建立安全防护装备定期检查制度，定期对装备性能进行有效性检查，并填写记录。

4 设备设施

【场景】

某生态环境监测机构资质认定复查评审现场，评审员发现该机构用《固定污染源废气　二氧化硫的测定　非分散红外吸收法》（HJ 629—2011）监测某热电厂锅炉废气中二氧化硫时，排气筒的烟温为65℃，含湿量为15%，锅炉烟气采用湿法脱硫处理。评审员进一步查看设备配备情况，发现采样枪没有加热功能。

【不符合的条款号】

《通用要求》4.4.1，《补充要求》第十二条。

【不符合事实描述】

机构用于采集废气中二氧化硫的采样枪不具备加热功能。

【分析点评】

《通用要求》4.4.1 规定“检验检测机构应配备满足检验检测（包括抽样、物品制备、数据处理与分析）要求的设备和设施”；《补充要求》第十二条规定“生态环境监测机构应配齐包括现场测试和采样、样品保存运输和制备、实验室分析及数据处理等监测工作各环节所需的仪器设备。现场测试和采样仪器设备在数量配备方面需满足相关监测标准或技术规范对现场布点和同步测试采样要求”。《固定污染源废气　二氧化硫的测定　非分散红外吸收法》（HJ 629—2011）中规定，“为防止采样气体中水分在连接管和仪器中冷凝干扰测定，采样管及除湿装置在采样前应加热至 120℃以上”，因此需要配备具有加热功能的采样枪。该机构的采样枪不具有加热功能，不满足相关要求。

【建议采取的措施】

（1）组织相关人员深入学习《通用要求》4.4.1、《补充要求》第十二条及相关标准、技术指南。

（2）配备符合标准要求的加热采样枪，重新进行方法验证，重新申请该项目监测能力。

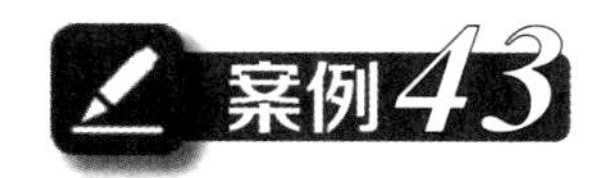

案例43

【场景】

某生态环境监测机构资质认定首次评审中，评审员发现该机构采用《空气质量 恶臭的测定 三点比较式臭袋法》（GB/T 14675—93）监测污染源排放的恶臭时，用铝箔袋采集排气筒内臭气，用5 L玻璃瓶采集无组织排放臭气。询问采样人员有无其他材质和规格的臭气采样袋、采样瓶，采样人员回答："没有其他的，目前就只有这两种。"

【不符合的条款号】

《通用要求》4.4.1，《补充要求》第十二条。

【不符合事实描述】

机构用于恶臭样品采集的采样袋材质、采样瓶容量不满足《空气质量 恶臭的测定 三点比较式臭袋法》（GB/T 14675—93）的要求。

【分析点评】

《通用要求》4.4.1 规定"检验检测机构应配备满足检验检测（包括抽样、物品制备、数据处理与分析）要求的设备和设施。用于检验检测的设施，应有利于检验检测工作的正常开展"；《补充要求》第十二条规定"生态环境监测机构应配齐包括现场测试和采样、样品保存运输和制备、实验室分析及数据处理等监测工作各环节所需的仪器设备"。《空气质量 恶臭的测定 三点比较式臭袋法》（GB/T 14675—93）要求，排气筒内恶臭样品采集使用3 L或10 L聚酯无臭袋，环境恶臭样品采集使用10 L玻璃采样瓶。该机构用于恶臭样品采集的采样袋材质、采样瓶容量不满足标准要求。

【建议采取的措施】

（1）组织相关人员深入学习《通用要求》4.4.1、《补充要求》第十二条及相关标准。

（2）配备符合标准要求的聚酯无臭袋、玻璃采样瓶，重新进行方法验证，重新申请该项目的监测能力。

案例44

【场景】

评审组在现场核查某生态环境监测机构的现场监测仪器设备时，看到废气颗粒物采样管最长的是 2 m，评审员问监测人员："你们进行燃煤电厂的废气低浓度颗粒物排放监测时，废气排放烟道直径是多少？"监测人员回答："各企业的排气烟道直径不同，有 2 m 的，也有 6 m 的。"评审员问："监测直径为 6 m 的烟道用什么采样管？"监测人员回答："都用的长度为 2 m 的采样管。"

【不符合的条款号】

《通用要求》4.4.1，《补充要求》第十二条。

【不符合事实描述】

机构使用长度为 2 m 的采样管监测直径为 6 m 的烟道。

【分析点评】

《通用要求》4.4.1 规定"检验检测机构应配备满足检验检测（包括抽样、物品制备、数据处理与分析）要求的设备和设施。用于检验检测的设施，应有利于检验检测工作的正常开展"；《补充要求》第十二条规定"生态环境监测机构应配齐包括现场测试和采样、样品保存运输和制备、实验室分析及数据处理等监测工作各环节所需的仪器设备"。《固定污染源排气中颗粒物测定与气态污染物采样方法》（GB/T 16157—1996）、《固定源废气监测技术规范》（HJ/T 397—2007）中要求，烟道直径大于 4 m，圆形烟道至少布设 10 个测点，矩（方）形烟道至少布设 9 个测点，部分测点距采样孔大于 2 m。该机构废气颗粒物采样管最长的是 2 m，当排气烟道直径大于 4 m 时，2 m 的采样管不满足相关标准和监测技术规范的要求，不能从烟道中采集有代表性的颗粒物样品。

【建议采取的措施】

（1）组织相关人员深入学习《通用要求》4.4.1、《补充要求》第十二条及相关标准、技术规范。

（2）根据实际需要配备符合工作要求不同长度的废气颗粒物采样管。

【场景】

评审组在对某生态环境监测机构申报的《环境空气 氟化物的测定 滤膜采样/氟离子选择电极法》（HJ 955—2018）监测方法现场考核时，发现该机构使用中流量采样器开展环境空气氟化物采样。询问采样人员，采样人员回答：“我们一直沿用《环境空气 氟化物的测定 滤膜采样氟离子选择电极法》（HJ 480—2009）开展采样的，没发现什么问题啊。”查看采样记录，用的×××型采样器为中流量颗粒物采样器，流量范围为 60～125 L/min。

【不符合的条款号】

《通用要求》4.4.1，《补充要求》第十二条。

【不符合事实描述】

机构提供不出符合《环境空气 氟化物的测定 滤膜采样/氟离子选择电极法》（HJ 955—2018）要求的小流量采样器。

【分析点评】

《通用要求》4.4.1 规定“检验检测机构应配备满足检验检测（包括抽样、物品制备、数据处理与分析）要求的设备和设施。用于检验检测的设施，应有利于检验检测工作的正常开展”；《补充要求》第十二条规定“生态环境监测机构应配齐包括现场测试和采样、样品保存运输和制备、实验室分析及数据处理等监测工作各环节所需的仪器设备”。《环境空气 氟化物的测定 滤膜采样/氟离子选择电极法》（HJ 955—2018）规定，使用流量范围满足 10～60 L/min 的小流量采样器，采样头配有两层聚乙烯/不锈钢支撑滤膜网垫，两层网垫间有 2～3 mm 的间隔圈相隔。HJ 480—2009 已被 HJ 955—2018 代替，为作废标准。评审组现场评审时，该机构参考 HJ 480—2009 配备的采样器不符合 HJ 955—2018 的要求。

【建议采取的措施】

（1）组织相关人员深入学习《通用要求》4.4.1、《补充要求》第十二条及相关标准。

（2）配备氟化物小流量采样器，重新进行方法验证，重新申请该项目监测能力。

【场景】

某生态环境监测机构资质认定扩项评审申请了烟气黑度监测参数，依据方法为《固定污染源排放烟气黑度的测定　林格曼烟气黑度图法》（HJ/T 398—2007）。评审员在该项目现场试验考核时，没有看到林格曼烟气黑度图，询问监测人员："你们的标准图板呢？"监测人员回答："我们用测烟望远镜里的图板，一样的。"

【不符合的条款号】

《通用要求》4.4.1，《补充要求》第十二条。

【不符合事实描述】

机构提供不出符合标准要求的林格曼烟气黑度图。

【分析点评】

《通用要求》4.4.1 规定"检验检测机构应配备满足检验检测（包括抽样、物品制备、数据处理与分析）要求的设备和设施。用于检验检测的设施，应有利于检验检测工作的正常开展"；《补充要求》第十二条规定"生态环境监测机构应配齐包括现场测试和采样、样品保存运输和制备、实验室分析及数据处理等监测工作各环节所需的仪器设备"。测烟望远镜里的图板不能替代标准黑度图板，该机构没有配备标准的林格曼烟气黑度图，不满足 HJ/T 398—2007 的要求，不能保证监测结果的准确性。

【建议采取的措施】

（1）组织相关人员深入学习《通用要求》4.4.1、《补充要求》第十二条及相关标准。

（2）配备标准林格曼烟气黑度图后，重新进行方法验证，重新申请该项目监测能力。

【场景】

评审组在现场评审时，发现某环境检测技术服务有限公司检测人员在测量厂界环境噪声时，用2级声校准器校准1级声级计，询问现场检测人员得知，该公司只有2级声校准器。

【不符合的条款号】

《通用要求》4.4.1，《补充要求》第十二条。

【不符合事实描述】

机构检测人员在测量厂界环境噪声时用2级声校准器校准1级声级计。

【分析点评】

《通用要求》4.4.1规定“检验检测机构应配备满足检验检测（包括抽样、物品制备、数据处理与分析）要求的设备和设施。用于检验检测的设施，应有利于检验检测工作的正常开展”；《补充要求》第十二条规定“生态环境监测机构应配齐包括现场测试和采样、样品保存运输和制备、实验室分析及数据处理等监测工作各环节所需的仪器设备”。《工业企业厂界环境噪声排放标准》（GB 12348—2008）规定“每次测量前、后必须在测量现场进行声学校准”“测量35 dB以下的噪声应使用1型声级计，且测量范围应满足所测量噪声的需要”。该机构应使用1级声校准器校准1级声级计，使用2级声校准器校准1级声级计不符合相关标准要求。

【建议采取的措施】

（1）组织相关人员深入学习《通用要求》4.4.1、《补充要求》第十二条及相关标准。

（2）配备1级声校准器并对其进行检定合格后，重新进行方法验证，按照标准方法要求在测量现场对声级计做好校准、校核记录，重新申请该项目检测能力。

案例48

【场景】

某生态环境监测机构申请氰化物、挥发酚等项目的扩项评审，评审员现场评审时，发现该机构只配备了1个蒸馏瓶、1个冷凝器、1个电炉用于氰化物、挥发酚等项目分析的预蒸馏。机构负责人称该机构目前还没有正式开展工作，等有样品监测时再购置蒸馏装置。

【不符合的条款号】

《通用要求》4.4.1，《补充要求》第十二条。

【不符合事实描述】

机构用于氰化物、挥发酚项目分析的蒸馏装置数量不足。

【分析点评】

《通用要求》4.4.1 规定“检验检测机构应配备满足检验检测（包括抽样、物品制备、数据处理与分析）要求的设备和设施。用于检验检测的设施，应有利于检验检测工作的正常开展”；《补充要求》第十二条规定“生态环境监测机构应配齐包括现场测试和采样、样品保存运输和制备、实验室分析及数据处理等监测工作各环节所需的仪器设备”。《地表水环境质量监测技术规范》（HJ 91.2—2022）规定从事地表水监测的实验室要满足实验室内的质量控制，包括实验室空白、平行样、质控样等实验分析质控程序。该机构只有1套蒸馏装置，既不能满足相关标准要求，又无法承担任务量比较大的监测任务。

【建议采取的措施】

（1）组织相关人员深入学习《通用要求》4.4.1、《补充要求》第十二条及相关技术规范。

（2）配备足够数量的蒸馏装置。

【场景】

对某生态环境监测机构资质认定复评审时，评审员发现某企业厂界无组织排放颗粒物的现场采样记录显示，厂界外上风向设置了1个参照点，下风向设置了3个监控点，但只有1台采样仪器的信息。经进一步核实，该机构只有1台大气颗粒物采样器。询问该机构技术负责人是如何用1台采样器对厂界无组织排放颗粒物进行采样的，负责人回答："企业的厂界范围较小，我们是采完1个点位再采另1个点位，依次采样的。"

【不符合的条款号】

《通用要求》4.4.1，《补充要求》第十二条。

【不符合事实描述】

机构进行无组织排放颗粒物监测所需的采样器数量不足，无法满足无组织排放监测多个点位同时采样的要求。

【分析点评】

《通用要求》4.4.1 规定"检验检测机构应配备满足检验检测（包括抽样、物品制备、数据处理与分析）要求的设备和设施。用于检验检测的设施，应有利于检验检测工作的正常开展"；《补充要求》第十二条规定"生态环境监测机构应配齐包括现场测试和采样、样品保存运输和制备、实验室分析及数据处理等监测工作各环节所需的仪器设备。现场测试和采样仪器设备在数量配备方面需满足相关监测标准或技术规范对现场布点和同步测试采样要求"。《大气污染物无组织排放监测技术导则》（HJ/T 55—2000）10.1 规定，"无组织排放参照点的采样应同监控点的采样同步进行，采样时间和采样频次均应相同"。当布设上风向1个参照点、下风向3个监控点时，按照要求4个采样点同时采样，需要4台颗粒物采样器，该机构仅有1台大气颗粒物采样器，采样设备数量不足，不能满足同时采样的要求。

【建议采取的措施】

（1）组织相关人员深入学习《通用要求》4.4.1、《补充要求》第十二条及相关标准、技术导则。

（2）至少配备4台大气颗粒物采样器。

案例50

【场景】

某生态环境监测机构资质认定首次评审现场，评审员查看实验室时，发现挥发酚、铜、锌水质样品容器为 500 ml 玻璃瓶；污水与地表水采样器具混用。询问还有没有其他规格的采样瓶、用什么器具采集地表水石油类，负责人回答：“只有 500 ml 玻璃瓶，用塑料桶采石油类。”

【不符合的条款号】

《通用要求》4.4.1，《补充要求》第十二条。

【不符合事实描述】

机构提供不出符合标准要求的水质挥发酚、铜、锌样品容器；提供不出地表水石油类直立采水器；污水与地表水采样器具混用，未予以区分。

【分析点评】

《通用要求》4.4.1 规定“检验检测机构应配备满足检验检测（包括抽样、物品制备、数据处理与分析）要求的设备和设施。用于检验检测的设施，应有利于检验检测工作的正常开展”；《补充要求》第十二条规定“生态环境监测机构应配齐包括现场测试和采样、样品保存运输和制备、实验室分析及数据处理等监测工作各环节所需的仪器设备”。《水质采样 样品的保存和管理技术规定》（HJ 493—2009）要求，挥发酚样品瓶容积至少为 1 000 ml 的玻璃瓶，铜、锌样品用 250 ml 塑料瓶。《地表水环境质量监测技术规范》（HJ 91.2—2022）规定，油类采样使用专用的石油类采样器，在水面下至 30 cm 水深采集柱状水样。该机构配备的水质挥发酚、铜、锌采样瓶及石油类采样器不符合相关标准和技术规范要求。污水与地表水采样器具混用，未予以区分，容易造成交叉污染，影响监测结果质量。

【建议采取的措施】

（1）组织相关人员深入学习《通用要求》4.4.1、《补充要求》第十二条及相关标准、技术规定、技术规范。

（2）配备符合标准要求的挥发酚、铜、锌水质样品瓶和地表水石油类专用采样器。

（3）将污水与地表水采样器具、样品瓶予以区分，并分区存放。

【场景】

评审员在某机构评审时，发现编号为×××的监测报告中有 4 个空气采样点，每个点均有二氧化硫和二氧化氮 2 个项目的日均值，查看现场采样记录，显示使用了 4 台环境空气采样器，但该机构设备清单中只有 2 台环境空气采样器，公司领导解释："我们采样时借了其他公司 2 台环境空气采样器，考虑是临时借用就未办理手续，也没有纳入管理体系。"

【不符合的条款号】

《通用要求》4.4.1。

【不符合事实描述】

机构临时借用 2 台环境空气采样器开展监测工作，没有纳入管理体系。

【分析点评】

《通用要求》4.4.1 规定"检验检测机构租用仪器设备开展检验检测时，应确保：a）租用仪器设备的管理应纳入本检验检测机构的管理体系；b）本检验检测机构可全权支配使用，即租用的仪器设备由本检验检测机构的人员操作、维护、检定或校准，并对使用环境和贮存条件进行控制；c）在租赁合同中明确规定租用设备的使用权"。设备不可以临时借用，可以租用，租用的设备要签订合同，纳入本机构管理，全权支配使用，在租用的周期内只能由本机构使用。该机构临时借用 2 台环境空气采样器与设备租赁管理要求不符。

【建议采取的措施】

（1）组织相关人员深入学习《通用要求》4.4.1。

（2）签订设备的租赁合同，在合同中明确租用设备的使用权和租赁期，并将租赁的设备纳入机构自身的管理体系，由本机构的人员操作、维护、检定/校准，并对使用环境和贮存条件进行控制。

【场景】

评审组在现场检查某生态环境监测机构时，发现该机构从未对编号为×××的气质联用仪进行过维护，在操作规程中也未见到对该设备维护内容的相关规定。询问操作人员，操作人员回答："不知道该怎么维护。"仪器设备管理员解释："这台气质联用仪一直没什么问题，就没做维护。"

【不符合的条款号】

《通用要求》4.4.2。

【不符合事实描述】

机构提供不出编号为×××的气质联用仪维护规程；未见该设备维护记录。

【分析点评】

《通用要求》4.4.2 规定"检验检测机构应建立和保持检验检测设备和设施管理程序，以确保设备和设施的配置、使用和维护满足检验检测工作要求"。机构应建立相关的程序文件，制定监测设备和设施的安全处置、运输、存储、使用、维护等的规定，防止污染和性能退化。该机构应该对气质联用仪的维护做出要求，维护内容包括进样垫、衬管、离子源清洗，真空泵泵油更换等。

【建议采取的措施】

（1）组织相关人员深入学习《通用要求》4.4.2。

（2）按照相关标准和气质联用仪操作手册要求，建立气质联用仪维护规程，明确维护内容，定期对仪器设备进行必要的维护，并填写仪器维护记录。

【场景】

某生态环境监测机构资质认定复查评审时，评审员抽查编号为×××的报告出具了苯系物、挥发性有机物的监测结果，均使用了编号为×××的气质联用仪（含 FID 检测器）。经询问，两个方法使用的是同一台气相色谱仪主机，该主机有 FID、质谱 2 个检测器。检查校准证书发现机构仅对 FID 检测器进行了校准，未对出具挥发性有机物数据的质谱检测器进行校准。

【不符合的条款号】

《通用要求》4.4.3。

【不符合事实描述】

机构提供不出编号为×××的气质联用仪质谱检测器的量值溯源材料。

【分析点评】

《通用要求》4.4.3 规定“检验检测机构应对检验检测结果、抽样结果的准确性或有效性有影响或计量溯源性有要求的设备，包括用于测量环境条件等辅助测量设备有计划地实施检定或校准。设备在投入使用前，应采用核查、检定或校准等方式，以确认其是否满足检验检测的要求”。机构制定和实施检定/校准计划时，应关注监测所需要的参数、关键量值及关键量程的检定、校准要求，并列入检定/校准设备一览表予以明示。该机构使用编号为×××的气质联用仪（含 FID 检测器）出具了挥发性有机物的监测结果，但对该监测结果的准确性有影响的质谱检测器未进行量值溯源，不能保证监测结果的准确性。

【建议采取的措施】

（1）组织相关人员深入学习《通用要求》4.4.3。

（2）将气质联用仪的 FID 检测器、质谱检测器均纳入检定/校准计划，在检定/校准设备一览表中予以明示。

（3）对气质联用仪的质谱检测器开展检定/校准，并按照要求进行确认，确认其满足标准要求，予以标识后才可以使用。

（4）对检定/校准前的监测数据正确性进行追溯确认。

案例54

【场景】

2019 年 10 月，评审员在现场审核某生态环境监测机构仪器设备档案时，发现该机构一台定电位电解法烟气分析仪购置时间为 2016 年 6 月，经询问使用人员，该设备于 2018 年年初寄回生产厂家更换了二氧化硫、氮氧化物、一氧化碳传感器，更换后经该机构设备使用人员标识合格，就直接使用了。

【不符合的条款号】

《通用要求》4.4.3。

【不符合事实描述】

机构提供不出更换二氧化硫、氮氧化物、一氧化碳传感器后的烟气分析仪的检定/校准证书。

【分析点评】

《通用要求》4.4.3 规定“检验检测机构应对检验检测结果、抽样结果的准确性或有效性有影响或计量溯源性有要求的设备，包括用于测量环境条件等辅助测量设备有计划地实施检定或校准。设备在投入使用前，应采用核查、检定或校准等方式，以确认其是否满足检验检测的要求”。《固定污染源废气　氮氧化物的测定　定电位电解法》（HJ 693—2014）、《固定污染源废气　二氧化硫的测定　定电位电解法》（HJ 57—2017）、《固定污染源废气　一氧化碳的测定　定电位电解法》（HJ 973—2018）标准中要求传感器到期后应及时更换，更换后重新检定方可使用，传感器的使用寿命不超过 2 年。该机构的烟气分析仪更换传感器后未重新开展检定/校准，不能确保仪器达到要求的准确度，不满足相关标准的要求。

【建议采取的措施】

（1）组织相关人员深入学习《通用要求》4.4.3。

（2）制定传感器更换周期，将更换传感器后的烟气测试仪纳入检定/校准计划，在检定/校准设备一览表中予以明示。

（3）对更换传感器后的烟气分析仪重新进行检定/校准，并按照要求进行计量确认，确认其满足标准要求，予以标识后才可以使用。

（4）对检定/校准前的监测数据正确性进行追溯确认。

【场景】

某生态环境监测机构在进行资质认定复查评审时，评审员对氮氧化物非分散红外吸收法开展现场考核，未见 NO_2 转换器转换效率检查记录。现场监测人员认为非分散红外吸收法氮氧化物测定仪已经过校准，并确认合格，用了 1 年多，且样品实际测定均无异常，无需更多关注转换器的转换效率。

【不符合的条款号】

《通用要求》4.4.3。

【不符合事实描述】

机构提供不出 NO_2 转换器的转换效率检查证明材料。

【分析点评】

《通用要求》4.4.3 规定“设备在投入使用前，应采用核查、检定或校准等方式，以确认其是否满足检验检测的要求”。机构应确保用于检测分析和采样的设备及其软件达到要求的准确度，并符合相应的监测技术要求。《固定污染源废气　氮氧化物的测定　非分散红外吸收法》（HJ 692—2014）中要求“每半年至少进行一次 NO_2 至 NO 转换效率的测定，若转化效率低于 85%，建议更换还原剂”。该机构在非分散红外吸收法氮氧化物测定仪使用的 1 年多时间里，未开展 NO_2 转换器的转换效率检查，无法确保 NO_2 转换器保持正常状态，不满足相关标准的要求。

【建议采取的措施】

（1）组织相关人员深入学习《通用要求》4.4.3 及相关标准。

（2）按照方法要求制定转换效率检查作业指导书，并按作业指导书开展 NO_2 转换器转化效率的测定，并做好相关记录。

【场景】

评审员在某生态环境监测机构现场评审时，发现该机构环境空气总悬浮颗粒物的测定方法为《环境空气　总悬浮颗粒物的测定　重量法》（GB/T 15432—1995）及修改单，使用编号为×××的环境空气综合采样器，该采样器校准证书显示，采样流量校准结果为流量示值误差+2.2%。查看校准结果确认记录，确认记录仅为校准证书的内容，确认结果为合格。

【不符合的条款号】

《通用要求》4.4.3。

【不符合事实描述】

机构提供不出编号为×××的环境空气综合采样器校准结果有效确认的证明材料。

【分析点评】

《通用要求》4.4.3 规定“设备在投入使用前，应采用核查、检定或校准等方式，以确认其是否满足检验检测的要求”。机构在设备定期核查、检定或校准后应进行确认，确认满足要求后方可使用。对核查、检定或校准的结果进行确认的内容应包括：①检定结果是否合格，是否满足检验检测方法的要求；②校准获得的设备的准确度是否满足检验检测项目、参数的要求，是否有修正信息，仪器是否满足检验检测方法的要求。《环境空气　总悬浮颗粒物的测定　重量法》（GB/T 15432—1995）及修改单要求流量精度优于±2%，而校准证书上的流量示值误差+2.2%，已超过标准方法要求的精度范围，机构应该在校准确认时发现并采取措施。

【建议采取的措施】

（1）组织相关人员深入学习《通用要求》4.4.3 及相关标准。

（2）修改设备检定/校准确认记录，以监测方法要求为确认依据，重新进行确认。

（3）确认时发现环境空气综合采样器精度不符合标准要求，应查找原因，维修或更换设备后，重新进行检定/校准。

（4）对照标准要求对环境空气综合采样器校准结果进行有效确认，在确认环境空气综合采样器的技术性能指标满足监测方法标准要求后，粘贴合格标识，方可正常使用。

【场景】

评审组在现场检查某生态环境监测机构管理体系运行的相关资料时，发现该机构制订的“仪器设备期间核查计划”只列入了实验室内的仪器，没有将现场监测仪器设备纳入其中。

【不符合的条款号】

《通用要求》4.4.3。

【不符合事实描述】

机构提供不出现场监测仪器设备的期间核查计划。

【分析点评】

《通用要求》4.4.3 规定“当需要利用期间核查以保持设备的可信度时，应建立和保持相关的程序”。期间核查的目的是确保仪器设备状态稳定，性能可信，监测结果可靠。机构应根据仪器设备的稳定性和使用情况来判断是否需要进行期间核查。对使用频率高、经常携带或运输到现场以及使用环境恶劣的现场监测仪器设备，应列入期间核查计划，按计划开展期间核查。该机构未将现场监测仪器设备列入期间核查计划，未对其实施期间核查，存在测试结果不可信的风险。

【建议采取的措施】

（1）组织相关人员深入学习《通用要求》4.4.3。

（2）将现场监测仪器设备纳入机构期间核查计划，并按计划开展期间核查。

【场景】

某生态环境监测机构资质认定首次评审现场评审员查阅资料时，发现原子吸收仪的操作人员没有操作授权书，技术负责人解释："这个操作人员一直做原子吸收分析，已取得资格，操作没问题的，就没有再去授权。"

【不符合的条款号】

《通用要求》4.4.4。

【不符合事实描述】

机构提供不出原子吸收仪操作人员的授权书。

【分析点评】

《通用要求》4.4.4 规定"检验检测设备应由经过授权的人员操作并对其进行正常维护"。机构应对操作重要的、关键的仪器设备以及技术复杂的大型仪器设备的人员进行授权，未经授权的人员不得操作设备。该机构原子吸收仪的操作人员未经授权，不符合《通用要求》规定。

【建议采取的措施】

（1）组织相关人员深入学习《通用要求》4.4.4。

（2）应识别重要的、关键的仪器设备以及技术复杂的大型仪器设备的操作人员，对其进行仪器设备操作培训，通过资格确认和能力考核后，按体系文件要求进行授权。

【场景】

评审员在现场检查时，发现某机构提交的“外携设备出入库登记表”中登记了编号为×××的烟气分析仪出入库情况，记录中只登记了外出使用日期为“2020 年 7 月 15—17 日”，没有填写该烟气分析仪出库、入库的具体时间及设备外出用途或对应的检测任务编号等信息，设备领用、返还人员及设备管理人员也未签字。设备出入库管理人员解释：“我们公司人员都知道这台设备只有现场室使用，我负责管理，不签字大家也清楚。”

【不符合的条款号】

《补充要求》第十二条。

【不符合事实描述】

“外携设备出入库登记表”中记录的编号为×××的烟气分析仪出入库记录未填写设备出入库具体时间、设备外出用途（或对应的检测任务编号），出入库相关人员未签字。

【分析点评】

《补充要求》第十二条规定“应明确现场测试和采样设备使用和管理要求，以确保其正常规范使用与维护保养，防止其污染和功能退化”。现场测试和采样设备应明确出入库管理要求，离开和返回固定场所时应对仪器的状态、领用情况等信息予以记录。该机构对离开固定场所使用的现场测试设备管理的理解不到位，未对该类设备离开和返回机构的时间进行记录，设备领用、返还人员及设备管理人员也未按规定签字确认，无法判断现场仪器设备在离开和返回机构时的状态是否正常。

【建议采取的措施】

（1）深入学习《补充要求》第十二条。

（2）组织相关人员进行设备出入库管理培训学习，明确“外携设备出入库登记表”应填写的内容。

（3）在仪器设备领用和返回时按要求填写出入库登记表。

【场景】

某生态环境监测机构资质认定复查评审中，评审员发现工业企业厂界环境噪声原始记录中无每次测量前、后在测量现场对声级计进行声学校准的相关信息。询问现场监测人员，监测人员回答："我们的声级计在每次外出监测前，在领用时就已经用标准声源进行了校准，所以在现场监测时就没有再进行校准。"随后出示每次外出前声级计的校准记录。

【不符合的条款号】

《补充要求》第十二条。

【不符合事实描述】

机构提供不出工业企业厂界环境噪声每次测量前、后在测量现场对声级计进行声学校准的证明材料。

【分析点评】

《补充要求》第十二条规定"现场测试设备在使用前后，应按相关监测标准或技术规范的要求，对关键性能指标进行核查并记录，以确认设备状态能够满足监测工作要求"。《工业企业厂界环境噪声排放标准》（GB 12348—2008）中规定，"每次测量前、后必须在测量现场对声级计进行声学校准，其前、后校准示值偏差不得大于 0.5 dB，否则测量结果无效"。该机构在测量前未在现场进行校准，测量后也未在现场校核，无法保证测量结果的准确性。

【建议采取的措施】

（1）组织相关人员深入学习《补充要求》第十二条及相关标准。

（2）修改噪声测量原始记录，增加测量前、测量后声级计校准结果的内容。

（3）做好测量前、后校准结果记录；当测量前、后校准示值偏差大于 0.5 dB 时，噪声测量结果无效，需重新进行校准，直到合格为止。

（4）定期开展噪声监测人员的监督。

【场景】

评审员在对某生态环境监测机构资质认定复查评审时，现场考核项目为水质总氮，所用紫外可见分光光度计贴有绿色合格标识。检测分析人员使用该仪器测试总氮时，发现紫外可见分光光度计读数极其不稳定，确认该设备发生了故障，并把这个情况报给仪器设备管理员。仪器设备管理员说，他 3 天前就发现该仪器有故障，已经通知厂家来人维修。

【不符合的条款号】

《通用要求》4.4.5。

【不符合事实描述】

机构没有对发生故障的紫外可见分光光度计采取停止使用和防止误用等措施。

【分析点评】

《通用要求》4.4.5 规定“设备出现故障或者异常时，检验检测机构应采取相应措施，如停止使用、隔离或加贴停用标签、标记，直至修复并通过检定、校准或核查表明能正常工作为止。应核查这些缺陷或偏离对以前检验检测结果的影响”。曾经过载或处置不当、给出可疑结果，或已显示有缺陷、超出规定限度的设备，均应停止使用。这些设备应予以隔离以防误用，或加贴标签、标记以清晰表明该设备已停用，直至修复。修复后的设备为确保其性能和技术指标符合要求，必须经检定、校准或核查表明其能正常工作后方可投入使用。该机构仪器管理员发现紫外可见分光光度计出现故障后，应立刻停止使用，并加贴停用标签，以警示其他检测分析人员，防止误用，直至修复。

【建议采取的措施】

（1）组织相关人员深入学习《通用要求》4.4.5。

（2）停用已发生故障的紫外可见分光光度计，并加贴停用标签，申请维修。

（3）对过去进行的监测活动所造成的影响进行追溯，如发现不符合，应执行不符合处理程序，暂停监测工作，不发送相关监测报告，或者召回之前已发出的监测报告。

（4）修复后的设备应重新进行检定/校准，并按照要求进行检定/校准确认，确认其满足标准要求，予以标识后才可以使用。

【场景】

评审员在现场检查某生态环境监测机构管理体系运行的相关资料时，发现该机构未制定标准物质的期间核查计划，无有证标准物质期间核查记录。标准物质管理人员解释："我们单位的标准物质均是使用前开封，不需要进行期间核查。"

【不符合的条款号】

《通用要求》4.4.6。

【不符合事实描述】

机构未制定标准物质的期间核查计划，未开展标准物质期间核查。

【分析点评】

《通用要求》4.4.6 规定"检验检测机构应根据程序对标准物质进行期间核查"。机构应对标准物质进行期间核查，同时按照程序要求，安全处置、运输、存储和使用标准物质，以防止污染或损坏，确保其完整性。对于有证标准物可采用核查其是否在有效期内，是否符合该标准物质证书上所规定的储存条件和环境条件等要求，对于开封的不能一次性用完的，还要关注其密封状态，还要对量值准确度进行期间核查，以确保其满足要求。该机构应按照《通用要求》4.4.6 的要求制定标准物质期间核查计划并组织实施。

【建议采取的措施】

（1）组织相关人员深入学习《通用要求》4.4.6。

（2）制订标准物质期间核查计划。

（3）按要求对标准物质进行期间核查，并做好记录。

5 管理体系

总　则

【场景】

2019 年 10 月，评审组在对某生态环境监测机构进行资质认定复查评审时，发现该机构现行有效的《质量手册》的编制说明中描述“本质量管理体系的编制依据是《检验检测机构资质认定能力评价　检验检测机构通用要求》（RB/T 214—2017）”，评审员问该机构质量负责人：“《检验检测机构资质认定　生态环境监测机构评审　补充要求》已正式实施 5 个月了，你公司从事生态环境监测工作，质量管理体系的编制依据为什么没有包含它？”该质量负责人回答：“由于工作繁忙，我们还没有来得及重新修订质量管理体系文件，现在正在启动修订程序，你看我们的体系文件修订审批单上法人已签字同意了。”

【不符合的条款号】

《通用要求》4.5.1，《补充要求》第一条。

【不符合事实描述】

机构从事生态环境监测工作，但现行有效的质量管理体系文件中没有包含已正式实施的《检验检测机构资质认定　生态环境监测机构评审　补充要求》的内容。

【分析点评】

《通用要求》4.5.1 规定“检验检测机构应建立、实施和保持与其活动范围相适应的管理体系，应将其政策、制度、计划、程序和指导书制定成文件”；《补充要求》第一条规定“本补充要求是在检验检测机构资质认定评审通用要求的基础上，针对生态环境监测机构特殊性而制定，在生态环境监测机构资质认定评审时应与评审通用要求一并执行”。凡是从事生态环境监测的机构必须在满足《通用要求》的基础上，将《补充要求》的规定纳入质量管理体系文件中并得到有效实施，使质量管理体系在运行中依据的相关法律法规、管理规定的变化要求能够得到及时改进。该机构在《补充要求》实施 5 个月后还未将其纳入体系文件使其得以实施，管理体系的适应性未得到保证，不符合《通用要求》和《补充要求》的规定。

【建议采取的措施】

（1）管理层认真学习《通用要求》和《补充要求》相关规定。

（2）修订质量管理体系文件，增加《补充要求》有关规定。

（3）及时宣贯修订后的质量管理体系文件并有效实施。

文件控制

【场景】

评审员在评审某生态环境监测机构申请的水和废水、土壤领域监测能力时，评审员请文件管理员提供一下该领域环境质量标准、污染物排放标准、风险管控标准和技术规范的受控文本，该名人员马上从网上下载并各打印了 1 份。评审员问文件管理员："你们机构是否对这些标准进行了受控管理？"文件管理员回答："这些标准不是监测分析方法标准，不用受控。"评审员继续抽查该机构受控文件一览表时，发现该表中没有《土壤环境监测技术规范》（HJ/T 166—2004），询问相关人员，相关人员说机构目前没有这些技术规范的受控文本。

【不符合的条款号】

《通用要求》4.5.3，《补充要求》第十四条。

【不符合事实描述】

机构未将申请评审的水和废水、土壤领域监测能力有关的现行有效的环境质量标准、污染物排放标准、风险管控标准和技术规范纳入受控文件管理。

【分析点评】

《通用要求》4.5.3 规定"检验检测机构应建立和保持控制其管理体系的内部和外部文件的程序，明确文件的标识、批准、发布、变更和废止，防止使用无效、作废的文件"；《补充要求》第十四条规定"与生态环境监测机构的监测活动相关的外来文件，包括环境质量标准、污染排放或控制标准、监测技术规范、监测标准（包括修改单）等，均应受控"。外部文件（外来文件）包括法律法规、标准、规范等，与生态环境监测机构通过资质认定的监测能力相关的环境质量标准、风险管控标准、污染物排放或控制标准、监测技术规范或技术导则、监测标准（包括修改单）等都属于外来文件，这些文件对监测分析有很多约束性规定，因此需要收集，并按要求进行受控管理。

【建议采取的措施】

（1）组织相关人员深入学习《通用要求》4.5.3 和《补充要求》第十四条。

（2）完善文件管理控制程序，规定外来文件识别的方法和范围，将与本机构通过资质认定的监测能力相关的环境质量标准、风险管控标准、污染排放标准及相关技术规范等外来文件纳入受控管理，加注唯一性标识进行发放。

（3）收集正式出版发行的外来文件的现行有效版本，纳入受控文件清单。

（4）对修改后的文件控制程序进行培训宣贯。

案例65

【场景】

评审员在查阅某生态环境监测机构记录表格受控情况时，发现该机构记录表格都在内部网上。询问其对电子文件如何控制，该机构相关人员解释：“我们电子记录表格由文件管理员专人管理，并负责打印出来发放给有需要的使用部门。”追问其表格怎么修订，文件管理员说使用部门会直接通知她需要更改的信息，她改完之后就把最终使用的版本放到内部网上，并且为避免混淆将之前的版本都删除了。查阅该机构质量体系文件，未见对电子文件控制的相关规定，也未发现新版本记录表格的修订记录。

【不符合的条款号】

《通用要求》4.5.3，《补充要求》第十四条。

【不符合事实描述】

机构提供不出对电子文件管理的相关规定；修订受控文件时未经审批，且未保存修订审批记录证据。

【分析点评】

《通用要求》4.5.3 规定“检验检测机构应建立和保持控制其管理体系的内部和外部文件的程序，明确文件的标识、批准、发布、变更和废止，防止使用无效、作废的文件”；《补充要求》第十四条规定“生态环境监测机构可采取纸质或电子介质的方式对文件进行有效控制。采用电子介质方式时，电子文件管理应纳入管理体系，电子文件亦需明确授权、发布、标识、加密、修改、变更、废止、备份和归档等要求”。该机构将记录表格放到内部网上采用电子文件控制时，文件管理控制程序应包含对电子文件的管理，明确授权、发布、标识、加密、修改、变更、废止、备份和归档等要求，保证受控电子文件的发布、使用、修改、保存、归档的全过程都受到有效控制，并有措施保证电子文件的安全和保密。发布、修订和废止文件时，应保存审批证据。该机构没有制定电子文件管理规定，记录表格修改、发放未经审批，且未记录，不符合电子文件管理要求。

【建议采取的措施】

（1）组织相关人员深入学习《通用要求》4.5.3 和《补充要求》第十四条。

（2）制定电子文件控制程序或在文件管理控制程序增加对电子文件的管理要求，保证受控电子文件的发布、使用、修改、保存、归档的全过程都受到有效控制。

（3）使用电子文件时需有加密措施防止被未授权人修改、拷贝，以防文件失控。

（4）对电子文件进行修改时，需按文件控制程序进行，经审批后发布实施，并保存审批证据，原版电子文件按作废文件处理并防止误用。

（5）对电子文件控制程序或电子文件的管理要求进行培训宣贯。

【场景】

某生态环境监测机构申请了《固定污染源废气　二氧化硫的测定　定电位电解法》（HJ 57—2017）的变更评审，评审员在实验室现场发现受控编号相同的 2 份原始记录表，记录信息有所不同。经询问分析人员，2 份原始记录表中信息比较全的一份是在用的，另一份是旧的，他是不会用的，并解释说可能是在变更方法修订原始记录表时只是修改了表格内容，没有更新受控号造成的。继续查看文件控制程序，对文件修订和发放回收均有明确的规定。

【不符合的条款号】

《通用要求》4.5.3。

【不符合事实描述】

实验室现场存在受控号相同的新旧 2 份原始记录表，未按文件控制程序要求收回作废记录表格。

【分析点评】

《通用要求》4.5.3 “检验检测机构应建立和保持控制其管理体系的内部和外部文件的程序，明确文件的标识、批准、发布、变更和废止，防止使用无效、作废的文件”。该机构修改原始记录表的内容时没有严格按照文件控制程序的要求进行文件修改的申请和审批手续，没有按照程序文件的规定编制文件的受控编号并发放，新表标识未更新，旧表未及时收回，容易造成误用。

【建议采取的措施】

（1）组织相关人员深入学习《通用要求》4.5.3。

（2）按文件控制程序修订原始记录表，并按程序文件规定，对新表进行受控号标识。

（3）新原始记录表经技术审批后发布实施。

（4）回收旧原始记录表，并定期审查文件，防止误用。

（5）对文件修订工作进行培训，统一有关要求。

【场景】

某生态环境监测机构开展扩项评审进行见证实验时，评审员在现场未见到高压液相色谱-三重四极杆质谱仪的仪器说明书或操作规程。询问检测人员有无仪器操作规程，检测人员回答有，但在仪器室现场并未发现相关仪器操作规程，继续询问检测人员，检测人员回答是为了防止丢失，仪器操作规程均放在档案室统一保管了，这次考核因为着急，所以没有借出来。

【不符合的条款号】

《通用要求》4.5.3。

【不符合事实描述】

机构的高压液相色谱-三重四极杆质谱仪操作规程放在档案室内，不便于检测人员使用。

【分析点评】

《通用要求》4.5.3 规定“检验检测机构应建立和保持控制其管理体系的内部和外部文件的程序，明确文件的标识、批准、发布、变更和废止，防止使用无效、作废的文件”。对于文件的使用应注意：所有与检验检测机构工作有关的指导书、标准、手册和参考资料应保持现行有效并易于员工阅读。为确保机构技术管理体系的有效运作和方便操作人员正确使用，机构应保证在重要作业场所都能得到适用的相应版本文件，被使用者掌握，并在活动中实施。该机构虽然制定了仪器操作规程，但因为放在档案室里，检测人员在实验室内开展检测时，不便于获得，没有发挥操作规程的指导作用，实施检测时有可能会因为人员理解有误和操作不规范而带来潜在风险。

【建议采取的措施】

（1）组织相关人员深入学习《通用要求》4.5.3。

（2）将受控的高压液相色谱-三重四极杆质谱仪说明书（操作部分）复印件和操作规程发放至相关使用人员。

（3）对所有操作该设备的人员进行相关要求的宣贯，举一反三，纠正类似问题。

合同评审

【场景】

某生态环境监测机构资质认定复查评审现场，评审员查阅资料时，发现委托协议书中无检测依据，该机构也不能提供合同评审记录。询问技术负责人与分管业务承接的负责人，回答："某些项目检测依据的方法标准有多个，签署委托协议书时无法确定具体采用哪个，只能由检测人员根据样品具体情况确定采用哪种方法标准为检测依据。"

【不符合的条款号】

《通用要求》4.5.4。

【不符合事实描述】

机构未与客户充分沟通，未了解客户对每个项目检测方法的要求，未对自身的技术能力、资质状况能否满足客户对检测方法的要求进行合同评审。

【分析点评】

《通用要求》4.5.4 规定"检验检测机构应建立和保持评审客户要求、标书、合同的程序。对要求、标书、合同的偏离、变更应征得客户同意并通知相关人员"。检验检测机构应与客户充分沟通，了解客户需求，对照自身的技术能力和资质状况，及时与客户协商确定每个项目检测依据的方法，并对能否满足客户要求进行合同评审。该机构与客户签订委托协议时，没有与客户充分沟通，没有确定每个检测项目具体的检测方法并写入协议中，也未对该协议进行合同评审。临时确定的方法，存在客户不认同和机构自身无资质或无技术能力的风险。

【建议采取的措施】

（1）组织相关人员深入学习《通用要求》4.5.4。

（2）按照《通用要求》4.5.4 要求，与客户充分沟通，了解客户需求，开展合同评审，对自身的技术能力和资质状况能否满足客户要求进行评审，确定每个项目的检测方法。

（3）完成合同评审，记录必要的评审过程和结果，并按照本单位检测任务管理的文件规定（如任务单），将合同约定的方法通知相关检测人员。

分 包

【场景】

对A环境检测技术服务有限公司进行专项监督检查时，检查组在查阅检测报告时，发现编号为×××的检测报告中，明确标注了除了本机构的检测数据，还有B和C两个检测公司的数据。检查组询问技术负责人："为什么要分包给两个机构完成此项工作？"技术负责人说："我们机构不具备完成这项检测任务的全项检测能力，就把我们不具备能力的检测项目分包给了我们经常合作的B检测公司了，这个公司又把他们不具备检测能力的项目分包给了C检测公司。"检查组又询问技术负责人："你们对分包方资质和能力进行过确认吗？"技术负责人回答："没考虑那么多，只是觉得他们平时能在规定的时间内完成报告，我们就选择了他们。"

【不符合的条款号】

《通用要求》4.5.5，《补充要求》第十五条。

【不符合事实描述】

A环境检测技术服务有限公司在分包时未对分包方B检测公司的检测能力进行评价；B检测公司不完全具备分包任务的全部检测能力，进行了二次分包。

【分析点评】

《通用要求》4.5.5 要求，"检验检测机构需分包检验检测项目时，应分包给已取得检验检测机构资质认定并有能力完成分包项目的检验检测机构"；《补充要求》第十五条规定，有分包事项时，应"对分包方资质和能力进行确认，并规定不得进行二次分包"。A 环境检测技术服务有限公司分包前没有对承担分包的B检测公司进行评审，以确认其已取得检验检测机构资质认定，并有能力完成全部分包项目，导致分包给了能力不全的B检测公司；也未在分包协议中规定B检测公司不得二次分包，从而导致了二次分包。

【建议采取的措施】

（1）组织相关人员深入学习《通用要求》4.5.5，《补充要求》第十五条。

（2）A 环境检测技术服务有限公司应事先将分包的具体检测项目和方法以及承担分包任务的机构告知客户，并取得客户的同意。

（3）分包前应对承担分包的检测机构进行评审，确认其已通过检验检测机构资质认定，具备相应分包项目的检测能力，并留存其相应的证明材料（资质认定证书及证书附表），并完成评审记录，纳入分包名录。

（4）在A环境检测技术服务有限公司分包管理程序中，以及与承担分包的检测机构签订合同或协议中，应明确规定不得进行二次分包。

【场景】

评审员在查阅某生态环境监测机构包含分包内容的监测报告档案时，发现编号为×××的监测任务中将固定污染源废气低浓度颗粒物的监测工作分包给了 A 机构，A 机构出具了相应的监测结果报告，但未加盖 CMA 章。该机构负责人解释："A 机构该项目的资质已通过现场评审，正等待发证。"评审员要求再查看分包合同时，该机构负责人解释："双方机构是长期合作伙伴，未正式签订分包合同，也未对分包方 A 机构进行资质和能力的确认，无相应的评审或确认记录。"

【不符合的条款号】

《通用要求》4.5.5，《补充要求》第十五条。

【不符合事实描述】

编号为×××的监测任务，未正式签订分包合同，也未对分包方的资质和能力进行确认并记录；分包方 A 机构无分包项目资质。

【分析点评】

《通用要求》4.5.5 要求，"检验检测机构需分包检验检测项目时，应分包给已取得检验检测机构资质认定并有能力完成分包项目的检验检测机构，具体分包的检验检测项目和承担分包项目的检验检测机构应事先取得委托人的同意"；《补充要求》第十五条要求，"有分包事项时，生态环境监测机构应事先征得客户同意，对分包方资质和能力进行确认，并规定不得进行二次分包"。A 机构接受分包委托时，还未取得该项目的资质，双方也未签订分包合同。

【建议采取的措施】

（1）组织相关人员深入学习《通用要求》4.5.5，《补充要求》第十五条。

（2）需要分包固定源低浓度颗粒物监测任务，应事先取得客户的同意。

（3）分包前确认承担分包的机构已取得固定源低浓度颗粒物的资质和能力，并留存其相应证明材料（资质认定证书及证书附表）。

（4）对分包方承担的固定源低浓度颗粒物的监测工作进行监督或验证。监督可采取现场检查、资料审核等方式，验证可采取盲样测试、实验室间比对、留样复测、加标回收测试等方式，做好相关记录并保存。

【场景】

某生态环境监测机构与A机构签订分包合同，将编号为×××的监测任务中固定污染源废气中二噁英及VOCs的监测分包给A机构。评审员在检查分包档案时，发现没有对A机构进行监督或验证的记录。经询问，该机构人员认为经常与A机构合作，他们平时能在规定的时间内完成委托任务，没必要对分包工作进行监督验证。

【不符合的条款号】

《补充要求》第十五条。

【不符合事实描述】

机构提供不出对分包给A机构承担的二噁英及VOCs监测工作进行监督或验证的记录。

【分析点评】

《补充要求》第十五条要求，“生态环境监测机构应就分包结果向客户负责（客户或法律法规指定的分包除外），应对分包方监测质量进行监督或验证”。该机构将编号为×××的监测任务中固定污染源废气中二噁英及VOCs的监测分包给A机构，应对A机构承担的此项分包任务进行监督或验证，并保存监督或验证记录，以确保分包工作质量，但该机构没有对A机构的分包项目监测进行监督或验证，不能确保分包工作质量。

【建议采取的措施】

（1）组织相关人员深入学习《补充要求》第十五条。

（2）对分包方承担的固定污染源废气中二噁英及VOCs的监测工作进行监督或验证。

（3）监督可采取现场检查、资料审核等方式，验证可采取盲样测试、实验室间比对、留样复测、加标回收测试等方式，做好相关记录并保存。

采 购

【场景】

某检验检测机构在进行《水质 总大肠菌群和粪大肠菌群的测定 纸片快速法》(HJ 755—2015)及《水质 粪大肠菌群的测定 多管发酵法》(HJ 347.2—2018)扩项评审时，评审员在扩项评审现场见证实验时发现：①用于检测水质总大肠菌群和粪大肠菌群的市售未开封的测试纸片呈浅紫色，而不是检测方法要求的淡黄绿色，实验人员提供不出相关验收记录；②粪大肠菌群检测所用的乳糖蛋白胨培养基、EC 培养基没有验收的记录。检测人员解释，他们检查过培养基规格型号和包装，都没有问题，而且培养基生产商提供了合格的质检报告。

【不符合的条款号】

《通用要求》4.5.6。

【不符合事实描述】

机构未对分析水质总大肠菌群和粪大肠菌群测试所用的测试纸片进行验收；提供不出对粪大肠菌群检测所用的乳糖蛋白胨培养基、EC 培养基的质量进行验收的记录。

【分析点评】

《通用要求》4.5.6 要求，“检验检测机构应建立和保持选择和购买对检验检测质量有影响的服务和供应品的程序，明确服务、供应品、试剂、消耗材料等的购买、验收、存储的要求，并保存对供应商的评价记录”。为保证采购物品和相关服务的质量，检验检测机构应当对采购物品和相关服务进行有效的控制和管理，按制定的程序对服务、供应品、试剂、消耗材料的购买、接收、存储、验收等进行控制，以保证检验检测结果的质量。

（1）按照《水质 总大肠菌群和粪大肠菌群的测定 纸片快速法》（HJ 755—2015）要求，应对测试纸片进行质量验收，达到要求后方可使用。该机构未对用于水质总大肠和粪大肠菌群测试纸片进行验收，纸片本应呈淡黄绿色，却呈浅紫色，不能满足方法对纸片质量的要求。该机构使用质量不合格的纸片，将影响监测结果的准确性。

（2）方法《水质 粪大肠菌群的测定 多管发酵法》（HJ 347.2—2018）要求：“更换不同批次培养基时要进行阳性和阴性菌株检验”，该机构扩项进行方法验证前，应对所用培养基质量进行符合性试验，并有相应的记录予以证明，以满足方法要求才能保证检测结果的质量。该机构未对培养基质量进行符合性试验，不能确保监测结果质量。

【建议采取的措施】

（1）组织相关人员深入学习《通用要求》4.5.6。

（2）制定或完善关于对检验检测质量有影响的服务和供应品的选择和购买的控制程序，对检验检测质量有影响的试剂和消耗材料的购买、验收和存储的控制程序。

（3）确定对检验检测质量有影响的供应品、试剂和消耗材料控制范围，并有文件化的验收规定。

（4）重新购置测试纸片，按照《水质　总大肠菌群和粪大肠菌群的测定　纸片快速法》（HJ 755—2015）要求，对纸片进行质量验收，达到要求后方可使用。按照《水质　粪大肠菌群的测定　多管发酵法》（HJ 347.2—2018）要求，对新采购的乳糖蛋白胨培养基、EC 培养基进行验收，达到要求后方可使用，做好验收过程相关记录。

【场景】

评审员在现场查阅某生态环境监测机构《水质　总氮的测定　碱性过硫酸钾消解紫外分光光度法》（HJ 636—2012）的分析原始记录，发现空白试验的校正吸光度为 0.041。分析人员说："空白试验做了 3 次，都是这个值。"该机构未能解释吸光度偏高的原因。评审员要求提供氢氧化钠、过硫酸钾试剂含氮量的测定结果，该机构提供不出。

【不符合的条款号】

《通用要求》4.5.6。

【不符合事实描述】

机构提供不出《水质　总氮的测定　碱性过硫酸钾消解紫外分光光度法》（HJ 636—2012）分析所用的氢氧化钠、过硫酸钾试剂按分析方法要求验收的记录。

【分析点评】

《通用要求》4.5.6 要求，"检验检测机构应建立和保持选择和购买对检验检测质量有影响的服务和供应品的程序，明确服务、供应品、试剂、消耗材料等的购买、验收、存储的要求，并保存对供应商的评价记录"。为保证采购物品和相关服务的质量，机构应当对采购物品和相关服务进行有效的控制和管理，按制定的程序对服务、供应品、试剂、消耗材料的购买、接收、存储进行控制，以保证监测结果的质量。该机构在水质总氮测定过程中，3 次空白试验校正吸光度均为 0.041，不满足方法质量保证与质量控制 12.2"空白试验的校正吸光度 A_b 应小于 0.030"的要求。空白试验校正吸光度高应该从实验用水、试剂、器皿污染等角度查找原因，其中一个关键影响因素是试剂氢氧化钠和过硫酸钾的纯度。按照方法《水质　总氮的测定　碱性过硫酸钾消解紫外分光光度法》（HJ 636—2012）附录 A "氢氧化钠和过硫酸钾含氮量测定方法"的要求，应对分析所用关键试剂氢氧化钠、过硫酸钾试剂的纯度进行验收检验。该机构未对试剂进行验收，造成空白试验校正吸光度偏高，影响监测质量。

【建议采取的措施】

（1）组织相关人员深入学习《通用要求》4.5.6。

（2）制定或完善关于对监测质量有影响的服务和供应品的选择和购买的控制程序，及对监测质量有影响的试剂和消耗材料的购买、验收和存储的控制程序。

（3）确定对监测质量有影响的供应品、试剂和消耗材料控制范围，并有文件化的验收规定。

（4）按照方法《水质　总氮的测定　碱性过硫酸钾消解紫外分光光度法》（HJ 636—2012）附录 A“氢氧化钠和过硫酸钾含氮量测定方法”的要求，对分析所用关键试剂氢氧化钠、过硫酸钾试剂的纯度进行验收检验，满足要求方可使用。

（5）做好验收检验过程相关记录，并对整个过程进行监督检查。

【场景】

在某生态环境监测机构资质认定扩项评审现场，评审员查阅《水质　石油类和动植物油类的测定　红外分光光度法》（HJ 637—2018）和《水质　石油类的测定　紫外分光光度法（试行）》（HJ 970—2018）方法验证资料时，发现该机构购置了正己烷及四氯乙烯试剂，但是未按分析方法要求对正己烷及四氯乙烯试剂进行验收。技术负责人回答："我们的供应商进货把关很严，提供给我们的试剂耗材都是按照我们的要求选择的品牌，质量一直都有保证，我们也很信任他们。"

【不符合的条款号】

《通用要求》4.5.6。

【不符合事实描述】

机构未按分析方法《水质　石油类和动植物油类的测定　红外分光光度法》（HJ 637—2018）和《水质　石油类的测定　紫外分光光度法（试行）》（HJ 970—2018）要求，对测定水质石油类所用的关键试剂四氯乙烯和正己烷进行验收。

【分析点评】

《通用要求》4.5.6 要求，"检验检测机构应建立和保持选择和购买对检验检测质量有影响的服务和供应品的程序，明确服务、供应品、试剂、消耗材料等的购买、验收、存储的要求，并保存对供应商的评价记录"。为保证采购物品和相关服务的质量，检验检测机构应当对采购物品和相关服务进行有效的控制和管理，按制定的程序对服务、供应品、试剂、消耗材料的购买、接收、存储进行控制，以保证检验检测结果的质量。《水质　石油类和动植物油类的测定　红外分光光度法》（HJ 637—2018）和《水质　石油类的测定　紫外分光光度法（试行）》（HJ 970—2018）对使用的关键试剂四氯乙烯、正己烷均有明确的质量要求：

（1）对分析所用关键试剂四氯乙烯进行验收检验：以干燥 4 cm 空石英比色皿为参比，2 800～3 100 cm^{-1} 使用 4 cm 石英比色皿测定四氯乙烯，2 930 cm^{-1}、2 960 cm^{-1}、3 030 cm^{-1} 处吸光度应分别不超过 0.34、0.07、0。当某一品牌的四氯乙烯不能满足方法要求时，应考虑更换品牌。

（2）对分析所用关键试剂正己烷进行验收检验：使用前于波长 225 nm 处，以 1 cm 比色皿以水做参比测定透光率，透光率大于 90%方可使用，否则需脱芳处理。

该机构应对关键试剂进行符合性检查或验证，并有相应的记录予以证明，以满足方法要求，保证检测结果的质量。但该机构未对测定石油类使用的关键试剂四氯乙烯和正己烷按照方法要求进行质量验收，不能确保其质量满足规定，当使用不合格的试剂时，会影响监测结果质量。

【建议采取的措施】

（1）组织相关人员深入学习《通用要求》4.5.6。

（2）制定或完善关于对检验检测质量有影响的服务和供应品的选择和购买的控制程序。

（3）确定对检验检测质量有影响的供应品、试剂和消耗材料控制范围，并有文件化的验收规定。

（4）按照分析方法要求对使用的关键试剂四氯乙烯、正己烷进行验收，验收合格的试剂方可使用，做好验收过程相关记录。

【场景】

某生态环境监测机构在进行资质认定扩项评审时，评审员发现该机构采购了一批用于《空气和废气 颗粒物中金属元素的测定 电感耦合等离子体发射光谱法》（HJ 777—2015）检测颗粒物中金属的石英滤筒、玻璃纤维滤筒，机构提供的验收记录中仅对其品名、规格、数量和外观等进行了符合性验收，没有针对所需检测的金属指标进行空白检验的记录。

【不符合的条款号】

《通用要求》4.5.6。

【不符合事实描述】

机构用于颗粒物中金属采样的石英滤筒、玻璃纤维滤筒，未针对所需检测的金属指标进行空白检验。

【分析点评】

《通用要求》4.5.6 要求，“检验检测机构应建立和保持选择和购买对检验检测质量有影响的服务和供应品的程序，明确服务、供应品、试剂、消耗材料等的购买、验收、存储的要求，并保存对供应商的评价记录”。为保证采购物品和相关服务的质量，检验检测机构应当对采购物品和相关服务进行有效的控制和管理，按制定的程序对服务、供应品、试剂、消耗材料的购买、接收、存储进行控制，检验检测机构应当对影响检验检测质量的重要消耗品、供应品和服务的供货单位和服务提供者进行评价，以保证检验检测结果的质量。《空气和废气 颗粒物中金属元素的测定 电感耦合等离子体发射光谱法》（HJ 777—2015）中对使用的石英滤筒、玻璃纤维滤筒有明确的质量要求：“空白滤筒中目标金属元素含量应小于等于排放标准限值的 1/10，不符合要求则不能使用，”因此，使用前应对滤筒质量进行符合性检查。该机构未对购置的石英滤筒、玻璃纤维滤筒进行所需金属指标检测的空白试验，因而无法保证方法要求的检测结果质量。

【建议采取的措施】

（1）组织相关人员深入学习《通用要求》4.5.6。

（2）确定对检验检测质量有影响的供应品、试剂和消耗材料控制范围，并有文件化的验收规定。

（3）按照《空气和废气 颗粒物中金属元素的测定 电感耦合等离子体发射光谱法》（HJ 777—2015）的要求，对检测所用石英滤筒、玻璃纤维滤筒进行验收检验，空白滤筒中目标金属元素含量应小于等于排放标准限值的 1/10，只有验收满足要求的石英滤筒、玻璃纤维滤筒方可使用，做好验收过程相关记录。

【场景】

对某生态环境监测机构进行现场评审时，评审员发现提供原子吸收光谱仪检定/校准证书的服务供应商是某市计量测试技术研究院，评审员要求提供对某市计量测试技术研究院合格性评价记录，于是该机构按照要求提供了服务与供应商评价记录。评审员发现提供的对某市计量测试技术研究院合格性评价记录是3年以前的。评审员要求提供今年年初的评价记录，该机构质量负责人回答："为我们提供检定校准的某市计量测试技术研究院既是长期合作单位，又是市场监督管理局下的事业单位，他们的技术能力很强，所以我们只对某市计量测试技术研究院做了一次合格性评价。"

【不符合的条款号】

《通用要求》4.5.6。

【不符合事实描述】

机构未对某市计量测试技术研究院的能力进行动态管理，未持续进行评价。

【分析点评】

《通用要求》4.5.6 要求，"检验检测机构应建立和保持选择和购买对检验检测质量有影响的服务和供应品的程序，明确服务、供应品、试剂、消耗材料等的购买、验收、存储的要求，并保存对供应商的评价记录"。为保证采购物品和相关服务的质量，检验检测机构应当对影响检验检测质量的重要消耗品、供应品和服务的供应商进行评价，并保存这些评价的记录和合格供应商名单。每个提供服务和供应品的供应商的能力是变化的，因此，应该对他们提供服务和商品的质量及能力进行动态管理和定期评价，并根据对外部供应商的评价、监控表现和再次评价的结果采取相应的措施，优胜劣汰，以使供应商持续满足检验检测活动的需求。该机构没有对提供检定/校准服务的某市计量测试技术研究院实行动态管理、持续评价其质量和能力，3 年来仅评价过一次，不能确保其能力持续满足要求。

【建议采取的措施】

（1）组织相关人员深入学习《通用要求》4.5.6。

（2）在相应的程序中规定外部供应商的监控表现和再次评价的周期和频次。

（3）按照上述程序对外部供应商进行评价，并保存这些评价记录和合格供应商名单，包括某市计量测试技术研究院。

服务客户

【场景】

评审员在抽查某生态环境监测机构的客户满意度调查表时，发现一位客户反映其要求进入实验室参观被拒绝。为此，评审员询问该机构，业务科负责人答复："我们管理体系文件有规定，为了保证实验室安全、保守客户的秘密，实验区域非工作人员不得入内。"

【不符合的条款号】

《通用要求》4.5.7。

【不符合事实描述】

机构不允许客户合理进入为其检验检测的相关区域观察。

【分析点评】

《通用要求》4.5.7 规定，"允许客户或其代表合理进入为其检验检测的相关区域观察"。在保密、安全、不干扰正常检验检测工作的前提下，检验检测机构应允许客户或其代表进入为其检验检测的相关区域，观察与其相关的检验检测活动。该机构管理体系文件的规定，不符合上述规定。在客户提出参观实验室要求时，未允许客户合理进入为其检验检测的相关区域观察，不符合《通用要求》4.5.7 的相关规定。

【建议采取的措施】

（1）组织相关人员深入学习《通用要求》4.5.7。

（2）修改管理体系文件相关规定，增加"在保密、安全、不干扰正常检验检测工作的前提下，检验检测机构应允许客户或其代表进入为其检验检测的相关区域，观察与其相关的检验检测活动"内容。

（3）对相关人员进行培训，并做好相关记录。

投　诉

【场景】

评审员在对某生态环境监测机构实施资质认定扩项现场评审时，查阅《投诉处理程序》，程序中未对客户投诉相关人员采取回避措施做出文件规定。而在查阅仅有的一例投诉有关规范性案件报告时，发现业务科某人全程组织了该投诉的处理，而其本人也是此投诉涉及报告的主要编制人员。

【不符合的条款号】

《通用要求》4.5.8。

【不符合事实描述】

《投诉处理程序》未对客户投诉的相关人员采取回避措施做出规定；涉及投诉的人员参与了投诉处理过程，没有采取回避措施。

【分析点评】

《通用要求》4.5.8 规定“检验检测机构应建立和保持处理投诉的程序。明确对投诉的接收、确认、调查和处理职责，跟踪和记录投诉，确保采取适宜的措施，并注重人员的回避”。机构应在《投诉处理程序》中规定，投诉涉及的相关人员、被客户投诉的人员在处理投诉的过程中应采取适当的回避措施，与客户投诉有关的人员，不能参与投诉的处理。对于投诉的处理、回复决定及其审查和批准，都应由与投诉涉及的检验检测活动无关的人员做出，以避免影响投诉处理的公正性。该机构未在《投诉处理程序》中对回避措施做出规定，使涉及投诉的人员参与投诉处理，不符合《通用要求》规定。

【建议采取的措施】

（1）组织相关人员深入学习《通用要求》4.5.8。

（2）修改《投诉处理程序》，在《投诉处理程序》中明确规定投诉涉及人员应回避，由与该投诉无关的人员处理。

（3）当有投诉发生时，由不相关人员对已发生的投诉事件进行调查，并确认投诉处理是否恰当。

不符合工作控制

【场景】

某生态环境监测机构参加土壤中铅的能力验证活动，结果为“不满意”，查找原因发现是土壤样品前处理时人员误操作引起的，而该员工上岗独立操作已有半年了。该机构采取的纠正措施是对该员工培训后重新进行了该项目的上岗考核，取得了满意结果，重新确认了其能力。评审员要求提供对该员工之前独立操作半年时间内的检测结果的相关分析判断和结果处理等材料，该机构无法提供。

【不符合的条款号】

《通用要求》4.5.9。

【不符合事实描述】

机构未对能力验证不合格项目前处理操作人员发生不符合工作的严重性进行评价，也未对其以往检测结果和报告质量进行追溯分析并消除影响。

【分析点评】

《通用要求》4.5.9 规定，“检验检测机构应建立和保持出现不符合工作的处理程序，当检验检测机构活动或结果不符合其自身程序或与客户达成一致的要求时，检验检测机构应实施该程序。该程序应确保：

a）明确对不符合工作进行管理的责任和权力；

b）针对风险等级采取措施；

c）对不符合工作的严重性进行评价，包括对过去结果的影响分析；

d）对不符合工作的可接受性做出决定；

e）必要时，通知客户并取消工作；

f）规定批准恢复工作职责；

g）记录所描述的不符合工作和措施。”

该机构应按照上述要求，认真分析该员工土壤前处理时的误操作，是偶然还是一直如此，追溯其之前半年内出具的所有数据，是否存在同样的误操作。如果对过去的结果有影响，则应通知客户并召回有质量隐患的报告。同时，采取预防措施，防止类似不符合工作的再次发生。该机构没有对该员工不符合工作的严重性进行评价，没有对其之前半年内的检测结果和报告质量进行追溯分析并消除影响，不符合《通用要求》规定。

【建议采取的措施】

（1）组织相关人员深入学习《通用要求》4.5.9，学习本机构管理体系文件《不符合工作处理程序》，明确责任和权限，了解不符合工作出现时应采取的措施。

（2）分析不符合工作产生原因，对不符合工作严重性进行评价。

（3）必要时通知客户并取消受影响的工作或召回有质量隐患的报告。

（4）针对上述原因制定纠正措施，执行《纠正措施程序》并落实，完成整改。

（5）整改完成后恢复工作。

（6）不符合工作整改过程应详细记录。

纠正措施、应对风险和机遇的措施和改进

【场景】

评审组在对某生态环境监测机构进行现场评审时，发现该机构已经建立了一个应对风险和机遇的程序，但这个程序中仅强调风险发生之后的处置方法，缺少生态环境监测过程中的潜在风险识别，没有相应的制度和措施以消除或减小非预期结果的风险。

【不符合的条款号】

《通用要求》4.5.10。

【不符合事实描述】

机构应对风险和机遇的程序文件中缺少生态环境监测过程中潜在风险的识别，缺少消除或减小非预期结果风险的制度和措施。

【分析点评】

《通用要求》4.5.10 规定，"检验检测机构应考虑与检验检测活动有关的风险和机遇，以利于：确保管理体系能够实现其预期结果；把握实现目标的机遇；预防或减少检验检测活动中的不利影响和潜在的失败；实现管理体系改进。检验检测机构应策划：应对这些风险和机遇的措施；如何在管理体系中整合并实施这些措施；如何评价这些措施的有效性"。管理层应以基于风险的思维，运用过程方法建立管理体系，对监测机构所处的内外部环境进行分析，进行风险评估和风险处置。风险是指不确定性的影响，在某一特定环境下，在某一特定时间段内，某种损失或机遇发生的可能性。机构应识别开展生态环境监测过程中的法律风险、质量责任风险、安全风险和环境风险等，以基于风险的思维对过程和管理体系进行管控，以消除或减小非预期结果的风险，有效利用机遇，拓展认定领域，更好地为客户服务。该机构的应对风险和机遇的程序没有对潜在风险进行识别，也没有制定相应的消除或减小潜在风险的措施，不符合《通用要求》规定。

【建议采取的措施】

（1）组织相关人员深入学习《通用要求》4.5.10。

（2）机构管理层基于风险的思维，运用过程方法建立管理体系，对生态环境监测机构所处的内外部环境进行分析，进行风险评估和风险处置。机构应识别法律风险、质量责任风险、安全风险和环境风险等，以基于风险的思维对过程和管理体系进行管控，并制定消除或减小非预期结果风险的相应制度和措施。

（3）对识别出的生态环境监测过程中的潜在风险，以及消除或减小非预期结果风险的相应制度和措施进行宣贯。

记录控制

【场景】

评审员在查阅某生态环境监测机构锅炉烟尘监测的原始记录时，发现烟尘采样原始记录中没有锅炉除尘方式、烟道直径、烟气氧含量等记录信息；滤筒称量原始记录没有所用仪器、恒重过程等信息。该机构技术负责人解释："这些信息记不记都一样，不影响结果，我们是按照技术规范确定的采样点数量，烟尘含量也是按照计算公式计算的，所用仪器也都符合标准要求。"

【不符合的条款号】

《通用要求》4.5.11，《补充要求》第十六条。

【不符合事实描述】

烟尘采样原始记录缺少除尘方式、烟道直径、烟气氧含量等关键信息；滤筒称量原始记录缺少所用仪器、恒重过程等信息。

【分析点评】

《通用要求》4.5.11 规定"确保记录的标识、贮存、保护、检索、保留和处置符合要求"；《补充要求》第十六条规定"保证记录信息的充分性、原始性和规范性，能够再现监测全过程"。记录应包含充分的信息，涵盖监测全过程，具有可追溯性，以保证在尽可能接近原条件的情况下能够再现监测活动全过程。采样是烟尘监测非常重要的环节，现场基本情况、采样全过程信息应予以充分记录。除尘方式是受检对象的基本信息；烟道直径不仅参与烟气排放量的计算，也用于确定测点位置和数量，关乎样品的代表性；烟气氧含量用于计算过量空气系数，进而影响烟尘排放浓度的最终结果，这 3 项内容是烟尘采样过程不可或缺的重要信息。称量记录若缺少使用仪器、恒重过程等信息也会造成结果无法追溯。该机构的烟尘采样和称量记录不能充分体现该项监测技术活动，不能再现烟尘监测全过程，反映出监测人员及原始记录表格设计人员对烟尘采样和测定过程应记录的关键点理解不透彻，采样人员对记录信息的充分性、再现性、可追溯性要求理解不到位。

【建议采取的措施】

（1）学习《通用要求》4.5.11 和《补充要求》第十六条，掌握其对记录的要求；加强烟尘监测相关技术规定的培训学习。

（2）按照技术标准、规范要求修改烟尘采样原始记录表格，补充除尘方式、烟道直径、烟气氧含量等记录信息；修改滤筒称量原始记录表格，补充滤筒称量所用仪器、恒重过程等记录信息。

（3）按文件管理程序要求完成表格的修订审批，并受控发放使用。

【场景】

某生态环境监测机构进行资质认定复查评审，评审员现场查阅材料时，发现该机构测定固定污染源锅炉废气的监测报告中，二氧化硫监测依据为《固定污染源废气 二氧化硫的测定 定电位电解法》（HJ 57—2017），但在报告所附监测原始记录中没有对获取的二氧化硫浓度分钟数据与同步测定的一氧化碳浓度分钟数据进行有效性的判定。评审员查看了烟尘测试仪中存储的一氧化碳测定信息，发现有监测当天的一氧化碳测试数据。监测人员提供了一氧化碳的干扰试验记录。监测人员解释："我们在现场测了锅炉烟气中的一氧化碳，浓度很低，所以不需要考虑一氧化碳的干扰。"

【不符合的条款号】

《通用要求》4.5.11，《补充要求》第十六条。

【不符合事实描述】

固定源废气二氧化硫测定原始记录中，缺少同步监测的一氧化碳浓度分钟数据，以及二氧化硫浓度分钟数据有效性判定的相关信息。

【分析点评】

《通用要求》4.5.11 规定"确保记录的标识、贮存、保护、检索、保留和处置符合要求"；《补充要求》第十六条规定"保证记录信息的充分性、原始性和规范性，能够再现监测全过程"。原始记录是证明监测报告满足质量要求和追溯质量活动的依据，监测机构应确保每一项监测活动记录的信息充分。依据定电位电解法测定固定污染源废气二氧化硫时，一氧化碳对测定结果的干扰显著，因此在《固定污染源废气 二氧化硫的测定 定电位电解法》（HJ 57—2017）中，明确规定了测定废气中二氧化硫时需同步测定并记录一氧化碳浓度分钟数据，以及结合一氧化碳干扰试验结果将一氧化碳浓度分钟数直接用于二氧化硫浓度分钟数据有效性判定。在现场测定中，当测得的一氧化碳浓度超过 50 μmol/mol 时，应结合一氧化碳干扰试验结果，判断测得的二氧化硫浓度分钟数据是否为无效数据予以剔除。显然，同步测定的一氧化碳结果非常重要，关系到二氧化硫测定结果的有效性判断，因此监测人员应根据标准要求，现场同步测定并记录一氧化碳浓度分钟数据。该机构在开展定电位电解法测定固定污染源废气二氧化硫的监测活动中，未记录测定样品时同时测得的一氧化碳浓度分钟数据，未按照标准中的质量保证和质量控制要求记录对测试数据有效性的判定情况，记录信息不充分、不完整，因此无法通过记录追溯监测结果是否有效，不符合记录信息的充分性要求。

【建议采取的措施】

（1）学习并掌握《通用要求》4.5.11 和《补充要求》第十六条，学习《固定污染源废气　二氧化硫的测定　定电位电解法》（HJ 57—2017），掌握固定污染源废气中二氧化硫监测时一氧化碳的干扰情况及消除措施，掌握结果的质量保证和质量控制要求。

（2）按照技术规范要求修改完善固定污染源废气二氧化硫监测原始记录表格，按照设备中存储的一氧化碳测定信息，补充报告及同步测定一氧化碳浓度分钟数据等原始记录，以及依据一氧化碳干扰试验结果进行数据有效性判断的内容。

（3）按程序文件要求完成表格的修改审批程序，并受控发放使用。

【场景】

某生态环境监测机构申请资质认定扩项，涉及水质挥发性有机物吹扫捕集/气相色谱法分析项目。评审员发现该机构的吹扫捕集/气相色谱法分析记录中无吹扫捕集装置的条件信息，原始记录中只有谱图，没有分析方法、分析条件、人员等基本信息。机构分析人员称，吹扫捕集属于前处理装置，不需要对其条件进行记录，谱图就是最原始的记录，没必要记录其他的内容。

【不符合的条款号】

《通用要求》4.5.11，《补充要求》第十六条。

【不符合事实描述】

吹扫捕集/气相色谱法分析记录中缺少吹扫捕集装置的条件信息，缺少分析方法、分析条件、分析人员等基本信息。

【分析点评】

《通用要求》4.5.11 规定“确保记录的标识、贮存、保护、检索、保留和处置符合要求”；《补充要求》第十六条规定“保证记录信息的充分性、原始性和规范性，能够再现监测全过程”。原始记录应有足够的信息，以保证在尽可能接近原条件的情况下能够再现监测活动全过程。完整的原始记录信息可包括受控的记录格式编号、页码标识、采样现场情况、监测项目、样品信息、前处理和分析测试仪器设备、分析方法依据、分析条件、计算公式、测试过程及结果，以及每项监测活动的监测人员和审核人员签名或等效标识等。吹扫捕集的仪器条件、分析方法、分析条件和人员等信息无疑是吹扫捕集/气相色谱法分析活动中的重要信息，没有这些信息，单凭打印的谱图，不能确定当时的仪器条件是否满足方法要求、选用方法是否正确、分析人员和审核人员是谁等，不足以还原吹扫捕集/气相色谱法分析全过程。该机构未对水质挥发性有机物前处理过程进行记录，水质挥发性有机物吹扫捕集/气相色谱法分析原始记录信息不完整，说明该机构对记录信息的充分性要求理解不到位。

【建议采取的措施】

（1）学习并掌握《通用要求》4.5.11 和《补充要求》第十六条，开展对记录要求和水质挥发性有机物吹扫捕集/气相色谱法相关方法标准的学习、培训。明确吹扫捕集/气相色谱法监测过程中应记录足够的信息，以确保能够再现监测过程。

（2）按照标准方法要求编制吹扫捕集/气相色谱法分析记录表格，补充完善吹扫捕集装置的仪器条件、分析方法依据、分析条件、人员等信息内容。

（3）按文件管理程序完成表格的修改审批，并受控发放使用。

【场景】

评审员在抽查某生态环境监测机构原始记录资料时，发现厂界环境噪声原始记录显示的监测日期为2019年5月10—11日，但噪声原始记录打印条上的日期和监测数据已辨识不清。评审员查阅机构管理体系文件，未发现关于打印在热敏纸或光敏纸等保存时间较短的介质上的输出数据的保存方法的相关规定。监测人员解释："这种打印纸就这样，时间久了字迹就看不清了，我们也没办法。"

【不符合的条款号】

《补充要求》第十六条。

【不符合事实描述】

机构的噪声原始数据保存措施不当，未保存噪声原始打印记录的复印件或扫描件，打印条上的原始记录已辨识不清。

【分析点评】

《补充要求》第十六条规定，"监测活动中由仪器设备直接输出的数据和谱图，应以纸质或电子介质的形式完整保存，电子介质存储的记录应采取适当措施备份保存，保证可追溯和可读取，以防止记录丢失、失效或篡改。当输出数据打印在热敏纸或光敏纸等保存时间较短的介质上，应同时保存记录的复印件或扫描件"。现场监测噪声时，噪声仪可输出测定数据并现场打印，打印条是噪声监测最原始的记录。但一般所用打印纸是光敏材料，打印条上的字迹保存期限很短，极易褪色，造成字迹辨识不清。该机构未及时复印或扫描噪声仪打印条记录，没有采取措施对打印在热敏纸或光敏纸介质上的原始记录妥善保存，造成原始记录数据丢失，无法溯源，表明该机构相关人员未学习掌握《补充要求》第十六条的相关规定。

【建议采取的措施】

（1）学习《补充要求》第十六条，掌握其对仪器设备直接输出的数据和谱图的相关要求。

（2）修改完善程序文件。在程序文件中规定，"打印在热敏纸或光敏纸等保存时间较短的介质上的输出数据应同时保存打印记录的复印件或扫描件"，并对相关人员进行培训。

（3）监测过程中严格执行程序文件相关规定，确保仪器直接输出的打印记录保存完整可追溯。

【场景】

评审员观察了某生态环境监测机构污水中粪大肠菌群样品测定的现场试验过程，当审查提交的相关原始记录时，发现没有培养基检验、阳性及阴性对照试验等记录。评审员询问为什么没有提供这些记录，分析人员解释："我们是严格按照标准方法要求的步骤进行的试验分析，培养温度和培养时间都有详细记录，至于培养基检验、阴阳性对照试验，这些不是主要分析步骤，不用记录。"

【不符合的条款号】

《通用要求》4.5.11，《补充要求》第十六条。

【不符合事实描述】

机构缺少定期对培养基检验、阳性及阴性对照试验的记录。

【分析点评】

《通用要求》4.5.11 规定"确保记录的标识、贮存、保护、检索、保留和处置符合要求"；《补充要求》第十六条规定"保证记录信息的充分性、原始性和规范性，能够再现监测全过程"。由于生物监测的特殊性，培养基检验、阳性及阴性对照试验是粪大肠菌群监测方法标准明确提出的质量保证和质量控制要求，其试验结果直接决定该批次样品测定结果是否有效。因此，培养基检验、阳性及阴性对照试验等过程及结果也应予以充分记录，以便通过记录再现监测的全过程，确保监测过程符合方法标准要求。该机构粪大肠菌群测定记录中缺少培养基检验、阳性及阴性对照试验等过程记录，记录信息充分性不足，无法为监测结果的有效性提供判断依据。

【建议采取的措施】

（1）学习《通用要求》4.5.11 和《补充要求》第十六条相关规定，开展对记录要求和粪大肠菌群监测方法标准的学习培训，明确监测活动各环节应充分记录的信息内容，以确保能再现监测活动全过程。

（2）按照技术规范要求修改粪大肠菌群测定原始记录表格，增加培养基检验、阳性及阴性对照试验过程及结果评价等信息。

（3）按文件修订程序完成表格的修改审批，受控发放使用。

【场景】

某生态环境监测机构初次申请资质认定，涉及固体废物的监测项目。评审员现场查阅材料时，发现采用《固体废物　浸出毒性浸出方法　硫酸硝酸法》（HJ 299—2007）的固废样品浸出前处理过程的记录中只记录了振荡时间为 18 h。评审员询问机构技术负责人：“翻转振荡器当时的转速是多少？为什么没有记录？”技术负责人回答：“我们按方法标准要求配置的翻转振荡器，固定转速就是（30±2）r/min，和标准要求一致，所以不用记录。”评审员又问：“浸出过程时的环境温度有记录吗？”技术负责人回答：“我们分析过程的环境条件都记录了，对前处理的环境条件没要求。”

【不符合的条款号】

《通用要求》4.5.11，《补充要求》第十六条。

【不符合事实描述】

固体废物样品浸出前处理记录缺少翻转振荡器使用的具体时间、转速及浸出过程环境温度控制等信息。

【分析点评】

《通用要求》4.5.11 规定“检验检测机构应建立和保持记录管理程序，确保每一项检验检测活动技术记录的信息充分，确保记录的标识、贮存、保护、检索、保留和处置符合要求”；《补充要求》第十六条规定“生态环境监测机构应及时记录样品采集、现场测试、样品运输和保存、样品制备、分析测试等监测全过程的技术活动，保证记录信息的充分性、原始性和规范性，能够再现监测全过程”。在固体废物浸出毒性分析活动中，固体废物浸出液制备过程起着相当重要的作用，浸出液的代表性和有效性直接影响监测结果。《固体废物　浸出毒性浸出方法　硫酸硝酸法》（HJ/T 299—2007）规定，固体废物浸出时翻转振荡器的转速应为（30±2）r/min，浸出过程的环境温度应为（23±2）℃，这是固废样品浸出过程的基本条件。如果原始记录中缺少浸出时翻转振荡器的转速和浸出过程的环境信息，就无法确定浸出液制备现场的这两个条件是否满足方法要求，也就无法通过原始记录还原当时的状态，测定结果的有效性将受到质疑。该机构设计的固废样品浸出前处理过程的记录表格信息量不足，不能满足记录的可追溯性要求，说明记录表格设计人员对固废前处理的技术要求掌握不充分，对记录信息的充分性要求理解不到位。

【建议采取的措施】

（1）深入学习《通用要求》和《补充要求》相关条款，理解掌握其对记录的要求；加强固体废物监测标准、规范的学习培训，明确固体废物浸出毒性浸出过程应充分记录的信息内容，以确保能再现监测活动全过程。

（2）按照标准及技术规范要求，修改完善固体废物样品浸出前处理记录，补充完善翻转振荡器开启时间、停止使用时间，增加转速和浸出过程环境温度等信息。

（3）按文件修订程序完成表格修改的审批，受控发放使用。

【场景】

评审员观察某生态环境监测机构土壤六价铬分析样品的称量操作时，发现使用的原始记录表格中，样品重量“5.0 g”已事先打印在表格中。分析人员解释：“《土壤和沉积物　六价铬的测定　碱溶液提取-火焰原子吸收分光光度法》（HJ 1082—2019）规定称量的样品量是 5.0 g，这个数值固定不变，所以我们就提前打印在原始记录表里了，这样称量时不用再填写了，可以节省时间。”

【不符合的条款号】

《通用要求》4.5.11，《补充要求》第十六条。

【不符合事实描述】

土壤六价铬分析原始记录中样品重量直接打印在表格中，不是样品称量当时填写的。

【分析点评】

《通用要求》4.5.11 条文释义“观察结果、数据应在产生时予以记录”；《补充要求》第十六条规定应“保证记录信息的充分性、原始性和规范性，能够再现监测全过程”。记录是在监测过程中产生的观察结果和数据，应是监测活动当时形成的，必须在当时如实记录，以确保其为最原始的、可以追溯的。《土壤和沉积物　六价铬的测定　碱溶液提取-火焰原子吸收分光光度法》（HJ 1082—2019）规定，准确称取样品量 5.0 g（精确至 0.01 g），实际称量结果不一定就是 5.0 g，有可能是 4.98 g 或 5.01 g；即使称量结果就是 5.0 g，也应在当时如实记录为“5.00 g”，不应事先打印在记录表格中。该机构土壤六价铬样品称量时，未在实际称量当时如实记录样品的重量，而是将称量值提前打印在记录表格中，不符合《通用要求》4.5.11 和《补充要求》第十六条的规定。

【建议采取的措施】

（1）学习《通用要求》和《补充要求》，加强对记录要求的培训学习，充分理解记录所具备的原始性（即时性）特性。

（2）学习掌握《土壤和沉积物　六价铬的测定　碱溶液提取-火焰原子吸收分光光度法》（HJ 1082—2019）的相关规定，删去原始记录表格中打印上去的样品重量值，确保原始记录表格中的数据和结果均为监测活动当时填写。

【场景】

评审员在对某生态环境监测机构资质认定评审时，发现该机构气相色谱-质谱测定土壤中多环芳烃原始记录中没有前处理过程的相关信息，测试条件中柱温一栏记录为“290℃”。评审员问机构相关人员为什么不记录前处理方式和色谱柱升温过程，分析人员解释：“这些内容标准里都有规定，我们都按规定做，没必要重复记了。”

【不符合的条款号】

《通用要求》4.5.11，《补充要求》第十六条。

【不符合事实描述】

土壤多环芳烃测定原始记录中缺少前处理方式，测试条件中“柱温”一栏填写内容缺少色谱柱程序升温过程信息。

【分析点评】

《通用要求》4.5.11 规定“检验检测机构应建立和保持记录管理程序，确保每一项检验检测活动技术记录的信息充分，确保记录的标识、贮存、保护、检索、保留和处置符合要求”；《补充要求》第十六条规定应“保证记录信息的充分性、原始性和规范性，能够再现监测全过程”。原始记录应有足够的信息，以保证在尽可能接近原条件的情况下能够再现监测活动全过程。气相色谱-质谱法测定土壤中多环芳烃样品的前处理过程涉及提取、浓缩、脱硫和净化多个步骤，若不对其进行翔实记录，就无法确定样品是否按方法要求进行了提取、浓缩、脱硫和净化及使用何种方式进行的处理。色谱柱升温过程在方法标准中给出的是仪器参考条件，色谱柱实际升温过程不一定与之完全一致，应当如实完整记录，确保能够在尽可能接近原条件的情况下重现监测过程。该机构分析人员填写的土壤多环芳烃测定记录信息不全，原始记录表格设计不完善，反映出相关人员未能很好地掌握土壤多环芳烃分析方法技术要求，对记录信息的充分性、重现性和可追溯性要求理解不到位。

【建议采取的措施】

（1）学习《通用要求》和《补充要求》，加强对记录要求和土壤多环芳烃测定方法标准的学习培训，明确监测活动各环节应充分记录的信息内容。

（2）按照方法标准技术要求修改完善土壤中多环芳烃测定原始记录表格，增加前处理方式信息，增加测试条件相关内容。

（3）按文件修订程序完成记录表格修改审批，并受控发放使用。

【场景】

在对某生态环境监测机构进行资质认定评审时，评审员查看一份监测报告所附水质五日生化需氧量分析记录，其记录中的“培养时间”为“2020 年 9 月 12—17 日”，“培养温度”为“正常”。当评审员询问为什么不记录培养箱进、出样的具体时间以及观测到的培养温度时，分析室主任解释：“我们做五日生化需氧量项目基本都是上午一上班就开始操作，上午下班前就能将样品放进培养箱，5 天后上午 10 点取出来，不会超过标准允许的 5 d±4 h 范围。我们已将培养温度设定为 20℃，培养箱也一直挺稳定，应该没问题。”

【不符合的条款号】

《通用要求》4.5.11，《补充要求》第十六条。

【不符合事实描述】

水质五日生化需氧量测定原始记录中缺少样品进、出培养箱的具体时间及培养箱温度观测记录信息。

【分析点评】

《通用要求》4.5.11 规定“确保记录的标识、贮存、保护、检索、保留和处置符合要求”；《补充要求》第十六条规定“保证记录信息的充分性、原始性和规范性，能够再现监测全过程”。每项监测活动技术记录应包含充分的信息，使监测活动在尽可能接近原始条件情况下能够再现。水质五日生化需氧量分析过程中，水样要在生化培养箱中于（20±1）℃条件下恒温培养 5 d±4 h，培养时间和恒温情况直接反映培养条件是否符合方法要求，是监测结果有效性的重要依据，所以应记录培养箱进样、出样的具体时间和培养温度，并在培养期间每天观测记录培养箱温度是否为（20±1）℃。若进样和出样时间只记录日期，未精确到小时，不记录具体培养温度，就无法确定培养时间和温度是否满足标准要求，不能确保结果的有效性和可追溯性。该机构五日生化需氧量分析没有记录样品进、出培养箱的具体时间及培养箱温度的具体变化，不能确保培养条件满足方法要求。

【建议采取的措施】

（1）学习《通用要求》4.5.11，《补充要求》第十六条，开展对水质五日生化需氧量相关标准的学习培训，明确水质五日生化需氧量分析过程应充分记录的信息内容。

（2）按照标准、技术规范要求修改完善五日生化需氧量分析记录，增加样品入箱、出箱的具体时间，增加样品培养期间培养箱每天的温度观测内容。

（3）按文件修订程序完成表格的修改审批，受控发放使用。

【场景】

评审员在抽查某生态环境监测机构海水采样及现场测试原始记录时，发现现场测试项目 pH 的原始记录只有样品的测定结果值。评审员问："pH 是采用什么方法测定的？"现场测试人员回答："pH 是采用便携式仪器现场测定的，可直接读数，非常方便。"评审员又问："pH 计不用现场校准吗？"机构人员回答："每次出去前在实验室里校准过了。"

【不符合的条款号】

《通用要求》4.5.11，《补充要求》第十六条。

【不符合事实描述】

海水现场测试原始记录中缺少 pH 测定方法依据、所用仪器、pH 计现场校准及质控措施等信息。

【分析点评】

《通用要求》4.5.11 规定"确保记录的标识、贮存、保护、检索、保留和处置符合要求"；《补充要求》第十六条规定"保证记录信息的充分性、原始性和规范性，能够再现监测全过程"。原始记录应有足够的信息，以保证在尽可能接近原条件的情况下能够再现监测活动全过程。海水采样现场测试项目 pH，一般使用便携式仪器测定。便携式仪器虽然便携、简单，但也应和实验室分析项目一样按照相应分析方法的规定来测定，并记录测试过程相关信息，包括测试依据的方法名称及编号、使用的仪器名称型号及编号、仪器使用前后校准信息及质控样测定等信息。海水 pH 测定时，温度对 pH 计的标定结果影响很大，《海洋监测规范　第 4 部分：海水分析》（GB 17378.4—2007）明确要求：pH 计使用 2～3 h 后或温度变化超过 2℃时需重新定位。所以只在实验室对 pH 计进行标定，无法保证后续现场使用过程中的仪器状态是否稳定可靠，pH 计在测试样品前应用标准缓冲溶液标定。另外测定结果的准确度控制需要测定有证标准物质，精密度控制需要测定平行样，这些都应该按照监测方案规定的质控措施及标准方法的规定在现场实施并完整记录。很显然，该机构海水现场测试原始记录只记录了 pH 的测定结果值，没有记录 pH 测定方法依据、使用的仪器信息、pH 计现场标定信息，原始记录的信息量不足，无法再现监测全过程。

【建议采取的措施】

（1）学习《通用要求》4.5.11 和《补充要求》第十六条，理解掌握记录充分性要求。

（2）对监测人员进行相关监测方法和技术规范的学习培训，明确每个现场测试项目应充分记录的信息内容。

（3）修订现场测试项目的原始记录表格，增加各现场测试项目方法依据、测试仪器、仪器现场标定校准及质控样品测定等信息栏目。

（4）按文件修订程序完成文件修改审批，并受控发放使用。

内部审核

【场景】

对某生态环境监测机构进行现场评审时，评审员查阅最近一次内部审核资料时，发现内部审核实施计划和记录中缺少对最高管理者、技术负责人、质量负责人的审核内容，也缺少对《补充要求》条款的审核内容。

【不符合的条款号】

《通用要求》4.5.12，《补充要求》第一条。

【不符合事实描述】

机构的内部审核计划和记录未能覆盖最高管理者、技术负责人、质量负责人和《补充要求》所有条款。

【分析点评】

《通用要求》4.5.12 规定“检验检测机构应建立和保持管理体系内部审核的程序，以便验证其运作是否符合管理体系和本标准的要求”；《补充要求》第一条规定“本补充要求是在检验检测机构资质认定评审通用要求的基础上，针对生态环境监测机构特殊性而制定，在生态环境监测机构资质认定评审时应与评审通用要求一并执行”。内部审核是监测机构自行组织的管理体系审核，以便验证其运作是否符合管理体系、《通用要求》和《补充要求》的规定。内部审核应当覆盖管理体系的所有要素，应当覆盖与管理体系有关的所有部门、所有场所和所有活动。该机构内部审核实施计划和记录中缺少对最高管理者、技术负责人、质量负责人的审核内容，不能发现最高管理者等岗位人员在体系运行中的问题。内部审核计划缺《补充要求》所有条款，不能了解《补充要求》在本机构的落实情况。该机构内部审核活动审核内容未覆盖全部要素和条款，存在缺项。

【建议采取的措施】

（1）学习《通用要求》和《补充要求》相关规定。

（2）完善内部审核实施计划的依据和内容。

（3）按照内部审核实施计划对内部审核缺失的要素开展一次针对性内部审核。

（4）在今后制订内部审核实施计划时，应当覆盖管理体系的所有内容。

【场景】

在对某生态环境监测机构进行资质认定评审时，评审员询问机构负责人该机构是如何开展内部审核的？机构负责人回答："今年根据半年工作总结会上提出的关于下半年开展内部审核的建议，9月下旬，我安排了本年度内部审核，由各职能部门的负责人组织各部门人员对所在部门进行审核，找出存在的问题，并将审核情况和发现问题向质量负责人详细进行了汇报，质量负责人责成各职能部门的负责人立即整改落实有关问题，不断改进质量管理体系。"评审组查阅本年度内部审核档案发现缺少内部审核实施计划；内部审核检查记录表中内部审核员一栏均由被审核部门负责人签字。

【不符合的条款号】

《通用要求》4.5.12。

【不符合事实描述】

机构内部审核未由质量负责人策划；未制订内部审核计划；内部审核未由内部审核员承担，而是由被审核部门负责人承担。

【分析点评】

《通用要求》4.5.12 规定"内部审核通常每年一次，由质量负责人策划内部审核并制定审核方案。内部审核员须经过培训，具备相应资格。若资源允许，内部审核员应独立于被审核的活动"。该机构根据半年工作总结会上提出的关于下半年开展内部审核的建议开展内部审核，未制订内部审核实施计划，而且内部审核不是由质量负责人策划并制订内部审核实施计划。内部审核工作由被审核部门负责人承担，而不是由内部审核员承担。内部审核员经过培训获得资格，才能正确地理解、运用审核依据进行审核。内部审核由本部门人员承担，会因为主观因素干扰影响对事实判断的客观性和独立性，直接影响内部审核的质量，不能达到内部审核的目的。因此，在条件允许的情况下，内部审核员应尽量独立于被审核部门。

【建议采取的措施】

（1）学习《通用要求》相关规定。

（2）判断《内部审核程序文件》是否符合《通用要求》的规定，若不符合需修改程序文件；若符合应加强宣贯培训。补充内部审核的职责、工作程序及工作内容，明确内部审核由质量负责人策划，由经过培训的内部审核员实施，内部审核员应尽可能独立于被审核部门，由非本部门的内部审核员担任。

（3）根据内部审核程序文件，制定内部审核实施计划，重新开展一次内部审核。

案例93

【场景】

2019年8月，评审组在某生态环境监测机构资质认定地址变更现场评审中发现，该机构于2019年3月底搬迁至新地址后未开展内部审核。质量负责人称："我们所有人员、仪器、能力参数方法等均未变化，搬迁前我们已经做了内部审核，完成了年度内部审核任务，无需再开展内部审核。"

【不符合的条款号】

《通用要求》4.5.12。

【不符合事实描述】

机构搬迁至新地址后未开展内部审核。

【分析点评】

《通用要求》4.5.12规定，"检验检测机构应建立和保持管理体系内部审核的程序，以便验证其运作是否符合管理体系和本标准的要求"。内部审核应当覆盖管理体系的所有要素，覆盖与管理体系有关的所有部门、所有场所和所有活动。该机构地址变更后，工作场所发生了变化，新场所环境条件的符合性以及由于环境条件变化导致的其他要素变化未经过审核，不能保证能满足工作的需求，可能会影响监测质量。该机构搬迁后没有开展内部审核，没有通过内部审核对新的检测场所和环境条件进行一次全方位核查，不能确保其符合标准及体系文件要求。

【建议采取的措施】

（1）学习《通用要求》相关规定。

（2）制订针对场所环境条件及相关变化的专项内部审核计划，对新场所所有参数监测方法要求的场所和环境条件的符合性进行一次全面审核，对相关变化（如仪器设备搬迁安装、量值溯源等）进行审核。

【场景】

对某生态环境监测机构开展资质认定扩项评审时，评审员发现该机构原有实验场所面积不能满足扩项需要，因此机构本次扩项新增了实验场所，并在两个场所均开展监测工作，但现场只有机构对原实验场所的内部审核资料，缺少对新增实验场所的内部审核资料。经询问了解到，机构在现场评审前未对新增实验场所开展过内部审核。

【不符合的条款号】

《通用要求》4.5.12。

【不符合事实描述】

机构在现场评审前未对新增实验场所开展过内部审核。

【分析点评】

《通用要求》4.5.12 规定，“检验检测机构应建立和保持管理体系内部审核的程序，以便验证其运作是否符合管理体系和本标准的要求”。内部审核应当覆盖管理体系的所有要素，覆盖与管理体系有关的所有部门、所有场所和所有活动。该机构因工作需要新增了实验场所，机构应按照要求对新增实验场所开展内部审核，以确保新增实验场所的仪器设备、环境条件等要素内容满足监测工作的需求。

【建议采取的措施】

（1）学习《通用要求》相关规定。

（2）制订针对新增实验场所的追加内部审核计划，按计划实施追加内部审核。通过内部审核验证新增实验场所各项要素是否满足监测工作的需求。

管理评审

【场景】

评审组在对某生态环境监测机构资质认定评审时，发现该机构于2018年管理评审输出中有一条为“烟尘烟气采样及测试仪配置数量不足，在2019年度预算经费中，增购2台烟尘烟气采样及测试仪器”。机构提供不出2019年的烟尘烟气采样及测试仪购置计划、到货验收记录等相关整改跟踪记录。

【不符合的条款号】

《通用要求》4.5.13。

【不符合事实描述】

机构提供不出2018年管理评审输出中关于在2019年预算中增购2台烟尘烟气采样及测试仪的改进项实施情况的记录。

【分析点评】

《通用要求》4.5.13规定，“管理层应确保管理评审后，得出的相应变更或改进措施予以实施，确保管理体系的适宜性、充分性和有效性”。该机构在2018年管理评审整改情况没有支撑材料。管理评审是体系持续改进的一项重要活动，其目的是确保体系的适宜性、充分性和有效性。对管理评审中发现的问题应及时整改。对整改项制定纠正措施，实施纠正并进行有效性验证，才能确保监测工作正常、正规开展，达到管理评审的目的，保证体系运行的有效性，确保体系持续改进。

【建议采取的措施】

（1）学习《通用要求》相关规定。

（2）对管理评审报告中所有改进项逐一制定改进措施，并组织落实，完成后进行有效性验证，并在下一年度管理评审报告中进行描述，保留相关改进记录。

（3）在《管理评审程序》中明确管理评审报告的内容和要求，包括跟踪验证的要求。

方法的选择、验证和确认

案例96

【场景】

某生态环境监测机构申请的水中苯胺、联苯胺、阿特拉津和苯并芘测定的监测能力采用的方法是《水质 苯胺、联苯胺、阿特拉津和苯并芘的测定 气相色谱/串联质谱法》，该方法为非标准方法。评审员现场评审发现，该机构不能提供非标准方法专家审定意见，其《方法确认程序》中也未明确规定“非标准方法应由不少于 3 名本领域高级职称及以上非本单位专家进行审定”的要求。机构负责人称该非标准方法已开展方法确认，标准样品和加标样品均合格，且已用于实际样品监测，无需进行专家审定。

【不符合的条款号】

《补充要求》第十七条。

【不符合事实描述】

机构提供不出非标准方法《水质 苯胺、联苯胺、阿特拉津和苯并芘的测定 气相色谱/串联质谱法》的专家审定意见；《方法确认程序》中未明确非标准方法需专家审定的相关要求。

【分析点评】

《补充要求》第十七条规定:“非标准方法应由不少于 3 名本领域高级职称及以上专家进行审定”。由于非标准方法没有经过标准方法严格的制定和验证过程，因此确认程序更加严格，应由本领域具有相关工作经历的高级职称及以上非本机构专家进行审定，并提供专家个人背景资料和审定意见，相关要求应当在体系文件中予以明确规定。该机构采用的非标准方法未经本领域 3 名专家审定，也未在程序文件中规定相关要求，不符合《补充要求》第十七条规定。

【建议采取的措施】

（1）组织相关人员深入学习《补充要求》第十七条。

（2）组织不少于 3 名本领域具有相关工作经历的高级职称及以上非本单位专家对非标准方法进行审定，审核该方法适用范围、干扰和消除、试剂和材料、仪器设备、性能指标、确认过程，以及作业指导书等是否满足技术要求，并出具明确的审定意见。

（3）提供专家职称证明、工作经历等个人背景资料。

（4）按文件修订程序修改《方法确认程序》，按照《补充要求》规定增加专家审定有关内容，受控发放使用，并组织宣贯。

【场景】

某生态环境监测机构资质认定扩项评审时，评审员发现该机构《土壤　pH 值的测定　电位法》（HJ 962—2018）和《土壤和沉积物　钴的测定　火焰原子吸收分光光度法》（HJ 1081—2019）的方法验证报告中，样品制备过程为取约 500 g 样品放在搪瓷盘中风干，风干后的土壤直接通过 10 目和 100 目重叠的筛，将过了 10 目筛未过 100 目筛的样品用于 pH 分析，过 100 目筛的样品进行金属项目的分析。

【不符合的条款号】

《通用要求》4.5.14，《补充要求》第十七条。

【不符合事实描述】

土壤 pH 和金属项目方法验证过程中，土壤制备过筛方式不符合相应标准方法和技术规范要求。

【分析点评】

《通用要求》4.5.14 规定“在使用标准方法前，应进行验证”；《补充要求》第十七条规定：“初次使用标准方法前，应进行方法验证”。监测机构在使用新的监测方法之前，应对其能否按照方法标准的技术操作步骤完成监测全过程进行验证。样品制备是监测工作的重要环节，验证应包括样品制备，确保监测全过程都符合标准方法要求。按照《土壤环境监测技术规范》（HJ/T 166—2004）规定，需要对风干后的土壤样品进行粗磨，全部（除杂质）过 10 目尼龙筛，用四分法分成两份，一份用于土壤 pH 测定，另一份用于细磨，用于细磨的样品全部过 100 目尼龙筛，用于土壤金属测定。该机构将 10 目和 100 目的筛重叠同时进行筛分，未采取分步研磨和四分法抽样，粗磨样和细磨样都不具有代表性。该机构样品制备过程不符合样品分析方法和《土壤环境监测技术规范》（HJ/T 166—2004）中样品制备有关要求。

【建议采取的措施】

（1）组织相关人员深入学习《通用要求》4.5.14 和《补充要求》第十七条。

（2）学习《土壤　pH 值的测定　电位法》（HJ 962—2018）、《土壤和沉积物　钴的测定　火焰原子吸收分光光度法》（HJ 1081—2019）、《土壤环境监测技术规范》（HJ/T 166—2004）。

（3）对土壤样品制备过程进行培训，重新进行验证，并形成验证报告；按方法控制程序重新进行新项目评审。

【场景】

某生态环境监测机构进行资质认定首次评审，评审员现场审查方法验证/确认资料时，发现该机构申报《环境空气和废气 三甲苯的测定 活性炭吸附/二硫化碳解析-气相色谱法》非标准方法监测能力，形成了方法确认报告，但提供不出方法确认过程中采样的原始记录。机构负责人称监测数据是由实验室分析得出，未对采样过程进行确认。

【不符合的条款号】

《通用要求》4.5.14，《补充要求》第十七条。

【不符合事实描述】

机构未对非标准方法《环境空气和废气 三甲苯的测定 活性炭吸附/二硫化碳解析-气相色谱法》采样过程进行确认。

【分析点评】

《通用要求》4.5.14 规定“检验检测机构应记录作为确认证据的信息：使用的确认程序、规定的要求、方法性能特征的确定、获得的结果和描述该方法满足预期用途的有效性声明”；《补充要求》第十七条规定：“方法验证或方法确认的过程及结果应形成报告，并附验证或确认全过程的原始记录。”采样过程是方法确认的重要环节，原始记录是保证监测过程可追溯的重要证明材料，方法确认需对样品采集过程进行确认，包括采样设备、采样点位布设、采样时间和采样流量等；另外，原始记录格式的规范性和信息的完整性也属于方法确认的内容。该机构非标准方法确认未对采样过程及采样原始记录表格内容进行确认，不满足方法确认的要求。

【建议采取的措施】

（1）组织相关人员深入学习《通用要求》4.5.14 和《补充要求》第十七条。

（2）对采样过程重新进行确认，并填写样品采集原始记录。

（3）对采样原始记录格式规范性和信息完整性进行确认和技术评审，确认能够满足方法要求。

【场景】

评审员对某生态环境监测机构资质认定扩项评审时，发现该机构申请了《固体废物　金属元素的测定　电感耦合等离子体质谱法》（HJ 766—2015）中全部17种金属元素的监测能力，但其方法验证试验只对砷、铜、锰、钼、镍5种金属元素的浸出液进行了验证，未对申请的所有目标物的全量和除砷、铜、锰、钼、镍外的其他12种目标物的浸出液进行验证，验证报告也未注明监测能力限制范围。

【不符合的条款号】

《通用要求》4.5.14，《补充要求》第十七条。

【不符合事实描述】

《固体废物　金属元素的测定　电感耦合等离子体质谱法》（HJ 766—2015）方法验证试验未对申请的所有目标物全量和除砷、铜、锰、钼、镍外的其他12种目标物的浸出液进行验证。

【分析点评】

《通用要求》4.5.14规定"在使用标准方法前，应进行验证"；《补充要求》第十七条规定："初次使用标准方法前，应进行方法验证。包括对方法性能指标（如校准曲线、检出限、测定下限、准确度、精密度）等内容进行验证。"方法验证的目的是确定实验室有无能力正确使用标准方法，方法验证应根据方法适用范围，对申报的方法全部环节和内容进行验证，以验证实验室具备正确使用标准方法进行监测的能力。固体废物全量和浸出液测定的前处理和消解体系均不同，各种金属元素目标物的性能指标也不尽相同，需要对申报的全部目标物按照全量和浸出液分别进行验证。

【建议采取的措施】

（1）组织相关人员深入学习《通用要求》4.5.14和《补充要求》第十七条。

（2）对申报的固体废物所有目标物的全量和浸出液，按照样品分析的全部步骤进行方法验证。

（3）完善验证报告，按方法控制程序重新进行技术评审，确认能够满足标准方法要求。

【场景】

评审员在对某生态环境监测机构资质认定扩项评审时，发现申请扩项的《土壤和沉积物　醛、酮类化合物的测定　高效液相色谱法》（HJ 997—2018）方法验证资料中实际样品测定部分只有土壤实际样品的测定，缺少对沉积物实际样品的测定验证内容。技术负责人解释："土壤和沉积物的基质基本一致，再说我们平时也没有沉积物样品，测定土壤样品就代表了。"

【不符合的条款号】

《补充要求》第十七条。

【不符合事实描述】

机构《土壤和沉积物　醛、酮类化合物的测定　高效液相色谱法》（HJ 997—2018）的方法验证未对沉积物实际样品进行测定。

【分析点评】

《补充要求》第十七条规定："根据标准的适用范围，选取不少于一种实际样品进行测定"。实验室在使用新的标准方法前，应验证其能否满足标准方法的全部要求。《土壤和沉积物　醛、酮类化合物的测定　高效液相色谱法》（HJ 997—2018）适用范围包括土壤和沉积物，由于土壤和沉积物采样方式不一样，结果计算方式也不一样，所以实验室需至少各选一种有检出的土壤和沉积物实际样品进行测定。如无法获得能检出的样品，应采用土壤和沉积物加标方式模拟实际样品进行测定。若不具备沉积物采样能力，应对方法适用范围加以限制。该机构仅对土壤实际样品进行了测定，不能申请用此方法测定沉积物的能力。

【建议采取的措施】

（1）组织相关人员深入学习《补充要求》第十七条。

（2）选取沉积物实际样品，按照《土壤和沉积物　醛、酮类化合物的测定　高效液相色谱法》（HJ 997—2018）进行测定。

（3）完善验证报告，按方法控制程序重新进行技术评审，确认能够满足标准方法要求。

【场景】

某生态环境监测机构申请《土壤和沉积物 铜、锌、铅、镍、铬的测定 火焰原子吸收分光光度法》（HJ 491—2019）监测能力，评审员查阅其方法验证资料，发现其精密度验证方式为对 1 份样品消解后进行了 6 次重复测定。

【不符合的条款号】

《补充要求》第十七条。

【不符合事实描述】

《土壤和沉积物 铜、锌、铅、镍、铬的测定 火焰原子吸收分光光度法》（HJ 491—2019）精密度的验证未按《环境监测分析方法标准制修订技术导则》（HJ 168—2020）要求，对样品监测全过程进行平行测定。

【分析点评】

《补充要求》第十七条条文解释："对于方法性能指标的验证或确认，可参照《环境监测分析方法标准制修订技术导则》（HJ 168—2020）等相关标准的要求开展。"按照《环境监测分析方法标准制修订技术导则》（HJ 168—2020）要求，精密度验证应对 6 个平行样品分别进行全过程测定。该实验室仅对消解后的 1 份试样进行了 6 次重复测定，没有包括样品消解过程，不能代表整个监测方法的精密度。

【建议采取的措施】

（1）组织相关人员深入学习《补充要求》第十七条，以及《环境监测分析方法标准制修订技术导则》（HJ 168—2020）。

（2）根据《环境监测分析方法标准制修订技术导则》要求，选取合适浓度的标准样品或实际样品，按照方法规定的步骤，对 6 个平行样品开展全过程测定，进行精密度验证。

（3）完善验证报告，按方法控制程序重新进行技术评审，确认能够满足标准方法要求。

【场景】

某生态环境监测机构申请《土壤和沉积物 六价铬的测定 碱溶液提取-火焰原子吸收分光光度法》（HJ 1082—2019）监测能力。评审员查阅其方法验证材料，发现其在进行正确度性能指标验证时，采用的是水质标准样品，未采用土壤标准样品或加标样品进行验证。机构技术负责人认为土壤六价铬的分析方法与水的分析方法相同，只是前处理不同，所以使用水质标准样品进行正确度验证。

【不符合的条款号】

《补充要求》第十七条。

【不符合事实描述】

《土壤和沉积物 六价铬的测定 碱溶液提取-火焰原子吸收分光光度法》（HJ 1082—2019）正确度用水质标准样品进行验证，未采用土壤标准样品或加标样品进行全过程验证。

【分析点评】

《补充要求》第十七条条文解释“对于方法性能指标的验证或确认，可参照《环境监测分析方法标准制修订技术导则》（HJ 168—2020）等相关标准的要求开展。”按照《环境监测分析方法标准制修订技术导则》要求，正确度验证使用有证标准样品或实际样品加标等方式，按方法要求进行正确度验证。该实验室用水质标准样品进行正确度验证，未包含土壤和沉积物样品的消解过程，省略了前处理过程，且消解后溶液基体和水质标准样品也不一样，这种验证结果显然不能代表监测方法的正确度。

【建议采取的措施】

（1）组织相关人员深入学习《补充要求》第十七条，以及《环境监测分析方法标准制修订技术导则》。

（2）根据《环境监测分析方法标准制修订技术导则》（HJ 168—2020）要求，选取有证标准样品或实际样品加标等方式，按全过程对标准样品或加标样品进行测定，计算相对误差或加标回收率，进行正确度验证。

（3）完善方法验证报告，按方法控制程序重新进行技术评审。

案例103

【场景】

评审员在现场查看某生态环境监测机构开展的《空气和废气　颗粒物中铅等金属元素的测定　电感耦合等离子体质谱法》（HJ 657—2013）中镉项目的新方法验证报告时，发现报告中除了对方法性能指标（如校准曲线、检出限、测定下限、准确度、精密度）等内容的验证结果，只选取了 1 种环境空气实际样品进行测定，且监测结果为未检出，未选取废气实际样品进行测定。

【不符合的条款号】

《补充要求》第十七条。

【不符合事实描述】

《空气和废气　颗粒物中铅等金属元素的测定　电感耦合等离子体质谱法》（HJ 657—2013）中镉项目的新方法验证中，未选取有检出的环境空气实际样品进行测定，且未对废气实际样品进行验证。

【分析点评】

《补充要求》第十七条条文解释："应根据所申报的监测类别选取不少于一种有检出的实际样品进行测定"；要点说明要求"涉及空气和废气的监测项目原则上需对样品采集过程进行验证或确认"。空气和废气样品采集方式存在差异，应分别通过环境空气和废气实际样品采集来验证是否具备相应布点和采样能力，并确认记录信息的完整性。实际样品如果未检出，则难以判断采样或分析过程是否有问题，因此方法验证的实际样品测试应当是有检出样品，如果实际样品低于检出限，可采取样品加标方式进行测试。该机构未对废气实际样品进行验证，环境空气实际样品测定结果为未检出，其方法验证不完整，验证结果有效性不足，不符合《补充要求》相关规定。

【建议采取的措施】

（1）组织相关人员深入学习《补充要求》第十七条，以及空气和废气样品采集技术规范，包括《环境空气质量手工监测技术规范》（HJ 194）、《大气污染物无组织排放监测技术导则》（HJ/T 55）、《固定污染源排气中颗粒物测定与气态污染物采样方法》（GB/T 16157）及其修改单。

（2）选取有检出的、有代表性的环境空气和废气分别进行现场采样，并对采集的实际样品进行测定。如果实际样品低于检出限，可采取样品加标方式进行测试。

（3）完善验证报告，按方法控制程序重新进行技术评审，确认能够满足标准方法要求。

【场景】

某省燃气锅炉大气污染物排放标准中规定的颗粒物排放限值为 10 mg/m^3，相应的监测方法标准为 HJ 836—2017。检查人员查阅某生态环境监测机构 2019 年 10 月出具的编号为×××的监测报告，发现其污染源排气中颗粒物监测结果为 8 mg/m^3，监测方法依据为《固定污染源排气中颗粒物测定与气态污染物采样方法》（GB/T 16157—1996）。查阅其能力附表，机构具备《固定污染源废气　低浓度颗粒物的测定　重量法》（HJ 836—2017）的监测能力。

【不符合的条款号】

《通用要求》4.5.14。

【不符合事实描述】

当污染源排气中颗粒物浓度低于 20 mg/m^3 时，采用《固定污染源排气中颗粒物测定与气态污染物采样方法》（GB/T 16157—1996）进行测定，方法选择不当。

【分析点评】

《通用要求》4.5.14 规定："检验检测机构应使用与开展的检测项目相适应的检测方法进行检测，并保证采用最新有效版本。"2018 年 3 月 1 日，《固定污染源排气中颗粒物测定与气态污染物采样方法》（GB/T 16157—1996）修改单实施。该修改单明确规定"在测定固定污染源排气中颗粒物浓度时，浓度小于等于 20 mg/m^3 时，适用《固定污染源废气　低浓度颗粒物的测定　重量法》（HJ 836）；当浓度大于 20 mg/m^3 且不超过 50 mg/m^3 时，本标准与 HJ 836 同时适用。采用本标准测定浓度小于等于 20 mg/m^3 时，测定结果表述为'＜20 mg/m^3'"。编号为×××的监测报告中，污染源排气中颗粒物监测结果为 8 mg/m^3，按照 GB/T 16157—1996 进行测试结果应表述为"＜20 mg/m^3"，无法判断排放是否达标，因此应采用 HJ 836—2017 测定，GB/T 16157—1996 不适用，该机构测定污染源排气中颗粒物的方法不正确。

【建议采取的措施】

（1）组织相关人员深入学习《通用要求》4.5.14，以及《固定污染源废气　低浓度颗粒物的测定　重量法》（HJ 836—2017）和《固定污染源排气中颗粒物测定与气态污染物采样方法》（GB/T 16157—1996）及修改单。

（2）按照《通用要求》4.5.26 和报告管理程序收回发出的错误报告，或声明作废。

（3）按照 HJ 836—2017 标准要求重新进行测试。新发出的监测报告应给予正确的唯一性标识，并注明所替代的原报告，必要时注明报告修改原因。

【场景】

评审员在某次现场观察某生态环境监测机构分析土壤样品有机碳过程中，发现《土壤　有机碳的测定　重铬酸钾氧化-分光光度法》（HJ 615—2011）方法规定使用恒温加热器加热，而分析人员实际使用的是油浴锅加热，与方法规定不一致。分析人员解释："前段时间恒温加热器坏了，所以为了及时完成本次有机碳分析任务，从实验室找来可用的油浴锅代替恒温加热器加热来完成分析。"评审员继续查看体系文件，未发现对方法偏离的程序要求和技术审批。

【不符合的条款号】

《通用要求》4.5.14。

【不符合事实描述】

土壤有机碳分析使用油浴锅代替恒温加热器加热，偏离了《土壤　有机碳的测定　重铬酸钾氧化-分光光度法》（HJ 615—2011）要求，方法偏离未确认。

【分析点评】

《通用要求》4.5.14 规定"如确需方法偏离，应有文件规定，经技术判断和批准，并征得客户同意"，检验检测机构应建立允许偏离方法的文件规定。该机构土壤有机碳分析使用油浴锅代替恒温加热器加热，偏离了方法要求，需要对此次偏离进行技术判断和评估，如标准物质的分析、方法比对等在误差允许范围内，按偏离程序进行技术审批，并征得客户同意后实施。然而该机构没有建立允许偏离方法的文件规定，也没有经技术判断和批准，并未征得客户同意就进行了方法偏离。

【建议采取的措施】

（1）组织相关人员深入学习《通用要求》4.5.14。

（2）对监测方法的偏离做出文件化的规定。

（3）对此次偏离经过技术判断、获得批准和客户同意。

（4）及时修复恒温加热器或购买恒温加热器，终止此次偏离，按标准方法要求实施分析。

【场景】

评审员在现场评审时，发现某生态环境监测机构新申报的测定水中铝的电感耦合等离子体发射光谱法（U.S.EPA 6010D—2018）只有英文版本，没有中文作业指导书。监测人员解释，他们英文版本阅读起来有些费力，开展监测时会根据每个人经验对消解条件和试剂用量进行优化、调整仪器条件来保证监测质量，但还没来得及将详细操作步骤编制成作业指导书。

【不符合的条款号】

《通用要求》4.5.14。

【不符合事实描述】

机构采用电感耦合等离子体发射光谱法（U.S.EPA 6010D—2018）测定水中铝时，未将样品消解方法及仪器参考条件等可能影响监测结果的详细操作步骤翻译成中文，并编制成作业指导书。

【分析点评】

《通用要求》4.5.14 规定“必要时，检验检测机构应制定作业指导书”，该机构采用电感耦合等离子体发射光谱法（U.S.EPA 6010D—2018）测定水中铝时，未及时将该方法翻译成中文并编制作业指导书，实验人员不能熟练阅读英文版本，而且英文版本规定不够简明，消解条件、试剂用量和仪器条件不够明确，在方法运用时易因人而异，全凭个人经验的调整可能会引起监测结果的差异，应将详细操作步骤编制成作业指导书，避免实施监测时因为人员理解和操作不一致而带来潜在的风险。

【建议采取的措施】

（1）组织相关人员深入学习《通用要求》4.5.14。

（2）制订中文版本的作业指导书，明确消解方法和仪器参考条件，统一方法操作规程。

（3）对该项目所有持证人员和设备操作人员进行宣贯，确保方法标准执行的统一。

【场景】

某生态环境监测机构进行环境空气中1,2,3-三甲苯扩项评审时，评审员发现该机构此次扩项申报依据的监测方法《环境空气　挥发性有机物的测定　罐采样/气相色谱-质谱法》（HJ 759—2015）目标化合物里并没有1,2,3-三甲苯。继续查看扩项材料，发现该机构参照HJ 759—2015方法对1,2,3-三甲苯进行了方法验证和实际样品监测，并提供了相关材料。询问技术负责人，他们认为1,2,3-三甲苯也属于挥发性有机物，因此按HJ 759—2015方法申请这项能力没什么不妥。

【不符合的条款号】

《通用要求》4.5.14，《补充要求》第十七条。

【不符合事实描述】

机构申请的环境空气中1,2,3-三甲苯项目未在其依据的监测方法《环境空气　挥发性有机物的测定　罐采样/气相色谱-质谱法》（HJ 759—2015）目标化合物范围内，未按照非标准方法的确认程序对该扩项项目依据的方法进行确认。

【分析点评】

《通用要求》4.5.14规定“在使用非标准方法（含自制方法）前，应进行确认”“需要时，检验检测机构应建立和保持开发自制方法控制程序，自制方法应经确认。检验检测机构应记录作为确认证据的信息：使用的确认程序、规定的要求、方法性能特征的确定、获得的结果和描述该方法满足预期用途的有效性声明”；《补充要求》第十七条规定“使用非标准方法前，应进行方法确认。包括对方法的适用范围、干扰和消除、试剂和材料、仪器设备、方法性能指标（如校准曲线、检出限、测定下限、准确度、精密度）等要素进行确认，并根据方法的适用范围，选取不少于一种实际样品进行测定。非标准方法应由不少于3名本领域高级职称及以上专家进行审定。生态环境监测机构应确保其人员培训和技术能力、设施和环境条件、采样及分析仪器设备、试剂材料、标准物质、原始记录和监测报告格式等符合非标准方法的要求”“方法验证或方法确认的过程及结果应形成报告，并附验证或确认全过程的原始记录，保证方法验证或确认过程可追溯”。《环境空气　挥发性有机物的测定　罐采样/气相色谱-质谱法》（HJ 759—2015）适用范围不包括1,2,3-三甲苯，如果该机构申报的环境空气中1,2,3-三甲苯项目没有合适的标准方法，计划参考HJ 759—2015监测1,2,3-三甲苯就需要按非标准方法（或自制方法）要求进行确认后再申报，以确保该方法适用于预期的用途，并提供相关证明材料。由于非标准方法没有经过标准方法严格的制定过程，因此对确认程序要求更加严格，包括需对方法的适用范围、干扰和消除等进行确认，必要时与标准方法进行方法比对，以及开展实验室间比对。非标准方法还需经不少于 3 名本领域具有相关工作经历的高级职称及以上非本机构专家进行审定，并形成作业指导书。该机构未编制作业指导书，未开展非标准方法确认，直接使用 HJ 759—2015 测定 1,2,3-三甲苯，不符合《通用要求》和《补充要求》的规定。

【建议采取的措施】

（1）学习《通用要求》《补充要求》和非标准方法确认的有关程序，掌握非标准方法确认相关要求。

（2）编制环境空气中 1,2,3-三甲苯项目测定作业指导书，按非标准方法进行确认，形成完整有效的确认报告和记录，经过内部技术评审和非本机构 3 名本领域高级职称及以上专家进行审定。

（3）重新按照非标准方法申请本项目扩项。

数据信息管理

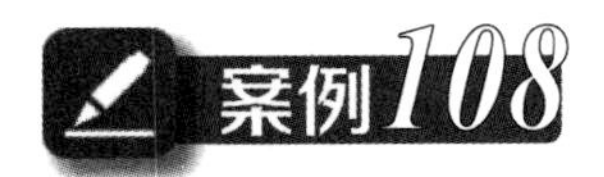

【场景】

评审员在对某生态环境监测机构资质认定评审时，发现该机构所有监测活动都没有纸质记录。该机构的负责人解释："我们已经实现 LIMS 管理了，就不再有纸质记录了。"当评审员询问，若部分现场测试设备及部分实验室分析仪器没有数据传输接口，这些监测结果是怎么上传到 LIMS 中去时，负责人解释："现场监测时，一般把笔记本电脑带到采样现场，就在现场输入相关测试数据和采样信息；实验室分析时部分分析仪器没有传输接口的，就由分析人员用纸质记录测试结果，再输入电脑。我们程序文件中规定输入这些信息后，就不再保留纸质记录了，电脑上的就是我们按原始记录的格式填的，就是原始记录了。"

【不符合的条款号】

《通用要求》4.5.16，《补充要求》第十八条。

【不符合事实描述】

机构 LIMS 系统无法采集到的原始数据未保留其纸质记录。

【分析点评】

《通用要求》4.5.16 规定"当利用计算机或自动化设备对检验检测数据进行采集、处理、记录、报告、存储或检索时，检验检测机构应：……b）建立和保持数据完整性、正确性和保密性的保护程序"；《补充要求》第十八条明确要求："使用实验室信息管理系统（LIMS）时，对于系统无法直接采集的数据，应以纸质或电子介质的形式予以完整保存，并能实现系统对这类记录的追溯。"因此，无论是现场监测还是实验室分析时，如果无法直接录入 LIMS，就应记录在纸质记录上，这是最原始的记录。不管纸质记录是否再手工录入系统，都应保存完整。该机构未保存不能直接上传到 LIMS 系统的纸质记录，不符合《通用要求》《补充要求》的规定。

【建议采取的措施】

（1）学习《通用要求》《补充要求》及原始记录填写相关技术规定，加强对记录原始性和充分性要求的学习培训。

（2）在数据管理的程序中明确规定对 LIMS 无法直接采集的数据和信息的记录及保存要求，确保监测过程中记录的原始性、完整性和可追溯性；明确需要采取纸质和电子介质形式保存原始记录的相关规定和要求。

（3）按规定将纸质记录或电子介质形式记录归档保存。

【场景】

某生态环境监测机构开展内部审核时，内审员发现实验室信息管理系统（LIMS）在1个月前经过升级，按照新管理体系文件《技术记录》的要求，调整了电子介质记录格式，但未见系统升级的审核记录。LIMS管理员回复："LIMS中技术记录的变动已经通过体系文件修订审批，就不再需要重复的系统审批了。"

【不符合的条款号】

《通用要求》4.5.16，《补充要求》第十八条。

【不符合事实描述】

实验室信息管理系统变更未履行审核程序，未保存对系统变更过程的记录。

【分析点评】

《通用要求》4.5.16规定"当利用计算机或自动化设备对检验检测数据进行采集、处理、记录、报告、存储或检索时，检验检测机构应：……b）建立和保持数据完整性、正确性和保密性的保护程序"；《补充要求》第十八条规定："对系统的任何变更在实施前应得到批准"。该机构的实验室管理系统在使用中进行了电子记录格式的调整，该记录的修订虽然进行了体系文件要求的记录变更审核和批准，但应用到LIMS中，在对系统进行对应调整变更前，还应按照《数据信息管理程序》再次评估LIMS调整的内容、必要性和影响程度。实验室信息系统升级后，也应进行检查验证确认，系统能正常运行，没有风险，得到相关授权和批准后方可实施。该机构LIMS升级未经审批，不符合《通用要求》和《补充要求》的规定。

【建议采取的措施】

（1）学习《通用要求》和《补充要求》中关于数据信息管理的相关规定。

（2）按照《通用要求》和《补充要求》的规定，结合机构职能分工，修订机构《数据信息管理程序》，并增补信息系统变更审批记录表。

（3）通过业务培训，提升LIMS管理员对数据信息管理程序的理解。

（4）通过质量监督验证LIMS在升级、维护和实施变更后是否满足监测要求，是否进行了授权和批准。

采　样

【场景】

评审员在资质认定现场评审查阅资料时，发现项目负责人在编制农用地土壤监测任务计划时，任务单中只有监测采样地点的村庄名称、位置、重金属监测项目名称和一次采样需要采集的样品总数等内容，没有对采集混合样品、采集现场平行样等相关内容提出要求。

【不符合的条款号】

《补充要求》第十九条。

【不符合事实描述】

农用地土壤监测任务计划无采集混合样品和采集现场平行样等质控内容的要求。

【分析点评】

《补充要求》第十九条规定："开展现场测试或采样时，应根据任务要求制订监测方案或采样计划，明确监测点位、监测项目、监测方法、监测频次等内容。"该机构编制的监测任务计划不完善，未按照《土壤环境监测技术规范》（HJ/T 166—2004）的要求明确采集混合样品、采集现场平行样等，可能导致采样过程不满足规范要求。

【建议采取的措施】

（1）学习《土壤环境监测技术规范》（HJ/T 166—2004）技术规定、相关工作技术要求以及《补充要求》。

（2）按照《土壤环境监测技术规范》（HJ/T 166—2004）技术规定和相关工作技术要求重新编制监测任务采样计划或方案，明确采样点位布设的具体位置、采样方式、样品量以及质控要求等内容。

（3）通过技术培训，提升项目负责人和采样人员对采样计划/方案、采样具体实施的理解。

（4）通过质量监督验证项目负责人以及采样人员对监测方案或采样计划编制以及样品采集要求的掌握。

（5）在体系文件相关章节明确，制订监测计划必须按相关标准和规范执行。

【场景】

在对某生态环境监测机构进行资质认定复查评审时，评审员抽查了该机构对某电镀厂的废水排放自行监测采样记录，记录显示当天仅在该电镀厂废水处理后的总排放口采集了用于测定总铜、总铅、总锌、总汞、总银项目的废水样品。

【不符合的条款号】

《通用要求》4.5.17。

【不符合事实描述】

机构监测总汞、总银、总铅等一类污染物的样品，仅在企业废水总排放口采集，未按《电镀污染物排放标准》（GB 21900—2008）的规定，在车间或生产设施废水排放口采样。

【分析点评】

《通用要求》4.5.17 规定："抽样计划应根据适当的统计方法制订，抽样应确保检验检测结果的有效性"。《电镀污染物排放标准》（GB 21900—2008）明确规定总汞、总银、总铅应在车间或生产设施废水排放口设置监测点位。除此之外，监测机构制定的抽样（采样）计划应确保监测结果的有效性，还应符合环境管理的需要，以及相关标准和技术规定的要求。依据《污水监测技术规范》（HJ 91.1—2019）5.2.1："对于环境中难以降解或能在动植体内蓄积，对人体健康和生态环境产生长远不良影响，具有致癌、致畸、致突变的，根据环境管理要求确定的应在车间或生产设施排放口监控的水污染物，在含有此类水污染物的污水与其他污水混合前的车间或车间预处理设施出口设置监测点位……如环境管理有要求，还可同时在排污单位的总排放口设置监测点位。"该机构对某电镀企业涉及的总汞、总银、总铅等有毒污染物未在车间或生产设施废水排放口采样，仅在企业废水总排口采样，采样点位设置不符合排放标准和技术规范的要求。

【建议采取的措施】

（1）学习相关标准和技术规定、《通用要求》。

（2）收回原报告，按照《电镀污染物排放标准》（GB 21900—2008）及相关环境管理文件的要求，重新编制采样计划或方案，重新监测或补测。

（3）在企业车间或生产设施废水排放口采集总汞、总银、总铅等项目的水样；

在企业总排口除采集总铜、总锌等其他金属项目的水样外，根据需要采集总汞、总铅和总银等污染物监测的水样。分析后，按照报告修改程序重新发放监测报告。

案例112

【场景】

在对某生态环境监测机构实施现场监督检查过程中，检查人员调取某社会生活噪声监测报告及原始记录后发现，结构传播固定设备噪声现场测试原始记录中仅有 1 名监测人员签字。问询监测人员后得知，按照监测方案的安排，现场监测安排了 2 名监测人员，满足现场监测和采样至少有 2 名监测人员在场的要求，但在实施中 2 个人是分别对不同点位噪声进行的测试，因此 2 人均仅在自己测定的现场测试原始记录中签了字。

【不符合的条款号】

《补充要求》第十九条。

【不符合事实描述】

噪声现场测试原始记录中未见 2 名及以上监测人员在现场监测并签字的证据。

【分析点评】

《补充要求》第十九条规定“现场测试和采样应至少有 2 名监测人员在场”，该机构监测方案安排了 2 名监测人员在场从事现场测试，但监测人员并未按方案执行。在噪声现场测试原始记录中，仅有 1 名监测人员签字，从机构了解到的情况也是每个测点的噪声监测由 1 人完成，不满足 2 名监测人员同时在场的要求，不能保证现场监测的安全和数据公正性。

【建议采取的措施】

（1）学习《补充要求》第十九条。

（2）开展技术培训，提升相关技术人员对监测原始记录和采样及现场测试人员要求的理解。

【场景】

对某生态环境监测机构进行监督检查时，检查组现场调阅非甲烷总烃监测记录，记录中非甲烷总烃无组织排放监测只在下风向布设了 1 个监控点位，也未附监控点位示意图。检查人员问机构技术人员为什么只布设 1 个监控点，技术人员解释："《大气污染物综合排放标准》（GB 16297—1996）附录 C 规定监控点最多布设 4 个，那么最少就可以布设 1 个。"

【不符合的条款号】

《通用要求》4.5.17。

【不符合事实描述】

机构技术人员在最高浓度点不确定的情况下，只设置了 1 个非甲烷总烃监控点；原始记录中无监控点位示意图。

【分析点评】

《通用要求》4.5.17 规定："抽样计划应根据适当的统计方法制订，抽样应确保检验检测结果的有效性。"按照《大气污染物综合排放标准》（GB 16297—1996）附录 C 的要求，非甲烷总烃无组织排放监控点应设于最高浓度点，未确定最高浓度点时，实际监控点可设置 4 个，且位于下风向或无明显风向风速时的可能最高浓度处；按照《大气污染物无组织排放监测技术导则》（HJ/T 55—2000）的要求，监控点一般情况下应设置于平均风向轴线的两侧，还要考虑围墙及其穿透性、局地流场变化的影响等。并且监控点的布设应用示意图显示出来。该机构只设置 1 个监控点，没有点位图，不能保证测到最高浓度点。

【建议采取的措施】

（1）学习《通用要求》4.5.17。

（2）学习《大气污染物综合排放标准》（GB 16297—1996）、《大气污染物无组织排放监测技术导则》（HJ/T 55—2000）对非甲烷总烃无组织排放布点、采样及监测记录的要求。

（3）与客户协商按标准和规范的要求重新开展一次布点、采样监测，完整记录采样信息，包括布点示意图。

（4）按程序文件的规定收回和处理有误监测报告。

样品处置

【场景】

评审员在检查某生态环境监测机构时，发现编号为×××的监测报告和原始记录显示，环境空气中非甲烷总烃的监测方法依据是《环境空气　总烃、甲烷和非甲烷总烃的测定　直接进样-气相色谱法》（HJ 604—2017），采用玻璃注射器进行采样，该报告所附原始记录中的采样时间为4月21日14：00，分析记录中的谱图记录显示分析时间为4月22日11：21，样品的接样时间是4月22日8：53。评审员询问样品接收人员："接样时应注意哪些样品信息？"接样员回答："我们主要看样品是否完好无损，如果样品完好，我们接完样，打了码就马上会交到分析室分析。"

【不符合的条款号】

《通用要求》4.5.18，《补充要求》第二十条。

【不符合事实描述】

机构用玻璃注射器采集的非甲烷总烃样品，保存时间超过了《环境空气　总烃、甲烷和非甲烷总烃的测定　直接进样-气相色谱法》（HJ 604—2017）中不超过8小时的规定；样品接收人员和分析人员没有对样品的时效性进行检查和记录。

【分析点评】

《通用要求》4.5.18规定"在接收样品时，应记录样品的异常情况或记录对检验检测方法的偏离"；《补充要求》第二十条规定"实验室接受样品时，应对样品的时效性、完整性和保存条件进行检查和记录，对不符合要求的样品可以拒收"。该机构采用玻璃注射器采集的非甲烷总烃样品，接样时已超过方法规定的样品保存时间，样品接收人员没有记录样品超时，没有记录与《环境空气　总烃、甲烷和非甲烷总烃的测定　直接进样-气相色谱法》（HJ 604—2017）的偏离，没有拒收该样品，而是接收了超过保存期限的样品，并交分析室分析，分析人员也没有对样品的时效性进行检查，而是直接分析，出具了非甲烷总烃的监测报告，监测数据应为无效数据。

【建议采取的措施】

（1）学习《环境空气　总烃、甲烷和非甲烷总烃的测定　直接进样-气相色谱法》（HJ 604—2017）的相关技术规定，学习《通用要求》4.5.18和《补充要求》第二十条。

（2）补充完善样品管理程序，重新培训采样人员、样品接收人员和分析人员对样品时效性的要求。

（3）样品接收人员对不符合要求（保存时间过期）的样品应记录，备注或拒收。

（4）收回已发出的监测报告。

【场景】

评审员在评审时，发现某生态环境监测机构正在接收客户委托送来的水样。样品管理员清点了样品数量、核对了样品名称、检查了样品包装密封情况后，填写了样品交接记录，马上打了样品编码交分析室。评审员看到的交接记录信息有样品数量、样品名称、样品完好情况、交接时间、送样人和接样人签字，但缺少水样的外观、保存条件、容器材质、水样体积等关键信息。评审员询问接样人员时，接样人员回答："我是按我们单位的样品管理程序执行的，我们已经记录了很多信息了，信息量应该是差不多了吧。"

【不符合的条款号】

《通用要求》4.5.18，《补充要求》第二十条。

【不符合事实描述】

机构程序文件对样品管理缺少核对和记录水样的外观、保存条件、容器材质、水样体积等关键信息的要求，样品交接过程中也未记录这些信息。

【分析点评】

《通用要求》4.5.18 规定"样品在运输、接收、处置、保护、存储、保留、清理或返回过程中应予以控制和记录"；《补充要求》第二十条规定"实验室接受样品时，应对样品的时效性、完整性和保存条件进行检查和记录，对不符合要求的样品可以拒收，或明确告知客户有关样品偏离情况，并在报告中注明"。该生态环境监测机构样品管理程序缺少上述相关规定，样品交接记录表相关信息不全，导致接样人员在接收委托样品时，没有对水样的外观、保存条件、容器材质、水样体积等重要信息进行检查和记录。

【建议采取的措施】

（1）学习《通用要求》4.5.18 和《补充要求》第二十条。

（2）修订样品管理程序，完善样品交接记录表相关信息，按文件控制程序进行审批。

（3）组织相关人员学习样品管理程序，培训样品接收人员在接收样品时，必须核查和记录的相关信息。

（4）对接样环节的相关工作开展不定期监督检查。

【场景】

对某生态环境监测机构进行资质认定评审时，评审员发现测定土壤 pH 的样品放在做土壤金属前处理的房间，当时正在进行土壤金属考核样前处理。机构负责人解释："我们土壤样品存放间在一楼，分析和前处理在四楼。因为没有电梯，为了方便，分析人员就把要做的样品一起拿上来了。因为土壤金属和土壤 pH 是同一个人做，这次现场考核项目又有土壤金属，他忙着做金属考核的准备，顺便把土壤 pH 样品也放在这里了。"

【不符合的条款号】

《通用要求》4.5.18，《补充要求》第二十条。

【不符合事实描述】

机构用于测定土壤 pH 的样品放在做土壤金属前处理的房间，存在交叉污染风险。

【分析点评】

《通用要求》4.5.18 规定"检验检测机构应建立和保持样品管理程序，以保护样品的完整性并为客户保密"；《补充要求》第二十条规定"环境样品应分区存放，并有明显标识，以免混淆和交叉污染"。机构应有程序和适当的设施避免样品在存储、处置和准备过程中发生退化、污染。该机构将土壤 pH 的样品放在做土壤金属前处理的房间，因土壤金属前处理会使用多种酸，在前处理过程中酸挥发，存在污染土壤 pH 样品的风险。

【建议采取的措施】

（1）学习《通用要求》4.5.18，《补充要求》第二十条。

（2）识别所有可能存在交叉污染的环节和区域。

（3）制定避免交叉污染的程序。

（4）配置避免交叉污染的设施或场所。

（5）培训相关人员，树立相关人员避免样品交叉污染的理念。

（6）将土壤 pH 样品拿到土壤样品存放间保存，在不影响其结果测定的实验室测定土壤 pH。

【场景】

评审员在检查某生态环境监测机构原始记录时，发现现场采样时样品未按照程序规定进行编号，而是以日（不含年、月）加点位号（每次都从 1 开始）、次序号形成样品编号。评审员在检查样品存放室时，发现在样品架上存放的 2 月 1 日和 3 月 1 日采集的环境土壤样品编号同为 1-1-1，编号有重复的现象。

【不符合的条款号】

《通用要求》4.5.18，《补充要求》第二十条。

【不符合事实描述】

机构现场采集的样品编号未按照程序规定进行样品标识，样品架上存放的 2 月 1 日和 3 月 1 日采集的环境土壤样品编号同为 1-1-1，样品编号不唯一。

【分析点评】

《通用要求》4.5.18 规定“检验检测机构应有样品的标识系统，并在检验检测整个期间保留该标识”；《补充要求》第二十条规定“环境样品应分区存放，并有明显标识，以免混淆和交叉污染”。生态环境监测机构应当建立样品的标识系统，样品应有唯一性标识。该机构在实际工作中未按本单位程序文件的规定进行样品编号，由于日期为 1 至 30 或 31、点位号和次序号都从 1 开始，所以样品编号在每个月内就可能重复，造成样品标识不具有唯一性，有样品混淆的风险。

【建议采取的措施】

（1）检查程序文件对样品的唯一性标识系统是否规定完善。

（2）学习《通用要求》《补充要求》相关规定和本单位程序文件对样品的唯一性标识系统的相关规定。

（3）在工作中严格按唯一性标识系统对样品进行标识。

（4）对样品的标识情况开展不定期监督检查。

【场景】

评审员在查阅某生态环境监测机构编号为×××的监测报告时，发现测定地下水中挥发性有机物的方法是《水质　挥发性有机物的测定　顶空/气相色谱-质谱法》（HJ 810—2016），采样日期是2018年10月25日，交样日期是2018年11月2日，分析日期是2018年11月6日，但机构提供不出样品保存和运输的相关记录，无法证明样品运输和保存期间是否冷藏并监控。该机构技术负责人解释："该监测任务是环评监测，因路途遥远，我们7天采完样后就马上赶回来放冷藏柜里了。"

【不符合的条款号】

《通用要求》4.5.18，《补充要求》第二十条。

【不符合事实描述】

编号为×××的监测报告中地下水挥发性有机物样品采样后送回实验室过程中，未按标准要求进行冷藏保存，且无保存条件监控记录。

【分析点评】

《通用要求》4.5.18规定"样品在运输、接收、处置、保护、存储、保留、清理或返回过程中应予以控制和记录"；《补充要求》第二十条规定"实验室接受样品时，应对样品的时效性、完整性和保存条件进行检查和记录"。《水质　挥发性有机物的测定　顶空/气相色谱-质谱法》（HJ 810—2016）6.2规定"样品采集后，应立即加入适量盐酸溶液，使样品pH≤2，拧紧瓶塞，贴上标签，立即放入冷藏箱中于4℃以下冷藏运输。样品运回实验室后，应于4 ℃以下冷藏、避光和密封保存，14 d内完成分析测定。样品存放区域应无挥发性有机物干扰，样品测定前应将水样恢复至室温"。该机构从2018年10月25日采样至2018年11月2日交样这段时间的样品存储和运输期间未进行监控和记录，2018年11月2—6日也未对存放在冷藏柜里的样品保存条件进行检查、控制和记录，在采样后至分析前这段时间样品存在变质、退化的可能，有影响监测数据准确性的风险。

【建议采取的措施】

（1）学习《通用要求》4.5.18、《补充要求》第二十条对样品运输、保存要求的相关规定和《水质　挥发性有机物的测定　顶空/气相色谱-质谱法》（HJ 810—2016）6.2样品保存的相关规定。

（2）按照《通用要求》《补充要求》和相关监测标准或技术规范的要求，对有保存要求的样品的保存条件进行检查、控制和记录。

（3）应不定期开展针对样品保存、运输规范性的监督检查。

【场景】

评审某生态环境监测机构时，评审员发现样品室冷藏柜中存有新鲜土壤样品。评审员要求提供新鲜土壤样品存放记录，并问样品管理人员这批样品目前是已经分析完了还是未分析？样品管理员说他也不清楚；技术负责人补充解释：“我们对进入分析实验室的样品要重新进行编码，样品管理员对样品打码后，就立即通知分析室领样，分析室领完样就会马上进行分析。取完样后的样品被放回冷藏柜中保存。你看到的这批样应该是已经分析完了的，但是我们要等到报告出来没有问题了，才会清理这些样品。分析人员自己知道哪些样品已经分析了，哪些样品还没有分析，不会错。冷藏柜是辅助设备，我们没有要求记录。”评审员要求提供这批样品的分析记录，分析人员说：“因为要准备本次评审，这批样品还没有来得及分析。”

【不符合的条款号】

《通用要求》4.5.18，《补充要求》第二十条。

【不符合事实描述】

冷藏柜中存放的新鲜土壤样品没有测定状态标识，不能判断样品的测定状态，也不能提供新鲜土壤放入冰箱的存放记录。

【分析点评】

《通用要求》4.5.18 规定“样品在运输、接收、处置、保护、存储、保留、清理或返回过程中应予以控制和记录”；《补充要求》第二十条规定“实验室接受样品时，应对样品的时效性、完整性和保存条件进行检查和记录”。样品应按待检、在检、检毕分区存放或标识检测状态，该机构冷藏柜中保存的新鲜土壤样品没有测试状态标识，也没有样品保存条件的监控和存放环境条件的记录，无法判断样品测试状态。有可能在规定时间内漏检，也可能把未检样品错误处置掉，也存在样品不能有效监控变质失效的风险。

【建议采取的措施】

（1）学习《通用要求》4.5.18、《补充要求》第二十条对样品保存要求的规定。

（2）按照相关监测标准或技术规定的要求，对有保存要求的样品的保存条件进行检查、控制和记录。

（3）补充完善样品状态标识的规定，合理设置样品存放区或对样品进行状态标识。

（4）应不定期开展有针对性的监督检查。

案例120

【场景】

检查组在现场检查某生态环境监测机构样品间，看到编号为×××的废水样品标签上监测项目栏为铜、铅、锌、镉、六价铬，保存剂是硝酸，样品 pH＜2。

【不符合的条款号】

《补充要求》第二十条。

【不符合事实描述】

编号为×××的废水六价铬样品在硝酸、pH＜2 的条件下保存，与《水质　六价铬的测定　二苯碳酰二肼分光光度法》（GB 7467—87）六价铬样品的保存要求不符。

【分析点评】

《补充要求》第二十条规定“应根据相关监测标准或技术规范的要求，采取加保存剂、冷藏、避光、防震等保护措施，保证样品在保存、运输和制备等过程中性状稳定，避免玷污、损坏或丢失”。该机构六价铬水样采样时加硝酸、且 pH＜2。铜、铅、锌、镉可以加硝酸至 pH＜2 条件保存，而六价铬在酸性条件下易转化为三价铬，导致测量结果不准确。按《水质　六价铬的测定　二苯碳酰二肼分光光度法》（GB 7467—87），六价铬样品应在 pH 约为 8 的条件下保存。该机构测定六价铬的水样保存条件为酸性（pH＜2），不符合标准要求，将影响监测结果的准确性。

【建议采取的措施】

（1）认真学习《补充要求》第二十条相关规定。

（2）采样人员和接样人员认真学习相关监测方法和采样标准规范的要求。

（3）六价铬样品应与铜、铅、锌、镉样品分瓶盛装；在六价铬水样采集时，调节样品 pH 约为 8。

【场景】

生态环境监测机构进行资质认定现场评审时，现场加标项目为无组织排放废气中的铅，评审员提供了 3 个不同浓度的滤膜加标样品和 3 个对应的滤膜样品。分析人员在对多个样品同时进行电热板消解的前处理，评审员发现消解样品的器皿上并没有样品标识。该分析人员解释："这批样品都是我个人全程负责的，我是按顺序放的，即使没有标签也不会混乱。"分析完成后，分析人员报出的 3 个加标样结果与评审员加标的顺序不一致。该机构分析人员前处理操作时，因未在消解样品的器皿上贴标识，造成报出结果错误。

【不符合的条款号】

《通用要求》4.5.18，《补充要求》第二十条。

【不符合事实描述】

机构分析人员在进行无组织排放废气铅样品前处理时，消解样品的器皿上没有样品标识。

【分析点评】

《通用要求》4.5.18 规定"检验检测机构应有样品的标识系统，并在检验检测整个期间保留该标识"；《补充要求》第二十条规定"环境样品在制备、前处理和分析过程中注意保持样品标识的可追溯性"。该机构分析人员在对多个样品同时进行电热板消解的前处理时，消解样品的器皿上没有样品标识或其他唯一性标识，存在样品混淆导致不可追溯的风险。

【建议采取的措施】

（1）检查体系文件对样品标识系统的规定，是否明确样品前处理和分析等过程中样品应保持唯一性的样品标识，否则，应补充完善。

（2）组织相关人员对样品标识系统的规定进行学习。

（3）正确使用标识系统，既要有唯一性标识，又要求有状态标识，相关人员在监测全过程中要严格执行样品标识系统的规定。

（4）应不定期开展有针对性的监督检查。

结果有效性

【场景】

评审员在对某生态环境监测机构现场进行固定污染源废气中气态汞监测考核时，发现监测人员所用的吸附管未按《固定污染源废气　气态汞的测定　活性炭吸附/热裂解原子吸收分光光度法》（HJ 917—2017）的要求验证吸附管的穿透率，提供不出吸附管的穿透率是否满足质控要求的证明。

【不符合的条款号】

《通用要求》4.5.19，《补充要求》第二十一条。

【不符合事实描述】

机构进行固定污染源废气中气态汞监测时，未按 HJ 917—2017 的要求验证吸附管的穿透率，提供不出吸附管的穿透率是否满足质控要求的证明。

【分析点评】

《通用要求》4.5.19 规定“检验检测机构应建立和保持监控结果有效性的程序”；《补充要求》第二十一条规定“生态环境监测机构的质量控制活动应覆盖生态环境监测活动全过程，所采取的质量控制措施应满足相关监测标准和技术规范的要求，保证监测结果的准确性”。《固定污染源废气　气态汞的测定　活性炭吸附/热裂解原子吸收分光光度法》（HJ 917—2017）规定，当汞浓度＞1 μg/m^3 时，吸附管的穿透率 B≤10%；当汞浓度≤1 μg/m^3 时，穿透率 B≤20%。该机构没有验证吸附管的穿透率是否满足方法的质控要求，存在影响测定结果准确性的风险。

【建议采取的措施】

（1）认真学习《通用要求》4.5.19，《补充要求》第二十一条的规定。

（2）学习《固定污染源废气　气态汞的测定　活性炭吸附/热裂解原子吸收分光光度法》（HJ 917—2017）标准方法中质量保证和质量控制要求。

（3）按方法要求验证吸附管的穿透率，并做好记录。

【场景】

某生态环境监测机构申请资质认定复查评审，该机构测定水中溶解氧是依据《水质　溶解氧的测定　电化学探头法》（HJ 506—2009）进行测定。评审员要求该机构提供编号为×××溶解氧仪的线性检查记录。该机构监测人员解释："我们每次测试前都做了接近饱和度值的校准，应该就测得准了，所以，就没有必要做线性检查。"

【不符合的条款号】

《通用要求》4.5.19，《补充要求》第二十一条。

【不符合事实描述】

编号为×××溶解氧仪未按 HJ 506—2009 标准方法 10.2 条款质量控制要求进行线性检查。

【分析点评】

《通用要求》4.5.19 规定"检验检测机构应建立和保持监控结果有效性的程序"；《补充要求》第二十一条规定"生态环境监测机构的质量控制活动应覆盖生态环境监测活动全过程，所采取的质量控制措施应满足相关监测标准和技术规范的要求，保证监测结果的准确性"。《水质　溶解氧的测定　电化学探头法》（HJ 506—2009）标准方法"10.2 线性检查"要求，每隔 2 个月运行一次线性检查。该机构编号为×××溶解氧仪没有按标准方法每隔 2 个月进行线性检查，存在影响测定结果准确性的风险。

【建议采取的措施】

（1）认真学习《通用要求》4.5.19，《补充要求》第二十一条的规定。

（2）学习《水质　溶解氧的测定　电化学探头法》（HJ 506—2009）标准方法"10.2 线性检查"要求。

（3）按方法要求开展溶解氧仪的线性检查，并做好记录。

【场景】

某生态环境监测机构资质认定现场评审时，评审员查“2019 年质量控制计划”，质控计划规定对《水质　氨氮的测定　纳氏试剂分光光度法》（HJ 535—2009）进行人员比对和方法比对，人员比对相对偏差是 5.9%，方法比对的相对偏差是 6.1%。评审员要求提供相对偏差判定值和评价结果时，分析人员回答：“我们按质控计划要求做了人员比对和方法比对，做完就报质管室了，没有要求我们判定和评价。”质管室人员解释：“我们只管下达质控计划，各科室按质控计划进行质控。”

【不符合的条款号】

《通用要求》4.5.19，《补充要求》第二十一条。

【不符合事实描述】

机构“2019 年质量控制计划”中，水质氨氮测定的方法比对和人员比对缺少合格评价标准，未对比对结果进行评价。

【分析点评】

《通用要求》4.5.19 规定“质量控制应有适当的方法和计划并加以评价”；《补充要求》第二十一条条文解释规定：“明确质量控制工作的内容、形式、时间安排和结果评价等要求”“质控措施的频次和控制限应首先满足相关监测方法标准和技术规范的要求。”机构应分析监控活动的数据，如果发现监控活动的数据分析结果超出了预定的准则，应采取适当措施，防止报告不正确的结果。该机构 2019 年氨氮的测定质量控制采取方法比对和人员比对措施，但结果未按要求进行评价，未给出比对结果是否合格的判定，无法判定质控的有效性。

【建议采取的措施】

（1）认真学习《通用要求》4.5.19，《补充要求》第二十一条的规定。

（2）根据《水质　氨氮的测定　纳氏试剂分光光度法》（HJ 535—2009）要求，确定该方法比对和人员比对的合格评价标准。

（3）根据合格评价标准，对人员比对和方法比对结果进行评价。

【场景】

某生态环境监测机构进行现场复查评审，评审员检查该机构质量控制程序和年度质量控制计划时，发现均只有分析测试环节的控制要求和质控内容，未包含样品采集、现场监测等环节的质控内容。该机构质量负责人解释："我们单位主要是接受委托送样，很少采样。"查该机构批准的能力有 pH、溶解氧、电导率、氧化还原电位、厂界噪声、交通噪声等现场监测项目。

【不符合的条款号】

《通用要求》4.5.19，《补充要求》第二十一条。

【不符合事实描述】

机构质量控制程序和年度质量控制计划均只有分析测试环节的控制要求和质控内容，未包含样品采集、现场监测等环节质控内容。

【分析点评】

《通用要求》4.5.19 规定"检验检测机构应建立和保持监控结果有效性的程序"，明确检验检测过程控制要求，覆盖资质认定范围内的全部检验检测项目类别，有效监控检验检测结果的有效性和结果质量；《补充要求》第二十一条规定"生态环境监测机构的质量控制活动应覆盖生态环境监测活动全过程，所采取的质量控制措施应满足相关监测标准和技术规范的要求，保证监测结果的准确性"。该机构年度质量控制计划只有分析测试环节的质控内容，未包含样品采集、现场监测等环节质控内容，年度质控计划没有覆盖生态环境监测活动全过程。

【建议采取的措施】

（1）学习《通用要求》4.5.19、《补充要求》第二十一条相关内容。

（2）完善年度质控计划，将监测全过程，特别是采样、运输、现场监测过程的质控要求纳入年度计划中并严格执行。

（3）组织相关人员学习年度质量控制计划和监测方法的质量控制的要求。

案例126

【场景】

评审员在对某生态环境监测机构资质认定现场评审时，发现该机构使用《固定污染源废气 氯气的测定 碘量法》（HJ 547—2017）测定固定污染源废气中的氯气时，使用的标准溶液硫代硫酸钠在每次使用前都按方法进行了标定，单人滴定 5 份标准溶液的结果极差的相对值为 0.32%。滴定原始记录显示分析人员将这 5 个滴定结果取算术平均值作为该次硫代硫酸钠标定的结果，用来计算氯气的浓度。同时发现所有氯气样品都只有一次滴定结果，没有平行滴定结果。质量负责人解释："污染源废气没办法同时采平行样，所以污染源废气容量法都不做平行样。"

【不符合的条款号】

《通用要求》4.5.19，《补充要求》第二十一条。

【不符合事实描述】

机构用来测定固定污染源废气中氯气的硫代硫酸钠标准溶液的标定结果未按《固定污染源废气 氯气的测定 碘量法》（HJ 547—2017）要求进行判定，所有样品都只有一次滴定结果，没有平行滴定结果。

【分析点评】

《通用要求》4.5.19 规定"检验检测机构应建立和保持监控结果有效性的程序"，并列举了一些监控手段，除此之外，机构可以根据自身或方法标准的要求采取空白样、平行样等措施，以满足方法标准或规范的要求，出具客观、可靠的监测数据和结果报告；《补充要求》第二十一条规定生态环境监测机构"所采取的质量控制措施应满足相关监测标准和技术规范的要求，保证监测结果的准确性"。该机构使用《固定污染源废气 氯气的测定 碘量法》（HJ 547—2017）方法测定固定污染源废气中的氯气，该方法规定，分析样品之前应对硫代硫酸钠标准溶液进行标定，单人滴定结果极差的相对值不得大于 0.2%，双人滴定结果极差的相对值不得大于 0.5%。每批样品至少对 10%的样品进行平行滴定，其相对偏差不得大于 2%。该机构单人滴定 5 份标准溶液的结果极差的相对值为 0.32%，已经超过了标准规定的要求，由于未进行结果判定，未及时发现失控问题，导致硫代硫酸钠标定的结果不准确，从而使氯气浓度计算结果出现偏差；方法规定每批样品进行 10%平行滴定，而非采集 10%的平行样品。该机构质量负责人及监测人员对标准的理解有误，未按标准方法规定进行样品的平行滴定，监测质控措施不全，存在数据失控的风险。

【建议采取的措施】

（1）组织相关人员学习《通用要求》4.5.19、《补充要求》第二十一条相关内容和《固定污染源废气　氯气的测定　碘量法》（HJ 547—2017）标准。

（2）将《固定污染源废气　氯气的测定　碘量法》（HJ 547—2017）中的质量控制要求纳入本机构质量控制计划。

（3）分析人员在分析时要严格执行标准和本机构质量控制计划的要求，对标定结果按标准要求进行判断。标定结果的极差相对值超过方法规定限值的，应查找原因，采取措施，重新标定；每批样品按标准要求至少做 10%的平行滴定，平行滴定结果相对偏差不得大于相关要求，否则，分析原因，重新滴定。

（4）不定期开展有针对性的监督检查。

【场景】

某生态环境监测机构资质认定现场评审时，评审员查编号为×××的原始记录时，发现环境空气中二氧化硫的分析方法依据为《环境空气　二氧化硫的测定　甲醛吸收-副玫瑰苯胺分光光度法》（HJ 482—2009）。分析人员制作了二氧化硫的校准曲线，校准曲线斜率为 0.053，相关系数为 0.9997。评审员问："此校准曲线是否符合要求？"分析人员回答："校准曲线的相关系数大于 0.999，此曲线是符合要求的。"

【不符合的条款号】

《通用要求》4.5.19，《补充要求》第二十一条。

【不符合事实描述】

机构在环境空气二氧化硫测定时校准曲线斜率为 0.053，不满足《环境空气　二氧化硫的测定　甲醛吸收-副玫瑰苯胺分光光度法》（HJ 482—2009）中对校准曲线斜率的要求（0.042±0.004）。

【分析点评】

《通用要求》4.5.19 规定"检验检测机构应建立和保持监控结果有效性的程序"；《补充要求》第二十一条规定生态环境监测机构"所采取的质量控制措施应满足相关监测标准和技术规范的要求，保证监测结果的准确性"。机构应根据方法标准的要求采取质量控制措施，以满足方法标准或规范的要求，出具客观、可靠的监测数据和结果报告。该机构使用《环境空气　二氧化硫的测定　甲醛吸收-副玫瑰苯胺分光光度法》（HJ 482—2009）测定环境空气中的二氧化硫，虽然相关系数符合要求，但方法规定在给定条件下校准曲线斜率应为 0.042±0.004，该机构二氧化硫的校准曲线斜率为 0.053，超过了方法对斜率规定的范围，不满足标准方法要求，有可能导致二氧化硫结果偏低。

【建议采取的措施】

（1）组织相关人员学习《通用要求》4.5.19、《补充要求》第二十一条相关内容和《环境空气　二氧化硫的测定　甲醛吸收-副玫瑰苯胺分光光度法》（HJ 482—2009）。

（2）分析人员在分析时要严格执行标准和本机构质量控制计划的要求。

（3）查找原因，根据《环境空气　二氧化硫的测定　甲醛吸收-副玫瑰苯胺分光光度法》（HJ 482—2009）标准，严格控制测试条件，重新做校准曲线。

（4）不定期开展有针对性的监督检查。

【场景】

评审员在现场评审时，发现某生态环境监测机构编号为×××的监测报告所附原始记录中，VOCs 的监测方法采用《固定污染源废气　挥发性有机物的测定　固相吸附-热脱附/气相色谱-质谱法》（HJ 734—2014），但原始记录中只有样品分析结果，没有实验室空白、空白加标、替代物采样及替代物采样回收率等质控措施记录，内标校准曲线 r 为 0.991。分析人员解释："我们是按本单位质控计划执行的，质控计划没有要求的，我们就不做。"

【不符合的条款号】

《补充要求》第二十一条。

【不符合事实描述】

机构做 VOCs 监测没有按标准方法规定的质量保证和质量控制措施要求实施实验室空白、空白加标、替代物采样及替代物采样回收率等质控措施；校准曲线相关系数为 0.991，未达到方法规定的 0.995。

【分析点评】

《补充要求》第二十一条规定生态环境监测机构"所采取的质量控制措施应满足相关监测标准和技术规范的要求，保证监测结果的准确性"。该生态环境监测机构的 VOCs 质控计划没有按《固定污染源废气　挥发性有机物的测定　固相吸附-热脱附/气相色谱-质谱法》（HJ 734—2014）的质量保证和质量控制措施规定制定；在分析过程也没有按照标准方法要求做实验室空白、空白加标、替代物采样及替代物采样回收率等质控措施，也未对校准曲线相关系数是否满足要求进行判断，监测过程缺少了必需的质量控制措施，监测结果的准确性无法判断。

【建议采取的措施】

（1）组织相关人员学习《补充要求》第二十一条相关内容和《固定污染源废气　挥发性有机物的测定　固相吸附-热脱附/气相色谱-质谱法》（HJ 734—2014）。

（2）分析人员在分析时要严格执行标准和本机构质量控制计划的要求并对质控结果进行判断和评价。

（3）查找原因，重新绘制校准曲线，校准曲线相关系数应符合标准要求。

（4）不定期开展有针对性的监督检查。

【场景】

对某生态环境监测机构的资质认定现场评审中，评审员审查2020年质量控制计划时，发现2019年扩项的酶底物法测定水中粪大肠菌群项目质量控制措施中，只有每批样品进行空白对照测定、每20个样品或每批次样品（≤20个/批）测定1个平行双样的规定，没有定期使用有证标准菌株进行阳性和阴性对照试验的规定。询问质量控制室负责人，负责人回答："我们这个方法与多管发酵法做了比对，结果差不多，培养基所用的试剂一直买的是同一厂家生产的，所以就不用定期使用有证标准菌株进行阳性和阴性对照试验。"

【不符合的条款号】

《补充要求》第二十一条。

【不符合事实描述】

机构2020年质量控制计划中对于酶底物法测定水中粪大肠菌群项目，没有定期使用有证标准菌株进行阳性和阴性对照试验的规定。

【分析点评】

《补充要求》第二十一条规定生态环境监测机构"所采取的质量控制措施应满足相关监测标准和技术规范的要求，保证监测结果的准确性"。《水质　总大肠菌群、粪大肠菌群和大肠埃希氏菌的测定　酶底物法》（HJ 1001—2018）标准方法质量控制要求中明确规定，应定期使用有证标准菌株进行阳性和阴性对照试验。该机构在2020年质量控制计划中，没有酶底物法测定水中粪大肠菌群项目定期使用有证标准菌株进行阳性和阴性对照试验的规定，分析时也未按标准方法要求开展相应的质控，监测结果的有效性无法评估，存在影响监测结果准确性的风险。

【建议采取的措施】

（1）组织相关人员学习《补充要求》第二十一条相关内容和《水质　总大肠菌群、粪大肠菌群和大肠埃希氏菌的测定　酶底物法》（HJ 1001—2018）方法标准。

（2）在年度质控计划中补充定期使用有证标准菌株进行阳性和阴性对照试验的质控措施。

（3）监测人员严格执行标准和本机构质量控制计划的要求开展阴、阳性菌对照试验。

（4）不定期开展有针对性的监督检查。

【场景】

对某生态环境监测机构的资质认定现场评审中，评审员审查编号为×××的环评监测报告及原始记录时，发现监测项目是环境空气中的$PM_{2.5}$，方法依据是《环境空气 PM_{10}和$PM_{2.5}$的测定 重量法》（HJ 618—2011），质控措施通知单中有“称量时称取标准滤膜”的要求，但原始记录中未看到称量标准滤膜的相关记录信息。监测人员解释：“我们恒温恒湿称样空间太小，放了样品滤膜，就没地方放标准滤膜了，我们是待样品量少时，隔一段时间称一次标准滤膜，是专门有记录的，所以称样时就没有再称标准滤膜了。”

【不符合的条款号】

《补充要求》第二十一条。

【不符合事实描述】

监测人员称环境空气中 $PM_{2.5}$样品滤膜时，没有按本机构质控措施和标准方法要求同时称量标准滤膜。

【分析点评】

《补充要求》第二十一条规定生态环境监测机构“所采取的质量控制措施应满足相关监测标准和技术规范的要求，保证监测结果的准确性”。《环境空气 PM_{10}和$PM_{2.5}$的测定 重量法》（HJ 618—2011）要求：“每次称滤膜的同时，称量两张‘标准滤膜’。若标准滤膜称出的重量在原始质量±5 mg（大流量），±0.5 mg（中流量和小流量）范围内，则认为该批样品滤膜称量合格，数据可用。否则应检查称量条件是否符合要求并重新称量该批样品滤膜。”该机构在实际监测工作中未执行本机构质控措施和方法标准的质控要求，质控管理流于形式，无法判断称量结果的准确性和有效性。

【建议采取的措施】

（1）组织相关人员学习《补充要求》第二十一条相关内容和《环境空气 PM_{10}和$PM_{2.5}$的测定 重量法》（HJ 618—2011）。

（2）分析人员要严格按照标准和本机构质量控制措施的要求开展质控，并对质控结果进行判断和评价。

（3）不定期开展有针对性的监督检查。

【场景】

评审组在对某生态环境监测机构进行复查评审时，发现土壤中的铅标准物质考核样测定结果为229.6 mg/kg，标准物质认定值与不确定度为（339±12）mg/kg，查该机构去年土壤中的铅能力验证结果报告，发现结果为“不满意”，测定结果低于不确定度下限范围。再查近 3 年土壤中铅的分析原始记录，加标回收率和标准物质质控样结果大部分偏低。质量负责人说：“土壤中铅的测定我们做了 10%平行、加标和标准物质分析等质控措施，达到了质控的要求。”

【不符合的条款号】

《通用要求》4.5.19。

【不符合事实描述】

机构未对近 3 年土壤中铅标准物质测定结果进行统计分析，未及时发现测定值普遍偏低的问题并分析原因予以解决。

【分析点评】

《通用要求》4.5.19 规定“检验检测机构所有数据的记录方式应便于发现其发展趋势，若发现偏离预先判据，应采取有效的措施纠正出现的问题，防止出现错误的结果”。该机构土壤中铅的标准物质测定结果近 3 年内均偏低，没有将这些质控数据进行统计，发现其趋势，分析出现结果偏低的原因，针对不满意的能力验证结果没有进行原因分析，未及时采取纠正措施纠正出现的问题，导致本次考核结果不满意。

【建议采取的措施】

（1）组织相关人员学习《通用要求》4.5.19。

（2）重视和加强能力验证结果的分析。

（3）建立定期和不定期质控数据分析制度，对质控数据和发展趋势进行分析、研判，必要时采取预防措施。

（4）若发现异常或偏离尽快查找出现问题的原因。

（5）对系统性的问题及时采取措施纠正，防止问题重复出现。

【场景】

评审组在对某生态环境监测机构资质认定评审时，发现该机构所有容量法测定项目的质控措施都只是分析 10%平行样，质控室主任解释："我们质控规定了容量法使用的标准溶液都会严格按相应的标准方法要求进行标定，使用的移液管和滴定管都是检定合格的，平行样结果也是控制在标准方法规定的范围内的，检测分析人员也是经过考核持证上岗的，容量法的项目分析人员都做得很熟练了，相对偏差都很小的，结果没什么问题。"但现场盲样考核高锰酸盐指数结果不合格，氯化物容量法结果也不合格。

【不符合的条款号】

《通用要求》4.5.19。

【不符合事实描述】

机构所有容量法的质控措施只有 10%平行样，质控手段单一，未对容量法测定项目的结果准确性进行控制。

【分析点评】

《通用要求》4.5.19 规定"检验检测机构可采用定期使用标准物质、定期使用经过检定或校准的具有溯源性的替代仪器、对设备的功能进行检查、运用工作标准与控制图、使用相同或不同方法进行重复检验检测、保存样品的再次检验检测、分析样品不同结果的相关性、对报告数据进行审核、参加能力验证或机构之间比对、机构内部比对、盲样检验检测等进行监控"。该机构所有容量法测定项目只进行了精密度控制，无正确度控制措施，存在失控风险。

【建议采取的措施】

（1）组织相关人员学习《通用要求》4.5.19。

（2）在年度质控计划中增加盲样检测、机构之间比对、机构内部比对等有效的质控措施来有效控制容量法检测项目的结果准确性。

（3）督促检测分析人员在检测过程中严格执行质控计划，采用加标、标准物质分析等正确度控制措施。

（4）对质控结果进行统计记录和分析，对质控措施有效性进行评价。

（5）不定期开展有针对性的监督检查。

结果报告

【场景】

检查人员在对某检验检测机构进行“双随机”检查中，发现编号为×××的检测报告只有委托方的联系人和电话，却没有委托方名称；只有顺序的页码编号，却没有报告结束的标识；检测报告签发人不是签名而是打印的姓名。询问机构负责人时，负责人回答：“我们的程序文件就是这样规定的，每份报告都要求加盖骑缝章，所以有页码编号就可以，不必要再有结束的标识。”

【不符合的条款号】

《通用要求》4.5.20。

【不符合事实描述】

编号为×××的检测报告委托方的信息不全，报告签发人未使用其有效签名方式，缺少报告结束的标识。

【分析点评】

《通用要求》4.5.20 规定“检验检测机构应准确、清晰、明确、客观地出具检验检测结果，符合检验检测方法的规定，并确保检验检测结果的有效性”。检测报告至少应包括检验检测报告的唯一性标识（如系列号）和每一页上的标识，以及表明检验检测报告或证书结束的清晰标识；客户的名称和联系信息；检验检测报告签发人的姓名、签字或等效的标识和签发日期等。编号为×××的检测报告缺少委托方名称，没有按规定清晰表明报告结束，报告签发人未使用其有效签名方式，如手签、电子签名或签章，而是直接打印，无法证明签名是否为其本人真实意愿。

【建议采取的措施】

（1）学习《通用要求》相关要求。

（2）修订结果报告程序文件及报告格式，完善结果报告的内容要求和表述方式。

（3）按修订后的程序文件要求和报告格式编制结果报告。

（4）加强报告三级审核，保证结果报告内容完整、准确。

【场景】

某生态环境监测机构资质认定首次评审现场，评审员检查时，发现机构提供的×××号城市生活污水处理厂监测报告，缺采样日期、分析日期。评审员询问授权签字人，授权签字人回答："原始记录上有就行。"

【不符合的条款号】

《通用要求》4.5.20。

【不符合事实描述】

编号为×××的监测报告缺采样日期、分析日期等信息。

【分析点评】

《通用要求》4.5.20 规定"检验检测机构应准确、清晰、明确、客观地出具检验检测结果，符合检验检测方法的规定，并确保检验检测结果的有效性"。监测报告至少应包括检验检测（分析）的日期，对监测结果的有效性和应用有影响时，注明样品的接收日期和抽样（采样）日期。生态环境监测样品都具有一定的时效性，样品采集后需要在一定的条件下保存，在一定的保存期限内完成分析，所以采样时间、样品交接时间、分析时间都对监测结果的有效性有影响，应该在标准规定的期限内完成样品交接，保存期内完成分析，这些信息不仅应该记录在分析原始记录中，还应该在监测报告中体现。

【建议采取的措施】

（1）学习《通用要求》相关要求。

（2）修订监测报告程序文件及报告样式，完善监测报告的内容要求和表述方式，包括采样日期、分析日期等信息。

（3）按修订后的程序文件和报告格式修改监测报告。

（4）加强报告三级审核，保证监测报告内容完整、准确。

【场景】

监督检查组在抽查某生态环境监测机构报告时，发现该机构 2019 年 9 月为某企业出具的年度排污许可证监测报告中，废水排放执行《城镇污水处理厂污染物排放标准》（GB 18918—2002）中一级 A 标准。检查人员询问是否知道本省地方标准《×××流域水污染物排放标准》已于 2019 年 7 月 1 日实施时，该机构的报告审核和签发人员回答说不了解这个排放标准，也不知道委托企业水污染排放区域属于这个流域，仍按年初签订的合同开展监测和评价。

【不符合的条款号】

《通用要求》4.5.21，《补充要求》第二十二条。

【不符合事实描述】

机构于 2019 年 9 月出具的排污许可证监测报告没有按照 2019 年 7 月 1 日开始实施的地方标准《×××流域水污染物排放标准》对废水监测结果进行评价。

【分析点评】

《通用要求》4.5.21 规定“当需对检验检测结果进行说明时，检验检测报告或证书中还应包括下列内容：……b）适用时，给出符合（或不符合）要求或规范的声明”；《补充要求》第二十二条规定“当在生态环境监测报告中给出符合（或不符合）要求或规范的声明时，报告审核人员和授权签字人员应充分了解相关环境质量标准和污染排放/控制标准的适用范围，并具备对监测结果进行符合性判定的能力”。报告审核和签发人应有能力根据监测对象或委托方要求，正确选用评价标准和排放/控制限值适用阶段或适用级别。同时报告审核人和授权签字人还应该了解地方环境保护标准制定原则、地方环境保护标准和国家环境保护标准的选用原则。地方环境保护标准是严于国家环境保护标准的，当有现行有效的地方环境保护标准时，应优先执行。该机构报告审核和签发人员没有掌握委托企业水污染排放所属流域，不了解本省已颁布的地方标准适用范围和施行时间，没有掌握环境保护标准执行的原则。

【建议采取的措施】

（1）学习《通用要求》和《补充要求》相关要求。

（2）学习环境保护法、环境保护标准管理办法以及排污许可证相关制度制定的原则、要求，以及地方环境保护标准和国家环境保护标准的选用原则。

（3）对报告审核人员和授权签字人员等进行培训，学习国家环境质量标准和污染物排放（控制）标准，包括地方标准，掌握适用范围和控制限值，并能正确使用。

（4）重新出具监测报告，按正确的评价标准对监测结果做出符合性评价；收回并替换已发出的监测报告。

【场景】

某生态环境监测机构资质认定首次评审现场，评审员现场考核污染源废气无组织排放颗粒物监测时，发现提交的第×××号废气监测报告及其原始记录中，未绘制废气无组织排放采样点位示意图。

【不符合的条款号】

《通用要求》4.5.22。

【不符合事实描述】

机构出具的监测报告及原始记录中缺少废气无组织排放采样点位示意图。

【分析点评】

《通用要求》4.5.22 规定“检验检测机构从事抽样时，应有完整、充分的信息支撑其检验检测报告或证书”。机构从事包含抽样（采样）环节的监测任务并出具监测报告时，其监测报告还应包含但不限于以下内容：抽样日期；抽取的物质、材料或产品的清晰标识（包括制造者的名称、标识的型号或类型和相应的系列号）；抽样位置，包括简图、草图或照片等。生态环境监测是一个包括采样环节的监测活动，且采样点位的设置有严格规范的技术要求，不按标准规范设置监测采样点位会影响监测的代表性，对监测结果的正确性产生直接影响，所以监测原始记录需要采样点位的信息，并在监测报告中体现。该机构出具的监测报告及原始记录中采样信息不完整、不充分，未绘制废气无组织排放采样点位置示意图，无法判断采样点是否按标准、规范设置，监测结果的正确性无法判断。

【建议采取的措施】

（1）学习《通用要求》相关规定。

（2）学习环境监测分析方法标准和技术规范有关水、气等各个环境要素采样的要求。

（3）按标准和技术规范的要求采集环境监测样品并完整记录采样信息，包括采样点位示意图等。

（4）按环境监测报告编制要求出具监测报告，并包含完整的采样信息。

案例137

【场景】

检查人员在对某生态环境监测机构进行监督检查时，在一份监测报告（编号为×××）中发现，报告备注栏中注明监测项目×××不在该机构的监测能力范围内，再看该监测报告封面，封面上盖有 CMA 章。于是检查人员对该机构负责人："你公司已涉嫌超范围监测。"一旁的技术负责人立即解释："这份报告我清楚，监测项目×××确实不在我们的监测能力范围内，这在监测报告中已标明。我公司在接受委托时，也已告知客户，而且在委托协议中约定了项目×××的监测任务分包给 A 公司监测，客户也同意了。"于是找出该任务的委托协议，其中确实有客户同意分包的确认记录。

【不符合的条款号】

《通用要求》4.5.24。

【不符合事实描述】

机构在加盖 CMA 章的监测报告中包含了无能力监测的分包结果，但仅仅注明分包项目不在机构的监测能力范围，没有注明分包机构的名称、有效的资质认定证书编号等分包方信息。

【分析点评】

《通用要求》4.5.24 规定"当检验检测报告或证书包含了由分包方所出具的检验检测结果时，这些结果应予清晰标明"。机构无监测能力需要分包时，在有 CMA 章的监测报告中不仅需要标明分包项目不在该机构的监测能力范围内，而且需要标明承担分包任务的监测机构的名称和有效的资质认定许可编号。而该监测机构在出具无监测能力的分包报告时，仅在报告封面上加盖了 CMA 章，未在监测报告中标明分包项目的分包机构的名称和其有效的资质认定许可编号。

【建议采取的措施】

（1）认真学习《通用要求》相关规定。重点加强对报告编制人员、报告审核人员以及授权签字人对《通用要求》4.5.24 条款的学习宣贯。

（2）按《通用要求》4.5.26 条款执行，收回和变更监测报告。

【场景】

对某生态环境监测机构进行资质认定复查评审过程中，评审组查阅监测报告档案时，发现编号为×××的监测报告存档了4份，于是询问技术负责人：“你们机构的监测报告存档需要4份吗？”该机构技术负责人回答：“正常情况下，我们只存档1份监测报告，但这项生态环境监测工作的委托单位临时电话通知我们将监测报告扫描后的电子版提供给他们，我们就通过电话里说好的电子邮箱将电子版监测报告发给他们了，原先委托协议规定的3份监测报告他们也没有来取，我们就存档了4份。”评审员又问：“委托协议中规定了监测报告以电子传送时的接收电子邮箱和收件人了吗？”该技术负责人回答：“没有。”评审员又问：“你们确认了接收电子邮件人员的身份了吗？”该技术负责人回答：“也没有。”

【不符合的条款号】

《通用要求》4.5.25。

【不符合事实描述】

编号为×××的监测报告以电子方式提供给客户时，未在委托协议中约定电子版监测报告的接收方式，也没有在传送电子版监测报告时确认接收方的真实身份。

【分析点评】

《通用要求》4.5.25规定“当用电话、传真或其他电子或电磁方式传送检验检测结果时，应满足本标准对数据控制的要求。”该机构将监测报告以电子方式提供给客户时，既没有在委托协议中约定电子版监测报告的接收方式，也没有在传送电子版监测报告时确认接收方的真实身份，在没有客户要求以电子方式传送监测报告的书面协议情况下，仅凭电话通知，就传送了监测报告，存在泄露客户秘密的风险。

【建议采取的措施】

（1）认真学习《通用要求》相关规定，完善用电话、传真或其他电子或电磁方式传送监测结果的相关规定。

（2）核实确认客户要求以电子手段获取该份监测报告的真实性并记录。

（3）在体系文件中明确规定当客户要求以电话、传真或其他电子或电磁方式传送监测报告时应遵循的工作程序，以保证数据和结果的安全性、有效性和完整性。

案例139

【场景】

评审员在对某生态环境监测机构进行现场评审时，发现编号为×××的监测报告有 2 份，但 2 份监测报告里的地表水重金属 A 的分析方法不同，于是问该机构技术负责人：“怎么 2 份报告的内容不同，编号却相同？”该机构技术负责人解释：“分析人员采用石墨炉原子吸收光谱法测定重金属 A，分析结果低于检出限。但在第一份监测报告里由于报告编制人员疏忽，将石墨炉原子吸收光谱法误填写为火焰原子吸收光谱法，同时将分析结果以小于火焰原子吸收光谱法的方法检出限报出。客户根据监测报告结果评价时发现监测报告提供的方法的检出限高于评价标准，无法正确评价。我们得知情况后，发现是监测报告填报错误，立即重新出了一份报告，提供给客户，并将第一份报告追回。考虑到修改后的监测报告结果没有超标，对水质评价没有实质性影响，且确定第一份报告能够追回，我们就使用了相同的报告编号，我们也对监测报告的修改原因做了记录。”

【不符合的条款号】

《通用要求》4.5.26。

【不符合事实描述】

修订后重新发出的监测报告与追回的错误监测报告编号相同。

【分析点评】

《通用要求》4.5.26 规定“检验检测报告或证书签发后，若有更正或增补应予以记录。修订的检验检测报告或证书应标明所代替的报告或证书，并注以唯一性标识”。该机构对已发出的报告进行了修改，虽然原错误报告已追回，修改原因也做了记录，但修改后的监测报告与原错误报告未注以唯一性标识，以区分两份监测报告的不同。

【建议采取的措施】

（1）认真学习《通用要求》相关规定。重点加强报告编制人、报告审核人员和授权签字人对《通用要求》4.5.26 条款的学习宣贯。

（2）对原错误监测报告进行二次修改，对修改原因予以说明，标明所代替的报告，并注以唯一性标识以区别于原错误监测报告。同时尽量追回原报告，如不能追回，则应在修改的监测报告中对原报告做出作废声明。

档 案

【场景】

对某生态环境监测机构开展现场检查时，评审员调阅编号为×××的监测报告档案，发现监测报告中部分监测项目是分包给A生态环境监测机构完成的，但该监测报告归档资料中，缺少分包方A机构出具的分包监测报告。

【不符合的条款号】

《通用要求》4.5.27，《补充要求》第二十三条。

【不符合事实描述】

编号为×××的监测报告归档资料中没有保存分包机构提供的分包监测报告。

【分析点评】

《通用要求》4.5.27规定"检验检测机构应对检验检测原始记录、报告、证书归档留存，保证其具有可追溯性"；《补充要求》第二十三条规定"如果有与监测任务相关的其他资料，如监测方案/采样计划、委托方（被测方）提供的项目工程建设、企业生产工艺和工况、原辅材料、排污状况（在线监测或企业自行监测数据）、合同评审记录、分包等资料，也应同时归档"。当监测报告包含了分包方出具的监测结果时，机构应要求承担分包的监测机构提供合法的监测报告或证书，并予以使用和保存。机构留存归档的资料不仅包括本机构的结果报告、原始记录等，还应包括分包方出具的结果报告和对分包方的评审资料等。而该机构保存监测报告及其附属资料时，未将分包方报告等一并归档。

【建议采取的措施】

（1）学习《通用要求》《补充要求》和《生态环境档案管理规范　生态环境监测》（HJ 8.2—2020）等技术规定。

（2）修订机构档案管理程序和监测报告管理程序。

（3）开展培训，提升各档案管理、报告编制审核等职能科室以及相关业务科室对监测报告内容及归档要求的理解。

（4）通过质量监督验证监测报告及档案管理各环节的具体实施情况。

附　录

附录 1

中共中央办公厅　国务院办公厅印发《关于深化环境监测改革提高环境监测数据质量的意见》的通知

各省、自治区、直辖市党委和人民政府，中央和国家机关各部委，解放军各大单位、中央军委机关各部门，各人民团体：

《关于深化环境监测改革提高环境监测数据质量的意见》已经中央领导同志同意，现印发给你们，请结合实际认真贯彻落实。

中共中央办公厅
国务院办公厅
2017 年 9 月 1 日

关于深化环境监测改革提高环境监测数据质量的意见

环境监测是保护环境的基础工作，是推进生态文明建设的重要支撑。环境监测数据是客观评价环境质量状况、反映污染治理成效、实施环境管理与决策的基本依据。当前，地方不当干预环境监测行为时有发生，相关部门环境监测数据不一致现象依然存在，排污单位监测数据弄虚作假屡禁不止，环境监测机构服务水平良莠不齐，导致环境监测数据质量问题突出，制约了环境管理水平提高。为切实提高环境监测数据质量，现提出如下意见。

一、总体要求

（一）指导思想。全面贯彻党的十八大和十八届三中、四中、五中、六中全会精神，深入贯彻习近平总书记系列重要讲话精神和治国理政新理念新思想新战略，紧紧围绕统筹推进“五位一体”总体布局和协调推进“四个全面”战略布局，牢固树立和贯彻落实新发展理念，认真落实党中央、国务院决策部署，立足我国生态环境保护需要，坚持依法监测、科学监测、诚信监测，深化环境监测改革，构建责任体系，创新管理制度，强化监管能力，依法依规严肃查处弄虚作假行为，切实保障环境监测数据质量，提高环境监测数据公信力和权威性，促进环境管理水平全面提升。

（二）基本原则

——创新机制，健全法规。改革环境监测质量保障机制，完善环境监测质量管理制度，健全环境监测法律法规和标准规范。

——多措并举，综合防范。综合运用法律、经济、技术和必要的行政手段，预防不当干预，规范监测行为，加强部门协作，推进信息公开，形成政策措施合力。

——明确责任，强化监管。明确地方党委和政府以及相关部门、排污单位和环境监测机构的责任，加大弄虚作假行为查处力度，严格问责，形成高压震慑态势。

（三）主要目标。到 2020 年，通过深化改革，全面建立环境监测数据质量保障责任体系，健全环境监测质量管理制度，建立环境监测数据弄虚作假防范和惩治机制，确保环境监测机构和人员独立公正开展工作，确保环境监测数据全面、准确、客观、真实。

二、坚决防范地方和部门不当干预

（四）明确领导责任和监管责任。地方各级党委和政府建立健全防范和惩治环境监测数据弄虚作假的责任体系和工作机制，并对防范和惩治环境监测数据弄虚作假负领导责任。对弄虚作假问题突出的市（地、州、盟），环境保护部或省级环境保护部门可公开约谈其政府负责人，责成当地政府查处和整改。被环境保护部约谈的市（地、州、盟），省级环境保护部门对相关责任人依照有关规定提出处分建议，交由所在地党委和政府依纪依法予以处理，并将处理结果书面报告环境保护部、省级党委和政府。

各级环境保护、质量技术监督部门依法对环境监测机构负监管责任，其他相关部门要加强对所属环境监测机构的数据质量管理。各相关部门发现对弄虚作假行为包庇纵容、监管不力，以及有其他未依法履职行为的，依照规定向有关部门移送直接负责的主管人员和其他责任人员的违规线索，依纪依法追究其责任。

（五）强化防范和惩治。研究制定防范和惩治领导干部干预环境监测活动的管理办法，明确情形认定，规范查处程序，细化处理规定，重点解决地方党政领导干部和相关部门工作人员利用职务影响，指使篡改、伪造环境监测数据，限制、阻挠环境监测数据质量监管执法，影响、干扰对环境监测数据弄虚作假行为查处和责任追究，以及给环境监测机构和人员下达环境质量改善考核目标任务等问题。

（六）实行干预留痕和记录。明确环境监测机构和人员的记录责任与义务，规范记录事项和方式，对党政领导干部与相关部门工作人员干预环境监测的批示、函文、口头意见或暗示等信息，做到全程留痕、依法提取、介质存储、归档备查。对不如实记录或隐瞒不报不当干预行为并造成严重后果的相关人员，应予以通报批评和警告。

三、大力推进部门环境监测协作

（七）依法统一监测标准规范与信息发布。环境保护部依法制定全国统一的环境监测规范，加快完善大气、水、土壤等要素的环境质量监测和排污单位自行监测标准规范，健全国家环境监测量值溯源体系。会同有关部门建设覆盖我国陆地、海洋、岛礁的国家环境质量监测网络。各级各类环境监测机构和排污单位要按照统一的环境监测标准规范开展监测活动，切实解决不同部门同类环境监测数据不一致、不可比的问题。

环境保护部门统一发布环境质量和其他重大环境信息。其他相关部门发布信息中涉及环境质量内容的，应与同级环境保护部门协商一致或采用环境保护部门依法公开发布的环境质量信息。

（八）健全行政执法与刑事司法衔接机制。环境保护部门查实的篡改伪造环境监测数据案件，尚不构成犯罪的，除依照有关法律法规进行处罚外，依法移送公安机关予以拘留；对涉嫌犯罪的，应当制作涉嫌犯罪案件移送书、调查报告、现场勘查笔录、涉案物品清单等证据材料，及时向同级公安机关移送，并将案件移送书抄送同级检察机关。公安机关应当依法接受，并在规定期限内书面通知环境保护部门是否立案。检察机关依法履行法律监督职责。环境保护部门与公安机关及检察机关对企业超标排放污染物情况通报、环境执法督察报告等信息资源实行共享。

四、严格规范排污单位监测行为

（九）落实自行监测数据质量主体责任。排污单位要按照法律法规和相关监测标准规范开展自行监测，制定监测方案，保存完整的原始记录、监测报告，对数据的真实性负责，并按规定公开相关监测信息。对通过篡改、伪造监测数据等逃避监管方式违法排放污染物的，环境保护部门依法实施按日连续处罚。

（十）明确污染源自动监测要求。建立重点排污单位自行监测与环境质量监测原始数据全面直传上报制度。重点排污单位应当依法安装使用污染源自动监测设备，定期检定或校准，保证正常运行，并公开自动监测结果。自动监测数据要逐步实现全国联网。逐步在污染治理设施、监测站房、排放口等位置安装视频监控设施，并与地方环境保护部门联网。取消环境保护部门负责的有效性审核。重点排污单位自行开展污染源自动监测的手工比对，及时处理异常情况，确保监测数据完整有效。自动监测数据可作为环境行政处罚等监管执法的依据。

五、准确界定环境监测机构数据质量责任

（十一）建立“谁出数谁负责、谁签字谁负责”的责任追溯制度。环境监测机构及其负责人对其监测数据的真实性和准确性负责。采样与分析人员、审核与授权签字人分别对原始监测数据、监测报告的真实性终身负责。对违法违规操作或直接篡改、伪造监测数据的，依纪依法追究相关人员责任。

（十二）落实环境监测质量管理制度。环境监测机构应当依法取得检验检测机构资质认定证书。建立覆盖布点、采样、现场测试、样品制备、分析测试、数据传输、评价和综合分析报告编制等全过程的质量管理体系。专门用于在线自动监测监控的仪器设备应当符合环境保护相关标准规范要求。使用的标准物质应当是有证标准物质或具有溯源性的标准物质。

六、严厉惩处环境监测数据弄虚作假行为

（十三）严肃查处监测机构和人员弄虚作假行为。环境保护、质量技术监督部门对环境监测机构开展“双随机”检查，强化事中事后监管。环境监测机构和人员弄虚作假或参与弄虚作假的，环境保护、质量技术监督部门及公安机关依法给予处罚；涉嫌犯罪的，移交司法机关依法追究相关责任人的刑事责任。从事环境监测设施维护、运营的人员有实施或参与篡改、伪造自动监测数据、干扰自动监测设施、破坏环境质量监测系统等行为的，依法从重处罚。

环境监测机构在提供环境服务中弄虚作假，对造成的环境污染和生态破坏负有责任的，除依法处罚外，检察机关、社会组织和其他法律规定的机关提起民事公益诉讼或者省级政府授权的行政机关依法提起生态环境损害赔偿诉讼时，可以要求环境监测机构与造成环境污染和生态破坏的其他责任者承担连带责任。

（十四）严厉打击排污单位弄虚作假行为。排污单位存在监测数据弄虚作假行为的，环境保护部门、公安机关依法予以处罚；涉嫌犯罪的，移交司法机关依法追究直接负责的主管人员和其他责任人的刑事责任，并对单位判处罚金；排污单位法定代表人强令、指使、授意、默许监测数据弄虚作假的，依纪依法追究其责任。

（十五）推进联合惩戒。各级环境保护部门应当将依法处罚的环境监测数据弄虚作假企业、机构和个人信息向社会公开，并依法纳入全国信用信息共享平台，同时将企业违法信息依法纳入国家企业信用信息公示系统，实现一处违法、处处受限。

（十六）加强社会监督。广泛开展宣传教育，鼓励公众参与，完善举报制度，将环境监测数据弄虚作假行为的监督举报纳入“12369”环境保护举报和“12365”质量技术监督举报受理范围。充分发挥环境监测行业协会的作用，推动行业自律。

七、加快提高环境监测质量监管能力

（十七）完善法规制度。研究制定环境监测条例，加大对环境监测数据弄虚作假行为的惩处力度。对侵占、损毁或擅自移动、改变环境质量监测设施和污染物排放自动监测设备的，依法处罚。制定环境监测与执法联动办法、环境监测机构监管办法等规章制度。探索建立环境监测人员数据弄虚作假从业禁止制度。研究建立排污单位环境监测数据真实性自我举证制度。推进监测数据采集、传输、存储的标准化建设。

（十八）健全质量管理体系。结合现有资源建设国家环境监测量值溯源与传递实验室、污染物计

量与实物标准实验室、环境监测标准规范验证实验室、专用仪器设备适用性检测实验室，提高国家环境监测质量控制水平。提升区域环境监测质量控制和管理能力，在华北、东北、西北、华东、华南、西南等地区，委托有条件的省级环境监测机构承担区域环境监测质量控制任务，对区域内环境质量监测活动进行全过程监督。

（十九）强化高新技术应用。加强大数据、人工智能、卫星遥感等高新技术在环境监测和质量管理中的应用，通过对环境监测活动全程监控，实现对异常数据的智能识别、自动报警。开展环境监测新技术、新方法和全过程质控技术研究，加快便携、快速、自动监测仪器设备的研发与推广应用，提升环境监测科技水平。

各地区各有关部门要按照党中央、国务院统一部署和要求，结合实际制定具体实施方案，明确任务分工、时间节点，扎实推进各项任务落实。地方各级党委和政府要结合环保机构监测监察执法垂直管理制度改革，加强对环境监测工作的组织领导，及时研究解决环境监测发展改革、机构队伍建设等问题，保障监测业务用房、业务用车和工作经费。环境保护部要把各地落实本意见情况作为中央环境保护督察的重要内容。中央组织部、国家发展改革委、财政部、监察部等有关部门要统筹落实责任追究、项目建设、经费保障、执纪问责等方面的事项。

附录 2

检验检测机构资质认定管理办法

（2015 年 4 月 9 日国家质量监督检验检疫总局令第 163 号公布，根据 2021 年 4 月 2 日《国家市场监督管理总局关于废止和修改部分规章的决定》修改）

第一章 总 则

第一条 为了规范检验检测机构资质认定工作，优化准入程序，根据《中华人民共和国计量法》及其实施细则、《中华人民共和国认证认可条例》等法律、行政法规的规定，制定本办法。

第二条 本办法所称检验检测机构，是指依法成立，依据相关标准或者技术规范，利用仪器设备、环境设施等技术条件和专业技能，对产品或者法律法规规定的特定对象进行检验检测的专业技术组织。

本办法所称资质认定，是指市场监督管理部门依照法律、行政法规规定，对向社会出具具有证明作用的数据、结果的检验检测机构的基本条件和技术能力是否符合法定要求实施的评价许可。

第三条 在中华人民共和国境内对检验检测机构实施资质认定，应当遵守本办法。

法律、行政法规对检验检测机构资质认定另有规定的，依照其规定。

第四条 国家市场监督管理总局（以下简称市场监管总局）主管全国检验检测机构资质认定工作，并负责检验检测机构资质认定的统一管理、组织实施、综合协调工作。

省级市场监督管理部门负责本行政区域内检验检测机构的资质认定工作。

第五条 法律、行政法规规定应当取得资质认定的事项清单，由市场监管总局制定并公布，并根据法律、行政法规的调整实行动态管理。

第六条 市场监管总局依据国家有关法律法规和标准、技术规范的规定，制定检验检测机构资质认定基本规范、评审准则以及资质认定证书和标志的式样，并予以公布。

第七条 检验检测机构资质认定工作应当遵循统一规范、客观公正、科学准确、公平公开、便利高效的原则。

第二章 资质认定条件和程序

第八条 国务院有关部门以及相关行业主管部门依法成立的检验检测机构，其资质认定由市场监管总局负责组织实施；其他检验检测机构的资质认定，由其所在行政区域的省级市场监督管理部门负责组织实施。

第九条 申请资质认定的检验检测机构应当符合以下条件：

（一）依法成立并能够承担相应法律责任的法人或者其他组织；

（二）具有与其从事检验检测活动相适应的检验检测技术人员和管理人员；

（三）具有固定的工作场所，工作环境满足检验检测要求；

（四）具备从事检验检测活动所必需的检验检测设备设施；

（五）具有并有效运行保证其检验检测活动独立、公正、科学、诚信的管理体系；

（六）符合有关法律法规或者标准、技术规范规定的特殊要求。

第十条 检验检测机构资质认定程序分为一般程序和告知承诺程序。除法律、行政法规或者国务院规定必须采用一般程序或者告知承诺程序的外，检验检测机构可以自主选择资质认定程序。

检验检测机构资质认定推行网上审批，有条件的市场监督管理部门可以颁发资质认定电子证书。

第十一条 检验检测机构资质认定一般程序：

（一）申请资质认定的检验检测机构（以下简称申请人），应当向市场监管总局或者省级市场监督管理部门（以下统称资质认定部门）提交书面申请和相关材料，并对其真实性负责；

（二）资质认定部门应当对申请人提交的申请和相关材料进行初审，自收到申请之日起 5 个工作日内作出受理或者不予受理的决定，并书面告知申请人；

（三）资质认定部门自受理申请之日起，应当在 30 个工作日内，依据检验检测机构资质认定基本规范、评审准则的要求，完成对申请人的技术评审。技术评审包括书面审查和现场评审（或者远程评审）。技术评审时间不计算在资质认定期限内，资质认定部门应当将技术评审时间告知申请人。由于申请人整改或者其它自身原因导致无法在规定时间内完成的情况除外；

（四）资质认定部门自收到技术评审结论之日起，应当在 10 个工作日内，作出是否准予许可的决定。准予许可的，自作出决定之日起 7 个工作日内，向申请人颁发资质认定证书。不予许可的，应当书面通知申请人，并说明理由。

第十二条 采用告知承诺程序实施资质认定的，按照市场监管总局有关规定执行。

资质认定部门作出许可决定前，申请人有合理理由的，可以撤回告知承诺申请。告知承诺申请撤回后，申请人再次提出申请的，应当按照一般程序办理。

第十三条 资质认定证书有效期为 6 年。

需要延续资质认定证书有效期的，应当在其有效期届满 3 个月前提出申请。

资质认定部门根据检验检测机构的申请事项、信用信息、分类监管等情况，采取书面审查、现场评审（或者远程评审）的方式进行技术评审，并作出是否准予延续的决定。

对上一许可周期内无违反市场监管法律、法规、规章行为的检验检测机构，资质认定部门可以采取书面审查方式，对于符合要求的，予以延续资质认定证书有效期。

第十四条 有下列情形之一的，检验检测机构应当向资质认定部门申请办理变更手续：

（一）机构名称、地址、法人性质发生变更的；

（二）法定代表人、最高管理者、技术负责人、检验检测报告授权签字人发生变更的；

（三）资质认定检验检测项目取消的；

（四）检验检测标准或者检验检测方法发生变更的；

（五）依法需要办理变更的其他事项。

检验检测机构申请增加资质认定检验检测项目或者发生变更的事项影响其符合资质认定条件和要求的，依照本办法第十条规定的程序实施。

第十五条 资质认定证书内容包括：发证机关、获证机构名称和地址、检验检测能力范围、有效期限、证书编号、资质认定标志。

检验检测机构资质认定标志，由 China Inspection Body and Laboratory Mandatory Approval 的英文缩写 CMA 形成的图案和资质认定证书编号组成。式样如下：

第十六条 外方投资者在中国境内依法成立的检验检测机构，申请资质认定时，除应当符合本办法第九条规定的资质认定条件外，还应当符合我国外商投资法律法规的有关规定。

第十七条 检验检测机构依法设立的从事检验检测活动的分支机构，应当依法取得资质认定后，方可从事相关检验检测活动。

资质认定部门可以根据具体情况简化技术评审程序、缩短技术评审时间。

第十八条 检验检测机构应当定期审查和完善管理体系，保证其基本条件和技术能力能够持续符合资质认定条件和要求，并确保质量管理措施有效实施。

检验检测机构不再符合资质认定条件和要求的，不得向社会出具具有证明作用的检验检测数据和结果。

第十九条 检验检测机构应当在资质认定证书规定的检验检测能力范围内，依据相关标准或者技术规范规定的程序和要求，出具检验检测数据、结果。

第二十条 检验检测机构不得转让、出租、出借资质认定证书或者标志；不得伪造、变造、冒用资质认定证书或者标志；不得使用已经过期或者被撤销、注销的资质认定证书或者标志。

第二十一条 检验检测机构向社会出具具有证明作用的检验检测数据、结果的，应当在其检验检测报告上标注资质认定标志。

第二十二条 资质认定部门应当在其官方网站上公布取得资质认定的检验检测机构信息，并注明资质认定证书状态。

第二十三条 因应对突发事件等需要，资质认定部门可以公布符合应急工作要求的检验检测机构名录及相关信息，允许相关检验检测机构临时承担应急工作。

第三章　技术评审管理

第二十四条　资质认定部门根据技术评审需要和专业要求，可以自行或者委托专业技术评价机构组织实施技术评审。

资质认定部门或者其委托的专业技术评价机构组织现场评审（或者远程评审）时，应当指派两名以上与技术评审内容相适应的评审人员组成评审组，并确定评审组组长。必要时，可以聘请相关技术专家参加技术评审。

第二十五条　评审组应当严格按照资质认定基本规范、评审准则开展技术评审活动，在规定时间内出具技术评审结论。

专业技术评价机构、评审组应当对其承担的技术评审活动和技术评审结论的真实性、符合性负责，并承担相应法律责任。

第二十六条　评审组在技术评审中发现有不符合要求的，应当书面通知申请人限期整改，整改期限不得超过 30 个工作日。逾期未完成整改或者整改后仍不符合要求的，相应评审项目应当判定为不合格。

评审组在技术评审中发现申请人存在违法行为的，应当及时向资质认定部门报告。

第二十七条　资质认定部门应当建立并完善评审人员专业技能培训、考核、使用和监督制度。

第二十八条　资质认定部门应当对技术评审活动进行监督，建立责任追究机制。

资质认定部门委托专业技术评价机构组织技术评审的，应当对专业技术评价机构及其组织的技术评审活动进行监督。

第二十九条　专业技术评价机构、评审人员在评审活动中有下列情形之一的，资质认定部门可以根据情节轻重，对其进行约谈、暂停直至取消委托其从事技术评审活动：

（一）未按照资质认定基本规范、评审准则规定的要求和时间实施技术评审的；

（二）对同一检验检测机构既从事咨询又从事技术评审的；

（三）与所评审的检验检测机构有利害关系或者其评审可能对公正性产生影响，未进行回避的；

（四）透露工作中所知悉的国家秘密、商业秘密或者技术秘密的；

（五）向所评审的检验检测机构谋取不正当利益的；

（六）出具虚假或者不实的技术评审结论的。

第四章　监督检查

第三十条　市场监管总局对省级市场监督管理部门实施的检验检测机构资质认定工作进行监督和指导。

第三十一条　检验检测机构有下列情形之一的，资质认定部门应当依法办理注销手续：

（一）资质认定证书有效期届满，未申请延续或者依法不予延续批准的；

（二）检验检测机构依法终止的；

（三）检验检测机构申请注销资质认定证书的；

（四）法律、法规规定应当注销的其他情形。

第三十二条　以欺骗、贿赂等不正当手段取得资质认定的，资质认定部门应当依法撤销资质认定。

被撤销资质认定的检验检测机构，三年内不得再次申请资质认定。

第三十三条　检验检测机构申请资质认定时提供虚假材料或者隐瞒有关情况的，资质认定部门应当不予受理或者不予许可。检验检测机构在一年内不得再次申请资质认定。

第三十四条　检验检测机构未依法取得资质认定，擅自向社会出具具有证明作用的数据、结果的，依照法律、法规的规定执行；法律、法规未作规定的，由县级以上市场监督管理部门责令限期改正，处 3 万元罚款。

第三十五条　检验检测机构有下列情形之一的，由县级以上市场监督管理部门责令限期改正；逾期未改正或者改正后仍不符合要求的，处 1 万元以下罚款。

（一）未按照本办法第十四条规定办理变更手续的；

（二）未按照本办法第二十一条规定标注资质认定标志的。

第三十六条　检验检测机构有下列情形之一的，法律、法规对撤销、吊销、取消检验检测资质或者证书等有行政处罚规定的，依照法律、法规的规定执行；法律、法规未作规定的，由县级以上市场监督管理部门责令限期改正，处 3 万元罚款：

（一）基本条件和技术能力不能持续符合资质认定条件和要求，擅自向社会出具具有证明作用的检验检测数据、结果的；

（二）超出资质认定证书规定的检验检测能力范围，擅自向社会出具具有证明作用的数据、结果的。

第三十七条　检验检测机构违反本办法规定，转让、出租、出借资质认定证书或者标志，伪造、变造、冒用资质认定证书或者标志，使用已经过期或者被撤销、注销的资质认定证书或者标志的，由县级以上市场监督管理部门责令改正，处 3 万元以下罚款。

第三十八条　对资质认定部门、专业技术评价机构以及相关评审人员的违法违规行为，任何单位和个人有权举报。相关部门应当依据各自职责及时处理，并为举报人保密。

第三十九条　从事资质认定的工作人员，在工作中滥用职权、玩忽职守、徇私舞弊的，依法予以处理；构成犯罪的，依法追究刑事责任。

第五章　附　则

第四十条　本办法自 2015 年 8 月 1 日起施行。国家质量监督检验检疫总局于 2006 年 2 月 21 日发布的《实验室和检查机构资质认定管理办法》同时废止。

附录 3

检验检测机构监督管理办法

（国家市场监督管理总局令　第 39 号）

《检验检测机构监督管理办法》已经 2021 年 3 月 25 日国家市场监督管理总局第 5 次局务会议审议通过，现予公布，自 2021 年 6 月 1 日起施行。

第一条　为了加强检验检测机构监督管理工作，规范检验检测机构从业行为，营造公平有序的检验检测市场环境，依照《中华人民共和国计量法》及其实施细则、《中华人民共和国认证认可条例》等法律、行政法规，制定本办法。

第二条　在中华人民共和国境内检验检测机构从事向社会出具具有证明作用的检验检测数据、结果、报告（以下统称检验检测报告）的活动及其监督管理，适用本办法。

法律、行政法规对检验检测机构的监督管理另有规定的，依照其规定。

第三条　本办法所称检验检测机构，是指依法成立，依据相关标准等规定利用仪器设备、环境设施等技术条件和专业技能，对产品或者其他特定对象进行检验检测的专业技术组织。

第四条　国家市场监督管理总局统一负责、综合协调检验检测机构监督管理工作。

省级市场监督管理部门负责本行政区域内检验检测机构监督管理工作。

地（市）、县级市场监督管理部门负责本行政区域内检验检测机构监督检查工作。

第五条　检验检测机构及其人员应当对其出具的检验检测报告负责，依法承担民事、行政和刑事法律责任。

第六条　检验检测机构及其人员从事检验检测活动应当遵守法律、行政法规、部门规章的规定，遵循客观独立、公平公正、诚实信用原则，恪守职业道德，承担社会责任。

检验检测机构及其人员应当独立于其出具的检验检测报告所涉及的利益相关方，不受任何可能干扰其技术判断的因素影响，保证其出具的检验检测报告真实、客观、准确、完整。

第七条　从事检验检测活动的人员，不得同时在两个以上检验检测机构从业。检验检测授权签字人应当符合相关技术能力要求。

法律、行政法规对检验检测人员或者授权签字人的执业资格或者禁止从业另有规定的，依照其规定。

第八条　检验检测机构应当按照国家有关强制性规定的样品管理、仪器设备管理与使用、检验检测规程或者方法、数据传输与保存等要求进行检验检测。

检验检测机构与委托人可以对不涉及国家有关强制性规定的检验检测规程或者方法等作出约定。

第九条 检验检测机构对委托人送检的样品进行检验的，检验检测报告对样品所检项目的符合性情况负责，送检样品的代表性和真实性由委托人负责。

第十条 需要分包检验检测项目的，检验检测机构应当分包给具备相应条件和能力的检验检测机构，并事先取得委托人对分包的检验检测项目以及拟承担分包项目的检验检测机构的同意。

检验检测机构应当在检验检测报告中注明分包的检验检测项目以及承担分包项目的检验检测机构。

第十一条 检验检测机构应当在其检验检测报告上加盖检验检测机构公章或者检验检测专用章，由授权签字人在其技术能力范围内签发。

检验检测报告用语应当符合相关要求，列明标准等技术依据。检验检测报告存在文字错误，确需更正的，检验检测机构应当按照标准等规定进行更正，并予以标注或者说明。

第十二条 检验检测机构应当对检验检测原始记录和报告进行归档留存。保存期限不少于6年。

第十三条 检验检测机构不得出具不实检验检测报告。

检验检测机构出具的检验检测报告存在下列情形之一，并且数据、结果存在错误或者无法复核的，属于不实检验检测报告：

（一）样品的采集、标识、分发、流转、制备、保存、处置不符合标准等规定，存在样品污染、混淆、损毁、性状异常改变等情形的；

（二）使用未经检定或者校准的仪器、设备、设施的；

（三）违反国家有关强制性规定的检验检测规程或者方法的；

（四）未按照标准等规定传输、保存原始数据和报告的。

第十四条 检验检测机构不得出具虚假检验检测报告。

检验检测机构出具的检验检测报告存在下列情形之一的，属于虚假检验检测报告：

（一）未经检验检测的；

（二）伪造、变造原始数据、记录，或者未按照标准等规定采用原始数据、记录的；

（三）减少、遗漏或者变更标准等规定的应当检验检测的项目，或者改变关键检验检测条件的；

（四）调换检验检测样品或者改变其原有状态进行检验检测的；

（五）伪造检验检测机构公章或者检验检测专用章，或者伪造授权签字人签名或者签发时间的。

第十五条 检验检测机构及其人员应当对其在检验检测工作中所知悉的国家秘密、商业秘密予以保密。

第十六条 检验检测机构应当在其官方网站或者以其他公开方式对其遵守法定要求、独立公正从业、履行社会责任、严守诚实信用等情况进行自我声明，并对声明内容的真实性、全面性、准确性负责。

检验检测机构应当向所在地省级市场监督管理部门报告持续符合相应条件和要求、遵守从业规范、开展检验检测活动以及统计数据等信息。

检验检测机构在检验检测活动中发现普遍存在的产品质量问题的，应当及时向市场监督管理部门报告。

第十七条 县级以上市场监督管理部门应当依据检验检测机构年度监督检查计划，随机抽取检查对象、随机选派执法检查人员开展监督检查工作。

因应对突发事件等需要，县级以上市场监督管理部门可以应急开展相关监督检查工作。

国家市场监督管理总局可以根据工作需要，委托省级市场监督管理部门开展监督检查。

第十八条 省级以上市场监督管理部门可以根据工作需要，定期组织检验检测机构能力验证工作，并公布能力验证结果。

检验检测机构应当按照要求参加前款规定的能力验证工作。

第十九条 省级市场监督管理部门可以结合风险程度、能力验证及监督检查结果、投诉举报情况等，对本行政区域内检验检测机构进行分类监管。

第二十条 市场监督管理部门可以依法行使下列职权：

（一）进入检验检测机构进行现场检查；

（二）向检验检测机构、委托人等有关单位及人员询问、调查有关情况或者验证相关检验检测活动；

（三）查阅、复制有关检验检测原始记录、报告、发票、账簿及其他相关资料；

（四）法律、行政法规规定的其他职权。

检验检测机构应当采取自查自改措施，依法从事检验检测活动，并积极配合市场监督管理部门开展的监督检查工作。

第二十一条 县级以上地方市场监督管理部门应当定期逐级上报年度检验检测机构监督检查结果等信息，并将检验检测机构违法行为查处情况通报实施资质认定的市场监督管理部门和同级有关行业主管部门。

第二十二条 县级以上市场监督管理部门应当依法公开监督检查结果，并将检验检测机构受到的行政处罚等信息纳入国家企业信用信息公示系统等平台。

第二十三条 任何单位和个人有权向县级以上市场监督管理部门举报检验检测机构违反本办法规定的行为。

第二十四条 县级以上市场监督管理部门发现检验检测机构存在不符合本办法规定，但无需追究行政和刑事法律责任的情形的，可以采用说服教育、提醒纠正等非强制性手段予以处理。

第二十五条 检验检测机构有下列情形之一的，由县级以上市场监督管理部门责令限期改正；逾期未改正或者改正后仍不符合要求的，处3万元以下罚款：

（一）违反本办法第八条第一款规定，进行检验检测的；

（二）违反本办法第十条规定分包检验检测项目，或者应当注明而未注明的；

（三）违反本办法第十一条第一款规定，未在检验检测报告上加盖检验检测机构公章或者检验检测专用章，或者未经授权签字人签发或者授权签字人超出其技术能力范围签发的。

第二十六条 检验检测机构有下列情形之一的，法律、法规对撤销、吊销、取消检验检测资质或者证书等有行政处罚规定的，依照法律、法规的规定执行；法律、法规未作规定的，由县级以上市场监督管理部门责令限期改正，处 3 万元罚款：

（一）违反本办法第十三条规定，出具不实检验检测报告的；

（二）违反本办法第十四条规定，出具虚假检验检测报告的。

第二十七条 市场监督管理部门工作人员玩忽职守、滥用职权、徇私舞弊的，依法予以处理；涉嫌构成犯罪，依法需要追究刑事责任的，按照有关规定移送公安机关。

第二十八条 本办法自 2021 年 6 月 1 日起施行。

附录 4

检验检测机构资质认定能力评价 检验检测机构通用要求

（RB/T 214—2017）

引　言

检验检测机构在中华人民共和国境内从事向社会出具具有证明作用数据、结果的检验检测活动应取得资质认定。

检验检测机构资质认定是一项确保检验检测数据、结果的真实、客观、准确的行政许可制度。

本标准是检验检测机构资质认定对检验检测机构能力评价的通用要求，针对各个不同领域的检验检测机构，应参考依据本标准发布的相应领域的补充要求。

1　范围

本标准规定了对检验检测机构进行资质认定能力评价时，在机构、人员、场所环境、设备设施、管理体系等方面的通用要求。

本标准适用于向社会出具具有证明作用的数据、结果的检验检测机构的资质认定能力评价，也适用于检验检测机构的自我评价。

2　规范性引用文件

下列文件对于本文件的应用是必不可少的。凡是注日期的引用文件，仅注日期的版本适用于本文件。凡是不注日期的引用文件，其最新版本（包括所有的修改单）适用于本文件。

GB/T 19000　质量管理体系　基础和术语

GB/T 27000　合格评定　词汇和通用原则

GB/T 27020　合格评定　各类检验机构的运作要求

GB/T 27025　检测和校准实验室能力的通用要求

JJF 1001　通用计量术语及定义

3　术语和定义

GB/T 19000、GB/T 27000、GB/T 27020、GB/T 27025、JJF 1001 界定的以及下列术语和定义适用于本文件。

3.1

检验检测机构 inspection body and laboratory

依法成立，依据相关标准或者技术规范，利用仪器设备、环境设施等技术条件和专业技能，对产品或者法律法规规定的特定对象进行检验检测的专业技术组织。

3.2

资质认定 mandatory approval

国家认证认可监督管理委员会和省级质量技术监督部门依据有关法律法规和标准、技术规范的规定，对检验检测机构的基本条件和技术能力是否符合法定要求实施的评价许可。

3.3

资质认定评审 assessment of mandatory approval

国家认证认可监督管理委员会和省级质量技术监督部门依据《中华人民共和国行政许可法》的有关规定，自行或者委托专业技术评价机构，组织评审人员，对检验检测机构的基本条件和技术能力是否符合《检验检测机构资质认定评审准则》和评审补充要求所进行的审查和考核。

3.4

公正性 impartiality

检验检测活动不存在利益冲突。

3.5

投诉 complaint

任何人员或组织向检验检测机构就其活动或结果表达不满意，并期望得到回复的行为。

3.6

能力验证 proficiency testing

依据预先制定的准则，采用检验检测机构间比对的方式，评价参加者的能力。

3.7

判定规则 decision rule

当检验检测机构需要做出与规范或标准符合性的声明时，描述如何考虑测量不确定度的规则。

3.8

验证 verification

提供客观的证据，证明给定项目是否满足规定要求。

3.9

确认 validation

对规定要求是否满足预期用途的验证。

4 要求

4.1 机构

4.1.1 检验检测机构应是依法成立并能够承担相应法律责任的法人或者其他组织。检验检测机构或者其所在的组织应有明确的法律地位，对其出具的检验检测数据、结果负责，并承担相应法律责任。不具备独立法人资格的检验检测机构应经所在法人单位授权。

4.1.2 检验检测机构应明确其组织结构及管理、技术运作和支持服务之间的关系。检验检测机构应配备检验检测活动所需的人员、设施、设备、系统及支持服务。

4.1.3 检验检测机构及其人员从事检验检测活动，应遵守国家相关法律法规的规定，遵循客观独立、公平公正、诚实信用原则，恪守职业道德，承担社会责任。

4.1.4 检验检测机构应建立和保持维护其公正和诚信的程序。检验检测机构及其人员应不受来自内外部的、不正当的商业、财务和其他方面的压力和影响，确保检验检测数据、结果的真实、客观、准确和可追溯。检验检测机构应建立识别出现公正性风险的长效机制。如识别出公正性风险，检验检测机构应能证明消除或减少该风险。若检验检测机构所在的组织还从事检验检测以外的活动，应识别并采取措施避免潜在的利益冲突。检验检测机构不得使用同时在两个及以上检验检测机构从业的人员。

4.1.5 检验检测机构应建立和保持保护客户秘密和所有权的程序，该程序应包括保护电子存储和传输结果信息的要求。检验检测机构及其人员应对其在检验检测活动中所知悉的国家秘密、商业秘密和技术秘密负有保密义务，并制定和实施相应的保密措施。

4.2 人员

4.2.1 检验检测机构应建立和保持人员管理程序，对人员资格确认、任用、授权和能力保持等进行规范管理。检验检测机构应与其人员建立劳动、聘用或录用关系，明确技术人员和管理人员的岗位职责、任职要求和工作关系，使其满足岗位要求并具有所需的权力和资源，履行建立、实施、保持和持续改进管理体系的职责。检验检测机构中所有可能影响检验检测活动的人员，无论是内部还是外部人员，均应行为公正，受到监督，胜任工作，并按照管理体系要求履行职责。

4.2.2 检验检测机构应确定全权负责的管理层，管理层应履行其对管理体系的领导作用和承诺：

a）对公正性做出承诺；

b）负责管理体系的建立和有效运行；

c）确保管理体系所需的资源；

d）确保制定质量方针和质量目标；

e）确保管理体系要求融入检验检测的全过程；

f）组织管理体系的管理评审；

g）确保管理体系实现其预期结果；

h）满足相关法律法规要求和客户要求；

i）提升客户满意度；

j）运用过程方法建立管理体系和分析风险、机遇。

4.2.3 检验检测机构的技术负责人应具有中级及以上专业技术职称或同等能力，全面负责技术运作；质量负责人应确保管理体系得到实施和保持；应指定关键管理人员的代理人。

4.2.4 检验检测机构的授权签字人应具有中级及以上专业技术职称或同等能力，并经资质认定部门批准，非授权签字人不得签发检验检测报告或证书。

4.2.5 检验检测机构应对抽样、操作设备、检验检测、签发检验检测报告或证书以及提出意见和解释的人员，依据相应的教育、培训、技能和经验进行能力确认。应由熟悉检验检测目的、程序、方法和结果评价的人员，对检验检测人员包括实习员工进行监督。

4.2.6 检验检测机构应建立和保持人员培训程序，确定人员的教育和培训目标，明确培训需求和实施人员培训。培训计划应与检验检测机构当前和预期的任务相适应。

4.2.7 检验检测机构应保留人员的相关资格、能力确认、授权、教育、培训和监督的记录，记录包含能力要求的确定、人员选择、人员培训、人员监督、人员授权和人员能力监控。

4.3 场所环境

4.3.1 检验检测机构应有固定的、临时的、可移动的或多个地点的场所，上述场所应满足相关法律法规、标准或技术规范的要求。检验检测机构应将其从事检验检测活动所必需的场所、环境要求制定成文件。

4.3.2 检验检测机构应确保其工作环境满足检验检测的要求。检验检测机构在固定场所以外进行检验检测或抽样时，应提出相应的控制要求，以确保环境条件满足检验检测标准或者技术规范的要求。

4.3.3 检验检测标准或者技术规范对环境条件有要求时或环境条件影响检验检测结果时，应监测、控制和记录环境条件。当环境条件不利于检验检测的开展时，应停止检验检测活动。

4.3.4 检验检测机构应建立和保持检验检测场所良好的内务管理程序，该程序应考虑安全和环境的因素。检验检测机构应将不相容活动的相邻区域进行有效隔离，应采取措施以防止干扰或者交叉污染。检验检测机构应对使用和进入影响检验检测质量的区域加以控制，并根据特定情况确定控制的范围。

4.4 设备设施

4.4.1 设备设施的配备

检验检测机构应配备满足检验检测（包括抽样、物品制备、数据处理与分析）要求的设备和设施。用于检验检测的设施，应有利于检验检测工作的正常开展。设备包括检验检测活动所必需并影响结果的仪器、软件、测量标准、标准物质、参考数据、试剂、消耗品、辅助设备或相应组合装置。检验检测机构使用非本机构的设施和设备时，应确保满足本标准要求。

检验检测机构租用仪器设备开展检验检测时，应确保：

a）租用仪器设备的管理应纳入本检验检测机构的管理体系；

b）本检验检测机构可全权支配使用，即：租用的仪器设备由本检验检测机构的人员操作、维护、检定或校准，并对使用环境和贮存条件进行控制；

c）在租赁合同中明确规定租用设备的使用权；

d）同一台设备不允许在同一时期被不同检验检测机构共同租赁和资质认定。

4.4.2 设备设施的维护

检验检测机构应建立和保持检验检测设备和设施管理程序，以确保设备和设施的配置、使用和维护满足检验检测工作要求。

4.4.3 设备管理

检验检测机构应对检验检测结果、抽样结果的准确性或有效性有影响或计量溯源性有要求的设备，包括用于测量环境条件等辅助测量设备有计划地实施检定或校准。设备在投入使用前，应采用核查、检定或校准等方式，以确认其是否满足检验检测的要求。所有需要检定、校准或有有效期的设备应使用标签、编码或以其他方式标识，以便使用人员易于识别检定、校准的状态或有效期。

检验检测设备，包括硬件和软件设备应得到保护，以避免出现致使检验检测结果失效的调整。检验检测机构的参考标准应满足溯源要求。无法溯源到国家或国际测量标准时，检验检测机构应保留检验检测结果相关性或准确性的证据。

当需要利用期间核查以保持设备的可信度时，应建立和保持相关的程序。针对校准结果包含的修正信息或标准物质包含的参考值，检验检测机构应确保在其检测数据及相关记录中加以利用并备份和更新。

4.4.4 设备控制

检验检测机构应保存对检验检测具有影响的设备及其软件的记录。用于检验检测并对结果有影响的设备及其软件，如可能，应加以唯一性标识。检验检测设备应由经过授权的人员操作并对其进行正常维护。若设备脱离了检验检测机构的直接控制，应确保该设备返回后，在使用前对其功能和检定、校准状态进行核查，并得到满意结果。

4.4.5 故障处理

设备出现故障或者异常时，检验检测机构应采取相应措施，如停止使用、隔离或加贴停用标签、标记，直至修复并通过检定、校准或核查表明能正常工作为止。应核查这些缺陷或偏离对以前检验检测结果的影响。

4.4.6 标准物质

检验检测机构应建立和保持标准物质管理程序。标准物质应尽可能溯源到国际单位制（SI）单位或有证标准物质。检验检测机构应根据程序对标准物质进行期间核查。

4.5 管理体系

4.5.1 总则

检验检测机构应建立、实施和保持与其活动范围相适应的管理体系，应将其政策、制度、计划、程序和指导书制定成文件，管理体系文件应传达至有关人员，并被其获取、理解、执行。检验检测机构管理体系至少应包括：管理体系文件、管理体系文件的控制、记录控制、应对风险和机遇的措施、改进、纠正措施、内部审核和管理评审。

4.5.2 方针目标

检验检测机构应阐明质量方针，制定质量目标，并在管理评审时予以评审。

4.5.3 文件控制

检验检测机构应建立和保持控制其管理体系的内部和外部文件的程序，明确文件的标识、批准、发布、变更和废止，防止使用无效、作废的文件。

4.5.4 合同评审

检验检测机构应建立和保持评审客户要求、标书、合同的程序。对要求、标书、合同的偏离、变更应征得客户同意并通知相关人员。当客户要求出具的检验检测报告或证书中包含对标准或规范的符合性声明（如合格或不合格）时，检验检测机构应有相应的判定规则。若标准或规范不包含判定规则内容，检验检测机构选择的判定规则应与客户沟通并得到同意。

4.5.5 分包

检验检测机构需分包检验检测项目时，应分包给已取得检验检测机构资质认定并有能力完成分包项目的检验检测机构，具体分包的检验检测项目和承担分包项目的检验检测机构应事先取得委托人的同意。出具检验检测报告或证书时，应将分包项目予以区分。

检验检测机构实施分包前，应建立和保持分包的管理程序，并在检验检测业务洽谈、合同评审和合同签署过程中予以实施。

检验检测机构不得将法律法规、技术标准等文件禁止分包的项目实施分包。

4.5.6 采购

检验检测机构应建立和保持选择和购买对检验检测质量有影响的服务和供应品的程序。明确服务、供应品、试剂、消耗材料等的购买、验收、存储的要求，并保存对供应商的评价记录。

4.5.7 服务客户

检验检测机构应建立和保持服务客户的程序，包括：保持与客户沟通，对客户进行服务满意度调查、跟踪客户的需求，以及允许客户或其代表合理进入为其检验检测的相关区域观察。

4.5.8 投诉

检验检测机构应建立和保持处理投诉的程序。明确对投诉的接收、确认、调查和处理职责，跟踪和记录投诉，确保采取适宜的措施，并注重人员的回避。

4.5.9 不符合工作控制

检验检测机构应建立和保持出现不符合工作的处理程序，当检验检测机构活动或结果不符合其自身程序或与客户达成一致的要求时，检验检测机构应实施该程序。该程序应确保：

a）明确对不符合工作进行管理的责任和权力；

b）针对风险等级采取措施；

c）对不符合工作的严重性进行评价，包括对以前结果的影响分析；

d）对不符合工作的可接受性做出决定；

e）必要时，通知客户并取消工作；

f）规定批准恢复工作的职责；

g）记录所描述的不符合工作和措施。

4.5.10 纠正措施、应对风险和机遇的措施和改进

检验检测机构应建立和保持在识别出不符合时，采取纠正措施的程序。检验检测机构应通过实施质量方针、质量目标，应用审核结果、数据分析、纠正措施、管理评审、人员建议、风险评估、能力验证和客户反馈等信息来持续改进管理体系的适宜性、充分性和有效性。

检验检测机构应考虑与检验检测活动有关的风险和机遇，以利于：确保管理体系能够实现其预期结果；把握实现目标的机遇；预防或减少检验检测活动中的不利影响和潜在的失败；实现管理体系改进。检验检测机构应策划：应对这些风险和机遇的措施；如何在管理体系中整合并实施这些措施；如何评价这些措施的有效性。

4.5.11 记录控制

检验检测机构应建立和保持记录管理程序，确保每一项检验检测活动技术记录的信息充分，确保记录的标识、贮存、保护、检索、保留和处置符合要求。

4.5.12 内部审核

检验检测机构应建立和保持管理体系内部审核的程序，以便验证其运作是否符合管理体系和本标准的要求，管理体系是否得到有效的实施和保持。内部审核通常每年一次，由质量负责人策划内审并制定审核方案。内审员须经过培训，具备相应资格。若资源允许，内审员应独立于被审核的活动。检验检测机构应：

a）依据有关过程的重要性、对检验检测机构产生影响的变化和以往的审核结果，策划、制定、实施和保持审核方案，审核方案包括频次、方法、职责、策划要求和报告；

b）规定每次审核的审核要求和范围；

c）选择审核员并实施审核；

d）确保将审核结果报告给相关管理者；

e）及时采取适当的纠正和纠正措施；

f）保留形成文件的信息，作为实施审核方案以及审核结果的证据。

4.5.13 管理评审

检验检测机构应建立和保持管理评审的程序。管理评审通常 12 个月一次，由管理层负责。管理层应确保管理评审后，得出的相应变更或改进措施予以实施，确保管理体系的适宜性、充分性和有效性。应保留管理评审的记录。管理评审输入应包括以下信息：

a）检验检测机构相关的内外部因素的变化；

b）目标的可行性；

c）政策和程序的适用性；

d）以往管理评审所采取措施的情况；

e）近期内部审核的结果；

f）纠正措施；

g）由外部机构进行的评审；

h）工作量和工作类型的变化或检验检测机构活动范围的变化；

i）客户和员工的反馈；

j）投诉；

k）实施改进的有效性；

l）资源配备的合理性；

m）风险识别的可控性；

n）结果质量的保障性；

o）其他相关因素，如监督活动和培训。

管理评审输出应包括以下内容：

a）管理体系及其过程的有效性；

b）符合本标准要求的改进；

c）提供所需的资源；

d）变更的需求。

4.5.14 方法的选择、验证和确认

检验检测机构应建立和保持检验检测方法控制程序。检验检测方法包括标准方法、非标准方法（含自制方法）。应优先使用标准方法，并确保使用标准的有效版本。在使用标准方法前，应进行验证。在使用非标准方法（含自制方法）前，应进行确认。检验检测机构应跟踪方法的变化，并重新进行验证或确认。必要时，检验检测机构应制定作业指导书。如确需方法偏离，应有文件规定，经技术判断和批准，并征得客户同意。当客户建议的方法不适合或已过期时，应通知客户。

非标准方法（含自制方法）的使用，应事先征得客户同意，并告知客户相关方法可能存在的风险。需要时，检验检测机构应建立和保持开发自制方法控制程序，自制方法应经确认。检验检测机构应记录作为确认证据的信息：使用的确认程序、规定的要求、方法性能特征的确定、获得的结果和描述该方法满足预期用途的有效性声明。

4.5.15 测量不确定度

检验检测机构应根据需要建立和保持应用评定测量不确定度的程序。

检验检测项目中有测量不确定度的要求时，检验检测机构应建立和保持应用评定测量不确定度的程序，检验检测机构应建立相应数学模型，给出相应检验检测能力的评定测量不确定度案例。检验检测机构可在检验检测出现临界值、内部质量控制或客户有要求时，需要报告测量不确定度。

4.5.16 数据信息管理

检验检测机构应获得检验检测活动所需的数据和信息，并对其信息管理系统进行有效管理。

检验检测机构应对计算和数据转移进行系统和适当地检查。当利用计算机或自动化设备对检验检测数据进行采集、处理、记录、报告、存储或检索时，检验检测机构应：

a）将自行开发的计算机软件形成文件，使用前确认其适用性，并进行定期确认、改变或升级后再次确认，应保留确认记录；

b）建立和保持数据完整性、正确性和保密性的保护程序；

c）定期维护计算机和自动设备，保持其功能正常。

4.5.17 抽样

检验检测机构为后续的检验检测，需要对物质、材料或产品进行抽样时，应建立和保持抽样控制程序。抽样计划应根据适当的统计方法制定，抽样应确保检验检测结果的有效性。当客户对抽样程序有偏离的要求时，应予以详细记录，同时告知相关人员。如果客户要求的偏离影响到检验检测结果，应在报告、证书中做出声明。

4.5.18 样品处置

检验检测机构应建立和保持样品管理程序，以保护样品的完整性并为客户保密。检验检测机构应有样品的标识系统，并在检验检测整个期间保留该标识。在接收样品时，应记录样品的异常情况或记录对检验检测方法的偏离。样品在运输、接收、处置、保护、存储、保留、清理或返回过程中应予以控制和记录。当样品需要存放或养护时，应维护、监控和记录环境条件。

4.5.19 结果有效性

检验检测机构应建立和保持监控结果有效性的程序。检验检测机构可采用定期使用标准物质、定期使用经过检定或校准的具有溯源性的替代仪器、对设备的功能进行检查、运用工作标准与控制图、使用相同或不同方法进行重复检验检测、保存样品的再次检验检测、分析样品不同结果的相关性、对报告数据进行审核、参加能力验证或机构之间比对、机构内部比对、盲样检验检测等进行监控。检验检测机构所有数据的记录方式应便于发现其发展趋势，若发现偏离预先判据，应采取有效的措施纠正出现的问题，防止出现错误的结果。质量控制应有适当的方法和计划并加以评价。

4.5.20 结果报告

检验检测机构应准确、清晰、明确、客观地出具检验检测结果，符合检验检测方法的规定，并确保检验检测结果的有效性。结果通常应以检验检测报告或证书的形式发出。检验检测报告或证书应至少包括下列信息：

a）标题；

b）标注资质认定标志，加盖检验检测专用章（适用时）；

c）检验检测机构的名称和地址，检验检测的地点（如果与检验检测机构的地址不同）；

d）检验检测报告或证书的唯一性标识（如系列号）和每一页上的标识，以确保能够识别该页是属于检验检测报告或证书的一部分，以及表明检验检测报告或证书结束的清晰标识；

e）客户的名称和联系信息；

f）所用检验检测方法的识别；

g）检验检测样品的描述、状态和标识；

h）检验检测的日期；对检验检测结果的有效性和应用有重大影响时，注明样品的接收日期或抽样日期；

i）对检验检测结果的有效性或应用有影响时，提供检验检测机构或其他机构所用的抽样计划和程序的说明；

j）检验检测报告或证书签发人的姓名、签字或等效的标识和签发日期；

k）检验检测结果的测量单位（适用时）；

l）检验检测机构不负责抽样（如样品是由客户提供）时，应在报告或证书中声明结果仅适用于客户提供的样品；

m）检验检测结果来自于外部提供者时的清晰标注；

n）检验检测机构应做出未经本机构批准，不得复制（全文复制除外）报告或证书的声明。

4.5.21 结果说明

当需对检验检测结果进行说明时，检验检测报告或证书中还应包括下列内容：

a）对检验检测方法的偏离、增加或删减，以及特定检验检测条件的信息，如环境条件；

b）适用时，给出符合（或不符合）要求或规范的声明；

c）当测量不确定度与检验检测结果的有效性或应用有关，或客户有要求，或当测量不确定度影响到对规范限度的符合性时，检验检测报告或证书中还需要包括测量不确定度的信息；

d）适用且需要时，提出意见和解释；

e）特定检验检测方法或客户所要求的附加信息。报告或证书涉及使用客户提供的数据时，应有明确的标识。当客户提供的信息可能影响结果的有效性时，报告或证书中应有免责声明。

4.5.22 抽样结果

检验检测机构从事抽样时，应有完整、充分的信息支撑其检验检测报告或证书。

4.5.23 意见和解释

当需要对报告或证书做出意见和解释时，检验检测机构应将意见和解释的依据形成文件。意见和解释应在检验检测报告或证书中清晰标注。

4.5.24　分包结果

当检验检测报告或证书包含了由分包方所出具的检验检测结果时，这些结果应予清晰标明。

4.5.25　结果传送和格式

当用电话、传真或其他电子或电磁方式传送检验检测结果时，应满足本标准对数据控制的要求。检验检测报告或证书的格式应设计为适用于所进行的各种检验检测类型，并尽量减小产生误解或误用的可能性。

4.5.26　修改

检验检测报告或证书签发后，若有更正或增补应予以记录。修订的检验检测报告或证书应标明所代替的报告或证书，并注以唯一性标识。

4.5.27　记录和保存

检验检测机构应对检验检测原始记录、报告、证书归档留存，保证其具有可追溯性。检验检测原始记录、报告、证书的保存期限通常不少于 6 年。

参考文献

[1] 检验检测机构资质认定管理办法（2015 年 4 月 9 日国家质量监督检验检疫总局令第 163 号）

[2] GB/T 19001　质量管理体系　要求

[3] GB 19489　实验室　生物安全通用要求

[4] GB/T 22576　医学实验室　质量和能力的专用要求

[5] GB/T 31880　检验检测机构诚信基本要求

附录 5

市场监管总局 生态环境部关于印发《检验检测机构资质认定 生态环境监测机构评审补充要求》的通知

（国市监检测〔2018〕245 号）

各省、自治区、直辖市市场监管局（厅、委）、生态环境厅（局）、新疆生产建设兵团市场监管局、环境保护局：

为进一步规范生态环境监测机构资质管理，提高生态环境监测机构监测（检测）水平，市场监管总局、生态环境部组织制定了《检验检测机构资质认定 生态环境监测机构评审补充要求》，现予以发布。

本评审补充要求自 2019 年 5 月 1 日起实施。

附件：检验检测机构资质认定 生态环境监测机构评审补充要求

市场监管总局

生态环境部

2018 年 12 月 11 日

附件：

检验检测机构资质认定
生态环境监测机构评审补充要求

第一条 本补充要求是在检验检测机构资质认定评审通用要求的基础上，针对生态环境监测机构特殊性而制定，在生态环境监测机构资质认定评审时应与评审通用要求一并执行。

第二条 本补充要求所称生态环境监测，是指运用化学、物理、生物等技术手段，针对水和废水、环境空气和废气、海水、土壤、沉积物、固体废物、生物、噪声、振动、辐射等要素开展环境质量和污染排放的监测（检测）活动。

第三条 本补充要求所称生态环境监测机构，指依法成立，依据相关标准或规范开展生态环境监测，向社会出具具有证明作用的数据、结果，并能够承担相应法律责任的专业技术机构。

第四条 生态环境监测机构及其监测人员应当遵守《中华人民共和国环境保护法》和《中华人民共和国计量法》等相关法律法规。

第五条 生态环境监测机构应建立防范和惩治弄虚作假行为的制度和措施，确保其出具的监测数据准确、客观、真实、可追溯。生态环境监测机构及其负责人对其监测数据的真实性和准确性负责，采样与分析人员、审核与授权签字人分别对原始监测数据、监测报告的真实性终身负责。

第六条 生态环境监测机构应保证人员数量、及其专业技术背景、工作经历、监测能力等与所开展的监测活动相匹配，中级及以上专业技术职称或同等能力的人员数量应不少于生态环境监测人员总数的 15%。

第七条 生态环境监测机构技术负责人应掌握机构所开展的生态环境监测工作范围内的相关专业知识，具有生态环境监测领域相关专业背景或教育培训经历，具备中级及以上专业技术职称或同等能力，且具有从事生态环境监测相关工作 5 年以上的经历。

第八条 生态环境监测机构授权签字人应掌握较丰富的授权范围内的相关专业知识，并且具有与授权签字范围相适应的相关专业背景或教育培训经历，具备中级及以上专业技术职称或同等能力，且具有从事生态环境监测相关工作 3 年以上经历。

第九条 生态环境监测机构质量负责人应了解机构所开展的生态环境监测工作范围内的相关专业知识，熟悉生态环境监测领域的质量管理要求。

第十条 生态环境监测人员应符合下列要求：

（一）掌握与所处岗位相适应的环境保护基础知识、法律法规、评价标准、监测标准或技术规范、质量控制要求，以及有关化学、生物、辐射等安全防护知识；

（二）承担生态环境监测工作前应经过必要的培训和能力确认，能力确认方式应包括基础理论、基本技能、样品分析的培训与考核等。

第十一条 生态环境监测机构应按照监测标准或技术规范对现场测试或采样的场所环境提出相应的控制要求并记录，包括但不限于电力供应、安全防护设施、场地条件和环境条件等。应对实验区域进行合理分区，并明示其具体功能，应按监测标准或技术规范设置独立的样品制备、存贮与检测分析场所。根据区域功能和相关控制要求，配置排风、防尘、避震和温湿度控制设备或设施；避免环境或交叉污染对监测结果产生影响。环境测试场所应根据需要配备安全防护装备或设施，并定期检查其有效性。现场测试或采样场所应有安全警示标识。

第十二条 生态环境监测机构应配齐包括现场测试和采样、样品保存运输和制备、实验室分析及数据处理等监测工作各环节所需的仪器设备。现场测试和采样仪器设备在数量配备方面需满足相关监测标准或技术规范对现场布点和同步测试采样要求。应明确现场测试和采样设备使用和管理要求，以确保其正常规范使用与维护保养，防止其污染和功能退化。现场测试设备在使用前后，应按相关监测标准或技术规范的要求，对关键性能指标进行核查并记录，以确认设备状态能够满足监测工作要求。

第十三条　生态环境监测机构应建立与所开展的监测业务相适应的管理体系。管理体系应覆盖生态环境监测机构全部场所进行的监测活动，包括但不限于点位布设、样品采集、现场测试、样品运输和保存、样品制备、分析测试、数据传输、记录、报告编制和档案管理等过程。

第十四条　生态环境监测机构可采取纸质或电子介质的方式对文件进行有效控制。采用电子介质方式时，电子文件管理应纳入管理体系，电子文件亦需明确授权、发布、标识、加密、修改、变更、废止、备份和归档等要求。与生态环境监测机构的监测活动相关的外来文件，包括环境质量标准、污染排放或控制标准、监测技术规范、监测标准（包括修改单）等，均应受控。

第十五条　有分包事项时，生态环境监测机构应事先征得客户同意，对分包方资质和能力进行确认，并规定不得进行二次分包。生态环境监测机构应就分包结果向客户负责（客户或法律法规指定的分包除外），应对分包方监测质量进行监督或验证。

第十六条　生态环境监测机构应及时记录样品采集、现场测试、样品运输和保存、样品制备、分析测试等监测全过程的技术活动，保证记录信息的充分性、原始性和规范性，能够再现监测全过程。所有对记录的更改（包括电子记录）实现全程留痕。监测活动中由仪器设备直接输出的数据和谱图，应以纸质或电子介质的形式完整保存，电子介质存储的记录应采取适当措施备份保存，保证可追溯和可读取，以防止记录丢失、失效或篡改。当输出数据打印在热敏纸或光敏纸等保存时间较短的介质上时，应同时保存记录的复印件或扫描件。

第十七条　生态环境监测机构对于方法验证或方法确认应做到：

（一）初次使用标准方法前，应进行方法验证。包括对方法涉及的人员培训和技术能力、设施和环境条件、采样及分析仪器设备、试剂材料、标准物质、原始记录和监测报告格式、方法性能指标（如校准曲线、检出限、测定下限、准确度、精密度）等内容进行验证，并根据标准的适用范围，选取不少于一种实际样品进行测定。

（二）使用非标准方法前，应进行方法确认。包括对方法的适用范围、干扰和消除、试剂和材料、仪器设备、方法性能指标（如：校准曲线、检出限、测定下限、准确度、精密度）等要素进行确认，并根据方法的适用范围，选取不少于一种实际样品进行测定。非标准方法应由不少于 3 名本领域高级职称及以上专家进行审定。生态环境监测机构应确保其人员培训和技术能力、设施和环境条件、采样及分析仪器设备、试剂材料、标准物质、原始记录和监测报告格式等符合非标准方法的要求；

（三）方法验证或方法确认的过程及结果应形成报告，并附验证或确认全过程的原始记录，保证方法验证或确认过程可追溯。

第十八条　使用实验室信息管理系统（LIMS）时，对于系统无法直接采集的数据，应以纸质或电子介质的形式予以完整保存，并能实现系统对这类记录的追溯。对系统的任何变更在实施前应得到批准。有条件时，系统需采取异地备份的保护措施。

第十九条　开展现场测试或采样时，应根据任务要求制定监测方案或采样计划，明确监测点位、监测项目、监测方法、监测频次等内容。可使用地理信息定位、照相或录音录像等辅助手段，保证现场测试或采样过程客观、真实和可追溯。现场测试和采样应至少有 2 名监测人员在场。

第二十条 应根据相关监测标准或技术规范的要求，采取加保存剂、冷藏、避光、防震等保护措施，保证样品在保存、运输和制备等过程中性状稳定，避免玷污、损坏或丢失。环境样品应分区存放，并有明显标识，以免混淆和交叉污染。实验室接受样品时，应对样品的时效性、完整性和保存条件进行检查和记录，对不符合要求的样品可以拒收，或明确告知客户有关样品偏离情况，并在报告中注明。环境样品在制备、前处理和分析过程中注意保持样品标识的可追溯性。

第二十一条 生态环境监测机构的质量控制活动应覆盖生态环境监测活动全过程，所采取的质量控制措施应满足相关监测标准和技术规范的要求，保证监测结果的准确性。应根据监测标准或技术规范，或基于对质控数据的统计分析制定各项措施的控制限要求。

第二十二条 当在生态环境监测报告中给出符合（或不符合）要求或规范的声明时，报告审核人员和授权签字人应充分了解相关环境质量标准和污染排放/控制标准的适用范围，并具备对监测结果进行符合性判定的能力。

第二十三条 生态环境监测档案的保存期限应满足生态环境监测领域相关法律法规和技术文件的规定，生态环境监测档案应做到：

（一）监测任务合同（委托书/任务单）、原始记录及报告审核记录等应与监测报告一起归档。如果有与监测任务相关的其他资料，如监测方案/采样计划、委托方（被测方）提供的项目工程建设、企业生产工艺和工况、原辅材料、排污状况（在线监测或企业自行监测数据）、合同评审记录、分包等资料，也应同时归档；

（二）在保证安全性、完整性和可追溯的前提下，可使用电子介质存储的报告和记录代替纸质文本存档。

附录 6

关于印发《生态环境监测技术人员持证上岗考核规定》的通知

（环监测〔2021〕80 号）

各省、自治区、直辖市生态环境厅（局），新疆生产建设兵团生态环境局，各流域生态环境监督管理局，部有关直属单位：

为进一步加强生态环境监测质量管理，提升生态环境监测技术人员持证上岗考核的科学性和规范性，我部对《环境监测人员持证上岗考核制度》进行了修订。现将修订后的《生态环境监测技术人员持证上岗考核规定》印发给你们，请遵照执行。

生态环境部

2021 年 9 月 7 日

生态环境监测技术人员持证上岗考核规定

第一章　总　则

第一条　为加强生态环境监测质量管理，规范生态环境监测技术人员持证上岗考核工作（以下简称持证上岗考核），依据生态环境监测质量管理有关要求，制定本规定。

第二条　本规定适用对象为各级生态环境主管部门所属机构中从事生态环境监测工作的技术人员，适用范围包括样品采集、现场测试、实验室分析、自动监测运维、生态遥感监测、综合分析与评价、质量管理等生态环境监测相关活动。

通过持证上岗考核的人员（以下简称持证人员）方能开展相应的监测活动；未参加或未通过考核的人员，应当在持证人员的指导下开展相应的监测活动，监测质量由持证人员负责。

各级生态环境执法机构人员开展的与执法工作相关的样品采集或现场测试活动，其持证上岗考核参照本规定执行。

专项工作需要开展持证上岗考核的，可参照本规定执行。

第二章　管理模式与职责

第三条　持证上岗考核实行分级管理与组织实施。

第四条 生态环境部负责下列技术人员持证上岗考核的管理工作，并对实施过程进行监督和指导：

（一）部属单位中从事生态环境监测工作的技术人员；

（二）部属单位归口管理单位中从事生态环境监测工作的技术人员；

（三）各省级生态环境主管部门所属生态环境监测机构（不含驻市生态环境监测机构）中从事生态环境监测工作的技术人员。

组织实施方式如下：

（一）生态环境部组织实施中国环境监测总站、生态环境部辐射环境监测技术中心监测技术人员的持证上岗考核；

（二）生态环境部委托中国环境监测总站组织实施其他部属单位及其归口管理单位、各省级生态环境主管部门所属生态环境监测机构（不含驻市生态环境监测机构）监测技术人员的持证上岗考核（涉及生态环境遥感监测、海洋环境监测的，由生态环境部卫星环境应用中心、国家海洋环境监测中心等单位予以协助支持）；

（三）生态环境部委托辐射环境监测技术中心组织实施生态环境部各地区核与辐射安全监督站、核与辐射安全中心、各省级生态环境主管部门所属辐射环境监测机构辐射环境监测技术人员的持证上岗考核（各省级生态环境主管部门所属生态环境监测机构、辐射环境监测机构合并为同一机构的，由中国环境监测总站、辐射环境监测技术中心分别组织实施相关监测技术人员持证上岗考核）。

第五条 各省级生态环境主管部门负责本行政区域内下列技术人员持证上岗考核的管理工作，并对实施过程进行监督和指导：

（一）省级生态环境主管部门所属驻市生态环境监测机构中从事生态环境监测工作的技术人员；

（二）省级生态环境主管部门所属机构（不含生态环境监测机构）中从事生态环境监测工作的技术人员；

（三）市级及以下生态环境主管部门所属机构中从事生态环境监测工作的技术人员。

各省级生态环境主管部门组织实施或指导、委托所属生态环境监测机构（非驻市生态环境监测机构）组织实施持证上岗考核。

第六条 组织实施持证上岗考核的单位（以下简称主考单位）负责制定年度考核计划；负责组建持证上岗考核组（以下简称考核组）；指导和监督考核组按计划实施考核；负责审核考核申请材料及考核结果，并将考核结果报送上岗合格证（以下简称合格证）核发部门（单位）审批。

第七条 考核组受主考单位委派，负责具体实施考核，包括制定考核方案、命制理论试题、确定考核项目与考核方式、实施现场考核、评价考核结果、编制考核报告等。考核组组长负责组织开展考核组工作。

第八条 申请持证上岗考核的单位（以下简称被考核单位）负责在规定时间内向主考单位报送考核计划、填报考核申请材料；负责组织被考核单位监测技术人员的岗前技术培训，按要求开展自行考核认定（以下简称自认定）；配合考核组完成现场考核工作。

第三章 考核程序

第九条 主考单位一般在每年第一季度，依据被考核单位报送的考核计划制定并印发年度考核计划。持证上岗考核按年度考核计划组织实施。因特殊情况需进行计划外考核的，被考核单位须提前 30 个工作日向主考单位提出书面申请。

第十条 被考核单位应对被考核人员申请的全部项目（方法）进行自认定，自认定合格人员方可申请参加持证上岗考核。

第十一条 被考核单位在计划考核前，应至少提前 30 个工作日按要求完成申请材料填报。被考核单位按要求做好考核准备工作，提供现场考核所需的工作条件。

第十二条 主考单位审核并通过申请材料后，组建考核组。考核组成员原则上应具有副高级及以上专业技术职称，具备生态环境监测相关领域的扎实理论知识和丰富实践经验；严格遵守工作纪律，不受利益干扰，接受考核组其他成员、被考核单位和主考单位的监督。考核组成员的派出应经其所在单位同意。

第十三条 考核流程主要包括首次会议、理论考核、实验室考察、基本技能与样品分析考核、自认定材料抽查及末次会议等环节。

第十四条 考核组于考核结束后 5 个工作日内向主考单位提交考核结果。主考单位审核无误后，于 5 个工作日内将考核结果报送合格证核发部门（单位）。合格证核发部门（单位）收到考核结果并审核无误后，于 10 个工作日内向被考核单位发放合格证。

第四章 考核内容与考核方式

第十五条 考核内容包括基本理论、基本技能与样品分析，根据被考核人员申请考核的项目（方法）要求确定。

（一）基本理论考核内容主要包括：生态环境保护基本知识、生态环境监测法律法规、生态环境监测基础理论知识、标准规范、质量保证与质量控制知识、常用数理统计知识、布点和采样方法、样品保存和样品预处理方法、分析测试方法、自动监测系统运行维护、生态环境遥感监测与评价、数据处理、数据审核和结果评价等。

（二）基本技能考核分为手工监测和自动监测。手工监测考核内容主要包括：布点和采样、样品保存和样品预处理、试剂配制、仪器操作、仪器校准、校准曲线制作、记录和结果计算等；自动监测考核内容主要包括：自动监测系统的运行维护、仪器设备校准、数据传输和数据审核等。

（三）样品分析考核内容主要包括：按照规定的操作程序对考核样品或实际样品进行分析测试。

第十六条 基本理论的考核方式为笔试或计算机考核，原则上采取闭卷形式，考核内容应覆盖被考核人员申报的所有理论科目类别。

第十七条 基本技能和样品分析考核采取抽考形式。考核项目应具有代表性，覆盖被考核人员申报项目（方法）的所有项目类别、方法类别和仪器设备类别。考核项目（方法）数量一般不少于被考核人员申请项目（方法）数量的30%。

（一）针对有考核样品的项目，原则上采用考核样品测试的考核方式。考核组根据样品测试结果的准确性评定考核结果。

（二）针对没有考核样品的项目，可采用其他考核方式，包括：加标回收实验、实际样品测试、留样复测、现场操作演示等。考核组根据样品测试结果、现场操作演示情况、回答问题的正确程度评定考核结果。

第十八条 被考核人员在最近三个自然年内（包含本自然年）参加国家级、省级机构或其他权威机构组织的能力验证（比对、考核）取得满意结果的；参加标准样品协作定值被采纳的；参加检验检测机构资质认定或实验室认可评审现场考核合格的；承担标准制修订项目研究或参加标准方法验证的；在国家或省级技能技术比赛中获得个人奖项的，可免除相应项目（方法）的基本技能和样品分析考核。

第五章 合格证管理

第十九条 考核合格人员，由相关部门（单位）核发合格证：

（一）生态环境部核发部属单位及其归口管理单位监测技术人员的合格证；

（二）生态环境部分别委托中国环境监测总站、生态环境部辐射环境监测技术中心核发各省级生态环境主管部门所属生态环境监测机构（不含驻市生态环境监测机构）、辐射环境监测机构监测技术人员的合格证；

（三）各省级生态环境主管部门核发本行政区域内其他机构（含驻市生态环境监测机构）监测技术人员的合格证。

第二十条 合格证有效期一般为6年（另有规定的除外）。

第二十一条 合格证到期申请换证的人员，若其持证期间持续从事所持证项目（方法）的监测工作，按主考单位要求提供相应证明材料并审核通过的，可直接换发已持证项目（方法）的合格证。

第二十二条 新标准方法发布代替原标准方法，若不涉及方法原理、仪器设备等关键内容变化，可由被考核单位对相应持证人员进行自认定，并将材料报送主考单位备案，由主考单位发文确认其持证资格。

第二十三条 取得合格证的监测技术人员，有下列情况之一的，应取消其持证资格，撤销或收回合格证：

（一）违反相关规定，造成重大安全和质量事故的，由合格证核发部门（单位）撤销合格证；

（二）存在监测数据弄虚作假行为的，由合格证核发部门（单位）撤销合格证；

（三）调离生态环境系统或不再从事生态环境监测工作的，由其所在单位收回合格证。

被撤销合格证人员 3 年内不得申请持证上岗考核。

第二十四条 在生态环境系统内调动且继续从事生态环境监测工作的技术人员，其合格证在有效期内可继续使用，视为相应项目（方法）已持证。所在单位后续持证上岗考核时，调动人员按程序申请换发合格证。

第六章 经费保障

第二十五条 持证上岗考核管理与实施等所需工作经费，由生态环境主管部门或组织实施考核的单位承担。相关生态环境主管部门应将持证上岗考核有关经费按支出标准列入本级财政预算予以保障。

第七章 附 则

第二十六条 本规定由生态环境部负责解释。

第二十七条 各省、自治区、直辖市及新疆生产建设兵团生态环境主管部门可根据本规定制定行政区域内相关规定或办法。

第二十八条 本规定自印发之日起施行。原《环境监测人员持证上岗考核制度》（环发〔2006〕114 号附件 2）同时废止。

附录 7

关于印发《生态环境监测技术人员持证上岗考核实施细则》的通知

（总站质管字〔2022〕43 号）

各省、自治区、直辖市生态环境监测中心（站），新疆生产建设兵团生态环境第一监测站，浙江省海洋生态环境监测中心，广西壮族自治区海洋环境监测中心站，福建省近岸海域环境监测站，各流域生态环境监督管理局生态环境监测与科学研究中心，部有关直属单位：

为配合《生态环境监测技术人员持证上岗考核规定》（环监测〔2021〕80 号）的贯彻实施，进一步细化考核程序和要求，确保考核工作的科学性、规范性，受生态环境部生态环境监测司委托，我站对《环境监测人员持证上岗考核实施细则》进行了修订。现将修订后的《生态环境监测技术人员持证上岗考核实施细则》印发给你们，请遵照执行。

中国环境监测总站

2022 年 1 月 19 日

生态环境监测技术人员持证上岗考核实施细则

第一章 总 则

第一条 为进一步做好生态环境监测技术人员持证上岗考核工作，确保考核工作的规范化、程序化和制度化，依据生态环境部《生态环境监测技术人员持证上岗考核规定》（环监测〔2021〕80 号）（以下简称《考核规定》），制定本细则。

第二条 本细则适用于中国环境监测总站（以下简称总站）对受生态环境部委托开展的生态环境部其他部属单位及其归口管理单位（不含辐射环境监测机构）、各省级生态环境主管部门所属生态环境监测机构（不含独立法人的驻市监测机构）及其分支机构（非独立法人机构）监测技术人员的考核。同时适用于受总站委托，按合同管理，承担国家环境质量监测网任务的监测技术人员的考核。

其他各级生态环境主管部门或其委托组织实施考核的单位对辖区内所属机构监测技术人员的持证上岗考核可参考本细则执行。

第二章　考核程序

第三条　主考单位在每年第一季度，依据被考核单位报送的考核计划制定并印发年度考核计划，拟定的考核时间至少在合格证有效截止日期前 30 个工作日。主考单位按年度考核计划组织实施持证上岗考核。因特殊情况需进行计划外考核的，被考核单位须提前 30 个工作日向主考单位提出书面申请。

第四条　被考核单位应在申请现场考核前完成对被考核人员的岗前技术培训（新上岗人员需至少经过 3 个月技术培训及见习，转岗人员需至少经过 1 个月技术培训，需保留培训记录），并对被考核人申请的全部新增项目（方法）进行自行考核认定（以下简称自认定）。自认定合格人员方可申请参加持证上岗考核（自认定要求详见第三章）。

第五条　主考单位与被考核单位协商确定考核时间。被考核单位应在计划考核前至少 30 个工作日，按要求完成申请材料填报。被考核单位应按要求做好考核准备工作，提供现场考核所需的工作条件，保证场所环境、设备设施等条件满足相关标准、技术规范要求。

一般情况下，实验室监测项目考核地点为被考核单位自有实验室；实验室以外的现场监测项目（如锅炉废气、噪声、加油站、机动车排放监测等），需被考核单位提供考核现场（场所）；自动监测运维考核需在监测站房或质控实验室内进行。生态环境主管部门下达监测任务的专项考核，其考核地点由主考单位确定。

第六条　主考单位审核并通过申报材料后，根据被考核单位申请的监测领域及考核类别组建考核组、指定考核组长，并书面通知考核组成员及所在单位。所在单位同意后，应及时将派出意见书面回复主考单位。

第七条　考核组人数和考核天数根据考核内容的多少确定。考核组不少于 2 人，现场考核时间一般为 2～4 天。

第八条　考核组长根据考核基本要求和被考核人的申请项目，组织理论考试出题、确定现场操作考核的考核项目、考核方式和具体日程安排，形成现场考核方案。考核方案应至少包括考核组分工、考核时间及地点、考核项目（方法）、考核方式以及联络人员等，并于现场考核前 10 个工作日通知被考核单位。

第九条　考核流程主要包括首次会议、理论考核、实验室考察、现场操作考核、自认定材料抽查及末次会议等环节。由于不可抗力因素导致考核组无法到达被考核单位进行现场考核的，可选择远程考核方式。

第十条　首次会议由考核组长主持，参加首次会议的人员应包括考核组成员、被考核单位主要负责人以及相关部门主要负责人。主要议程包括：

（一）考核组长介绍考核组成员；

（二）被考核单位负责人介绍出席首次会议的主要人员；

（三）考核组长介绍考核目的、范围、依据及考核方案安排等；说明现场考核抽样检查可能带来的风险和实事求是的考核原则，承诺认真、准确、客观、公正地开展工作；对考核组成员提出要求，通过听、看、问、查、考等方式开展考核工作；明确提交样品测试结果的时间等；

（四）被考核单位介绍单位概况和持证上岗考核工作准备情况。

第十一条 理论考试一般安排在现场考核前，考核组长组织理论考试，并至少安排一名考核组成员共同发放试卷和监考。

第十二条 考核组成员考察本次申请持证项目所涉及的实验室环境条件、设备设施是否符合相关标准及技术规范要求，同时可进行有关提问并做好记录。

第十三条 考核组按照考核方案实施现场操作考核，并将现场考核情况记录于《持证上岗现场考核记录表》（见附件 1）中。

第十四条 考核组对自认定材料进行抽查并查看，抽查比例不少于单位自认定总项目（方法）的 20%。

第十五条 现场考核工作完成后，考核组形成持证上岗考核意见，并在末次会议上向被考核单位通报。

第十六条 末次会议由考核组长主持，参加末次会议的人员一般与参加首次会议人员相同，也可扩大到相关被考核人员。末次会议议程包括：

（一）考核组成员对考核中发现的主要问题进行反馈；

（二）考核组长代表考核组向被考核单位通报考核情况，并宣读考核组意见；

（三）被考核单位主要负责人讲话。

第十七条 理论考试试卷及答案、现场考核记录表、监测原始记录及监测报告等考核过程相关材料由至少两名考核组成员签字后封存于被考核单位，备查。

第十八条 考核工作结束后，考核组长应在考核系统中填写考核意见并提交《生态环境监测技术人员持证上岗考核报告》，于 5 个工作日内将考核组意见纸质文件（需签字）报送主考单位。

第十九条 主考单位收到纸质考核意见审核无误后，于 5 个工作日内将考核结果报送合格证核发部门（单位）。合格证核发部门（单位）收到考核结果并审核无误后，于 10 个工作日内向被考核单位发放合格证。

第三章 自认定要求

第二十条 被考核单位应成立自认定工作组负责持证上岗考核的自认定工作。根据持证上岗考核的申报安排，制定自认定计划，组织技术人员进行相关知识、技术、技能等培训，完成自认定工作。

第二十一条 自认定包括理论考核和现场操作考核，考核内容及考核方式应参照第二十四条、二十五条及二十六条相关要求开展，第三十条中相关成果可作为自认定结果采用。

第二十二条 被考核单位应当将自认定的相关材料完整保存。自认定材料包括单位和个人两部分，单位部分主要包括：自认定计划、《技术人员自认定结果确认汇总表》（见附件 2）等；个人部分主要包括：技术人员自认定结果确认表、考核评价记录表、相关的监测原始记录（或复印件）、理论考核试卷、符合免考条件的项目（方法）证明材料等，要求一人一档。

被考核单位在申请持证上岗考核时一并提交《技术人员自认定结果确认汇总表》。

第四章 考核内容、方式和结果评定

第二十三条 根据被考核人员的工作性质和岗位，考核分为监测分析类（包括样品采集、现场测试、实验室分析以及自动监测运维等）、质量管理类（包括质量保证和质量控制等）和综合技术类（包括综合分析与评价、生态遥感监测与评价等）三类。

第二十四条 不同类别考核内容如下：

（一）监测分析类人员的考核分为理论考核与现场操作考核。理论考核内容包括基础知识科目及所申报项目（方法）对应的理论科目（见附件 3）；现场操作考核根据所申报项目（方法）确定。

（二）质量管理类人员进行理论考核，考核内容包括生态环境保护基本知识、生态环境监测基本知识、生态环境保护标准和监测规范基本要求、质量管理相关规章制度、实验室分析和现场监测的基本知识和质控技术、数理统计知识、计量基础知识、量值溯源及案例分析等。

（三）综合技术类人员进行理论考核，考核内容包括生态环境保护基本知识、生态环境监测基本知识、生态环境保护标准和监测规范基本要求、监测数据的传输及管理知识、数据合理性判断、监测数据分析评价方法、报告编写要点、遥感解析技术和环境形势综合分析等。

第二十五条 所有报考人员均需进行理论考核（包括基础知识科目和专业知识科目），考核内容根据申请的持证项目而定，专业知识应覆盖被考核人员申报的所有理论科目，每人每次考核限申报 8 个二级科目。理论考核方式为笔试或计算机考核，原则上采取闭卷形式。年满 45 周岁、且从事监测工作 10 年以上（含 10 年）的人员可开卷考试。

第二十六条 现场操作考核采取基本技能与样品分析相结合的方式进行，并优先选用样品分析考核方式。每人每次考核最多申请 50 个项目（方法）的现场操作考核。

现场操作考核采取抽考形式。抽考的项目应具有代表性，覆盖被考核人申报项目（方法）的所有项目类别、方法类别和仪器设备类别。抽考项目（方法）数量一般不少于被考核人申报项目（方法）数量的 30%，第三十条中免考项目（方法）计入抽考比例，现场考核时需至少抽考一项非免考项目（方法）。

基本技能考核包括手工监测考核和自动监测考核，通过实际操作并结合提问等方式进行，必要时需提交原始记录。

样品分析考核指对考核样品（标准样品等有准确赋值的样品）或实际样品的测定。有考核样品的项目，原则上进行考核样品的测定；没有考核样品的项目，可采用加标回收实验、留样复测、实际样品测试等方式进行。样品分析后需提交原始记录，涉及考核样品分析、加标回收实验、留样复测等考核方式的需提交监测报告。

第二十七条 理论考核成绩达到试卷总分数的60%为合格，否则为不合格，理论考核不可补考。

基本技能考核以每个项目的操作过程达到基本要求和回答问题正确为合格，否则视为不合格。

样品分析考核依据分析结果进行判定，分为合格和不合格。考核样品分析可报两次结果。对于现场操作考核中的不合格项目，考核组应对相同原理的未抽考项目（方法）进行核查，必要时进行现场考核确认，若考核组确认不合格，则同类项目（方法）均判定为不合格。对于环境条件、设备设施不满足要求的申报项目（方法），按不合格处理。

监测分析类人员理论考核、现场操作考核均合格，则评定为该项目考核合格，否则评定为该项目不合格。质量管理类和综合技术类人员理论考核合格即评定为合格。

第二十八条 理论各科目及现场操作考核成绩单科有效期 3 年，有效期内再次申请相应项目（方法）的持证上岗考核，可免考已通过理论科目或现场操作考核。

第二十九条 自认定项目抽查不合格的，则评定该项目不合格，并按不合格项目数的 2 倍增加抽查项目，最终结果评定以抽查结果为准。

第三十条 被考核人员在最近三个自然年内（包含本自然年）参加以下活动并符合要求的，可免除相应项目（方法）的现场操作考核，成绩按通过计。

（一）参加国家级、省级机构或其他权威机构组织（如：国际组织、被授权的能力验证提供者等）的能力验证（比对、考核）取得满意结果的；

（二）参加标准样品协作定值被采纳的；

（三）参加检验检测机构资质认定或实验室认可评审盲样测试考核合格的；

（四）承担国家、行业标准制修订项目研究或参加标准方法验证的；

（五）在国家或省级技能技术比赛（大比武、技术练兵等）中获得个人奖项的（不包括理论单科奖项）。

其中（一）（二）每个项目（方法）限申请免考两人，需提供结果合格或满意的证明文件及原始记录（免考人员为分析人员）复印件；（三）需提供现场考核项目表复印件；（四）需为已正式发布的方法标准并提供可证明申请免考人员贡献的文件复印件，如：标准证书或验证报告复印件等；（五）需提供获奖证书复印件。

第五章 考核组成员的管理

第三十一条 主考单位负责组建考核专家库，并实行动态管理，考核组成员由主考单位从专家库中选取。

第三十二条 考核组成员应具备的条件：

（一）大学本科以上学历，原则上具有副高级及以上专业技术职称；

（二）具备生态环境监测相关领域的扎实理论知识和丰富实践经验；

（三）严格遵守工作纪律，不受其他利益干扰，具有客观公正的工作态度、良好的合作精神和较好的沟通协作能力。

担任考核组长的专家除具备以上条件外，还应满足以下条件：

（一）至少具有 5 次以上现场考核经历；

（二）具有较强的组织和决策能力。

第三十三条 考核组长工作职责：

（一）负责考核工作的总体组织和协调，向被考核单位介绍、阐述持证上岗考核的有关规定和要求；

（二）负责审核被考核单位的申请材料；

（三）负责组织理论试卷命题，确定现场操作考核内容及方式，制定考核方案；

（四）负责组织实施现场考核；

（五）负责协调和裁决现场考核工作中出现的分歧和问题；

（六）负责审核并向主考单位提交持证上岗考核组意见；

（七）负责向主考单位汇报现场考核情况和考核组成员的工作表现，反映考核中发现的违规行为；

（八）负责组织考核试卷、记录等考核相关文件的封存。

第三十四条 考核组员的工作职责：

（一）服从考核组长的安排，配合组长完成考核工作；

（二）完成所承担的考核工作；

（三）对考核情况实事求是、全面客观的评价；

（四）向主考单位反映考核中发现的违规行为。

第六章 合格证的管理

第三十五条 总站核发省级生态环境主管部门所属生态环境监测机构（不含独立法人的驻市生态环境监测机构）及其分支机构（非独立法人机构）监测技术人员的合格证。

其他各级生态环境主管部门所属机构监测技术人员的合格证按《考核规定》第十九条核发。

第三十六条 合格证有效期一般为 6 年，标准规范中另有规定的按其要求执行。

第三十七条 合格证到期人员，若其持证期间持续从事所持证项目（方法）的监测工作（一个持证周期内至少在该岗位工作满 4 年），按要求提供相关证明材料，被考核单位本年度有考核计划的提交给考核组，本年度无考核计划的提交至主考单位，经考核组或主考单位审核通过，可直接换发已持证项目（方法）的合格证。一般情况下，被考核单位根据证书到期情况每年只能申请一次换证，换证需在证书到期前 1 年内申请。

（一）监测分析类人员提供在岗期间每年 1 份（至少 4 年）包含相应项目（方法）的监测报告或

原始记录；

（二）质量管理类人员提供被考核单位出具的近 2 年从事该工作的证明或本人近 2 年参加该工作的相关证明（如内审、管理评审、质量监督、社会化机构检查等）；

（三）综合技术类人员提供近 2 年本人参与编制的综合分析报告、环境质量报告、遥感解析报告等证明材料。

监测分析类人员在最近三个自然年内（包含本自然年）达到第三十条免考条件并提供相应证明材料，相应项目（方法）可直接换证。

第三十八条 新标准方法发布代替原标准方法，若不涉及方法原理、仪器设备等关键内容变化，可由被考核单位对相应持证人员进行自认定，并将相关人员自认定材料及方法变更确认材料报送主考单位备案，视为相应人员及项目（方法）已持证，被考核单位后续申请持证上岗考核时予以核发。

第三十九条 当需要撤销合格证时（见《考核规定》第二十三条），主考单位对被撤销合格证人员姓名、所在单位、证书编号及撤销证书原因予以公示。

第七章 经费保障

第四十条 持证上岗考核管理与实施等所需工作经费应按支出标准列入本级财政预算予以保障，包括考核组成员的交通费、住宿费、专家费及考核样品费，由组织实施考核的单位或委托组织实施考核的单位按相应标准支付。

第八章 附 则

第四十一条 本细则由中国环境监测总站负责解释。

第四十二条 各省级生态环境主管部门所属生态环境监测机构（非驻市生态环境监测机构）可根据本细则要求制定本行政区域内具体考核细则。

第四十三条 本细则自印发之日起执行，原《环境监测人员持证上岗考核实施细则》（总站综字〔2007〕96 号）同时废止。

附件 1

持证上岗现场考核记录表

单位名称：____________________ 第 页 共 页

序号	姓名	考核类别	考核项目	监测方法名称及标准号	考核方式	考核结论	不通过原因	备注

考核专家签字：

年 月 日

附件 2

技术人员自认定结果确认汇总表

单位（盖章）：____________________ 第 页 共 页

序号	姓名	技术职称	项目类别	考核项目	监测方法名称及标准号	自认定结果			自认定确认结果
						理论考核	基本技能	样品分析	
备 注			1.“自认定结果”一栏按“合格”、“不合格”填写； 2.“自认定确认结果”一栏按“通过”、“不通过”填写； 3. 本表由单位按照自认定情况进行填写，由单位技术负责人签字、单位加盖公章。						

技术负责人签字：

年 月 日

附件 3

理论考核科目

0. 基础知识

生态环境保护形势、政策与法律法规、生态环境保护基本知识、监测基础知识、实验室基础知识、常用数理统计、质量标准及排放/控制标准、安全防护知识等

1. 采样及现场监测

1.1 水和废水采样及现场测试

1.2 环境空气采样及现场测试

1.3 废气采样及现场测试

1.4 土壤、沉积物采样

1.5 海水和海洋沉积物采样及现场测试

1.6 室内空气采样及现场测试

1.7 其他

2. 分析技术

2.1 重量法

2.2 容量法

2.3 电化学法

2.4 分光光度法

2.5 流动注射法

2.6 红外吸收法

2.7 气相分子法

2.8 电感耦合等离子体发射光谱法

2.9 电感耦合等离子体质谱法

2.10 原子荧光法

2.11 原子吸收法

2.12 X 射线荧光法

2.13 极谱法

2.14 气相色谱法

2.15 液相色谱法

2.16 气相色谱质谱法

2.17 液相色谱质谱法

2.18 离子色谱法

2.19 其他

3. 生物

3.1 生物

3.2 海洋生物

4.噪声和振动

4.1 噪声

4.2 振动

5. 自动监测

5.1 环境空气自动监测

5.2 地表水自动监测

5.3 其他

6. 应急监测

7. 质量管理

8. 综合分析与评价

8.1 水质综合分析与评价

8.2 大气综合分析与评价

8.3 土壤综合分析与评价

8.4 噪声、振动综合分析与评价

8.5 生态遥感监测与评价

9. 其他

9.1 臭气浓度和嗅辨员

9.2 二噁英监测

9.3 煤质

9.4 机动车排放污染物

9.5 电磁辐射

9.6 电离辐射

9.7 油气回收

9.8 消耗臭氧层物质（ODS）

附录 8

环境监测质量管理技术导则

（HJ 630—2011）

1 适用范围

本标准规定了环境监测质量体系基本要求以及环境监测过程的质量保证与质量控制方法。

本标准适用于各种环境监测活动，也适用于环境保护行政主管部门管理环境监测工作，其他机构从事的环境监测活动可参照执行。

2 规范性引用文件

本标准内容引用了下列文件或其中的条款。凡是不标注日期的引用文件，其有效版本适用于本标准。

GB/T 4091 常规控制图

GB/T 4883 数据的统计处理和解释 正态样本离群值的判断和处理

GB/T 8170 数值修约规则与极限数值的表示和判定

HJ 168 环境监测 分析方法标准制修订技术导则

3 术语和定义

下列术语和定义适用于本标准。

3.1

质量体系 quality system

指为实施质量管理所需的组织结构、程序、过程和资源。

3.2

质量保证 quality assurance（QA）

指为了提供足够的信任表明实体能够满足质量要求，而在质量体系中实施并根据需要进行证实的全部有计划和有系统的活动。

3.3

质量控制 quality control（QC）

指为了达到质量要求所采取的作业技术或活动。

3.4

期间核查 intermediate checks

指实验室自身对其测量设备或参考标准、基准、传递标准或工作标准以及标准样品/有证标准物质（参考物质）在相邻两次检定（或校准）期间内进行核查，以保持其检定（或校准）状态的置信度，使测量过程处于受控状态，确保检（校）验结果的质量。

3.5

量值溯源 traceability

指测量结果通过具有适当准确度的中间比较环节，逐级往上追溯至国家计量基准或国家计量标准的过程。

3.6

质量控制图 quality control chart

指以概率论及统计检验为理论基础而建立的一种既便于直观地判断分析质量，又能全面、连续地反映分析测定结果波动状况的图形。

4 环境监测质量体系基本要求

4.1 组织机构

4.1.1 应有出具环境监测数据的资质，并在允许范围内开展工作。保证客观、公正和独立地从事环境监测活动，对出具的数据负责。

4.1.2 有与其从事的监测活动相适应的专业技术人员和管理人员，关键岗位人员及其职责明确，具备从事环境监测活动所需要的仪器设备和实验环境等基础设施。其中关键岗位人员指与质量体系有直接关联的人员，包括：最高管理者、技术负责人、质量负责人、质量监督员、内审员、特殊设备操作人员、仪器设备管理人员、样品管理人员、档案管理人员、报告审核和授权签字人等。

4.1.3 有保护国家秘密、商业秘密和技术秘密的程序，并严格执行。

4.2 质量体系

4.2.1 环境监测机构应建立健全质量体系，使质量管理工作程序化、文件化、制度化和规范化，并保证其有效运行。体系应覆盖环境监测活动所涉及的全部场所。

4.2.2 应建立质量体系文件，包括质量手册、程序文件、作业指导书和记录。

——质量手册是质量体系运行的纲领性文件，阐明质量方针和目标，描述全部质量活动的要素，规定质量活动人员的责任、权限和相互之间的关系，明确质量手册的使用、修改和控制的规定等。

——程序文件是规定质量活动方法和要求的文件，是质量手册的支持性文件，应明确控制目的、适用范围、职责分配、活动过程规定和相关质量技术要求，具有可操作性。

——作业指导书是针对特定岗位工作或活动应达到的要求和遵循的方法。

——记录包括质量记录和技术记录。质量记录是质量体系活动所产生的记录；技术记录是各项监测活动所产生的记录。

4.3 文件控制

应建立并保持质量体系文件的控制程序，保证文件的编制、审核、批准、标志、发放、保管、修订和废止等活动受控，确保文件现行有效。

4.4 记录控制

应建立适合本机构质量体系要求的记录程序，对所有质量活动和监测过程的技术活动及时记录，保证记录信息的完整性、充分性和可追溯性，为监测过程提供客观证据。

记录应清晰明了，不得随意涂改，必须修改时应采用杠改方法；电子存储记录应保留修改痕迹。应规定各类记录的保密级别、保存期和保存方式，防止记录损坏、变质和丢失；电子存储记录应妥善保护和备份，防止未经授权的侵入或修改。必要时，进行电子存储记录的存储介质更新，以保证存储信息能够读取。

4.5 质量管理计划

应制订年度质量管理工作计划，将所有质量管理活动文件化，明确质量管理的目标、任务、分工、职责和进度安排等。质量管理计划包括日常的各种质量监督活动、内部审核、管理评审、质量控制活动和人员培训等。

4.6 日常质量监督

日常质量监督应覆盖监测全过程，包括监测程序、监测方法、监测结果、数据处理及评价和监测记录等。对于监测活动的关键环节、新开展项目和新上岗人员等应加强质量监督。

4.7 内部审核

应根据预定的计划和程序实施内部审核（每年至少一次），以验证各项工作持续符合质量体系的要求。年度审核范围应覆盖质量体系的全部要素和所有活动。

审核中发现的问题应按程序采取纠正或纠正措施，并对实施情况适时跟踪和进行有效性评价。对潜在的问题，应采取有效的预防措施。

4.8 管理评审

最高管理者应根据预定的计划和程序，对质量体系进行评审（每年至少一次），以确保其持续适用和有效，并进行必要的改进。最高管理者应确保管理评审的建议在适当和约定的期限内得到实施。

4.9 纠正措施、预防措施及改进

在确认监测活动不符合质量或技术要求时，应纠正或采取纠正措施；在确定了潜在不符合的原因后，应采取预防措施，以减少类似情况的发生。通过实施纠正措施或预防措施等持续改进质量体系。

4.10 对外委托监测

需将监测任务委托其他机构时，应事先征得任务来源方同意，委托给有资质的机构。应对被委托机构提出质量目标要求，进行必要的质量监督，并保存满足质量目标要求的全部证明材料。

4.11 人员

所有从事监测活动的人员应具备与其承担工作相适应的能力，接受相应的教育和培训，并按照国家环境保护行政主管部门的相关要求持证上岗。持有合格证的人员，方能从事相应的监测工作；未取得合格证者，只能在持证人员的指导下开展工作，监测质量由持证人员负责。特殊岗位的人员应根据国家相关法律、法规的要求进行专项资格确认。

应建立所有监测人员的技术档案。档案中至少包括如下内容：学历、从事技术工作的简历、资格和技术培训经历等。

4.12 设施和环境

4.12.1 用于监测的设施和环境条件，应满足相关法律、法规和标准的要求。

4.12.2 实验室区域间应采取有效隔离措施，防止交叉污染。有毒有害废物应妥善处理，或交有资质的单位处置。应建立并保持安全作业管理程序，确保危险化学品、有毒物品、有害生物、辐射、高温、高压、撞击以及水、气、火、电等危及安全的因素和环境得到有效控制，并有相应的应急处理措施，危险化学品储存应执行其相关规定。应制定并实施有关实验室安全和人员健康的程序，并配备相应的安全防护设施。

4.12.3 现场监测时，监测时段的气象等环境条件，水、电和气供给等工作条件，企业工况及污染物变化（稳定性）条件应满足监测工作要求。应有确保人员和仪器设备安全的措施。

4.13 监测方法

4.13.1 应按照相关标准或技术规范要求，选择能满足监测工作需求和质量要求的方法实施监测活动。原则上优先选择国家环境保护标准、其他的国家标准和其他行业标准方法，也可采用国际标准和国外标准方法，或者公认权威的监测分析方法，所选用的方法应通过实验验证，并形成满足方法检出限、精密度和准确度等质量控制要求的相关记录。

4.13.2 对超出预定范围使用的标准方法、自行扩充和修改过的标准方法应通过实验进行确认，以证明该方法适用于预期的用途，并形成方法确认报告。确认内容包括：样品采集、处置和运输程序，方法检出限，测定范围，精密度，准确度，方法的选择性和抗干扰能力等。

4.13.3 与监测工作有关的标准和作业指导书都应受控、现行有效，并便于取用。

4.14 仪器设备

4.14.1 建立仪器设备（含自动在线等集成的仪器设备系统）的管理程序，确保其购置、验收、使用和报废的全过程均受控。

4.14.2 对监测结果的准确性或有效性有影响的仪器设备，包括辅助测量设备，应有量值溯源计划并定期实施，在有效期内使用。

量值溯源方式包括：

——检定：列入国家强制检定目录，且国家有检定规程的仪器应经有资质的机构检定；

——校准：未列入国家强制检定目录或尚没有国家检定规程的仪器可由有资质的机构进行校准，也可自校准。自校准时，应有相关工作程序，编制作业指导书，保留相关校准记录，编制自校准或比对测试报告，必要时给出不确定度。校准结果应进行内部确认。当校准产生了一组修正因子时，应确保其得到正确应用。

4.14.3 所有仪器设备都应有明显的标志表明其状态。

4.14.4 对监测结果的准确性或有效性有影响的仪器设备，在使用前、维修后恢复使用前、脱离实验室直接控制返回后，均应进行校准或核查。现场监测仪器设备带至现场前或返回时，应进行校准或检查。

4.14.5 对于稳定性差、易漂移或使用频繁的仪器设备，经常携带到现场检测以及在恶劣环境条件下使用的仪器设备，应在两次检定或校准间隔内进行期间核查。

4.14.6 所有仪器设备都应建立档案，并实行动态管理。档案包括购置合同、使用说明书、验收报告、检定或校准证书、使用记录、期间核查记录、维护和维修记录、报废单等以及必要的基本信息，基本信息包括：名称、规格型号、出厂编号、管理（或固定资产）编号、购置时间、生产厂商、使用部门、放置地点和保管人等。

5 环境监测过程质量保证与质量控制方法

5.1 监测方案

5.1.1 应对监测任务制订监测方案。

5.1.2 制订监测方案前，应明确监测任务的性质、目的、内容、方法、质量和经费等要求，必要时到现场踏勘、调查与核查，并按相关程序评估能力和资源是否能满足监测任务的需求。

5.1.3 监测方案一般包括：监测目的和要求、监测点位、监测项目和频次、样品采集方法和要求、监测分析方法和依据、质量保证与质量控制（QA/QC）要求、监测结果的评价标准（需要时）、监测时间安排、提交报告的日期和对外委托情况等。对于常规、简单和例行的监测任务，监测方案可以简化。

5.1.4 质量保证与质量控制（QA/QC）要求应涉及监测活动全程序的质量保证措施和质量控制指标。

5.2 监测点位布设

监测点位应根据监测对象、污染物性质和数据的预期用途等，按国家环境保护标准、其他的国家标准和其他行业标准、相关技术规范和规定进行设置，保证监测信息的代表性和完整性。样本的时空分布应能反映主要污染物的浓度水平、波动范围和变化规律。重要的监测点位应设置专用标志。

5.3 样品采集

5.3.1 根据监测方案所确定的采样点位、污染物项目、频次、时间和方法进行采样。必要时制订采样计划，内容包括：采样时间和路线、采样人员和分工、采样器材、交通工具以及安全保障等。

5.3.2 采样人员应充分了解监测任务的目的和要求，了解监测点位的周边情况，掌握采样方法、监测项目、采样质量保证措施、样品的保存技术和采样量等，做好采样前的准备。

5.3.3 采集样品时，应满足相应的规范要求，并对采样准备工作和采样过程实行必要的质量监督。需要时，可使用定位仪或照相机等辅助设备证实采样点位置。

5.4 样品管理

5.4.1 样品运输与交接

样品运输过程中应采取措施保证样品性质稳定，避免玷污、损失和丢失。样品接收、核查和发放各环节应受控；样品交接记录、样品标签及其包装应完整。若发现样品有异常或处于损坏状态，应如实记录，并尽快采取相关处理措施，必要时重新采样。

5.4.2 样品保存

样品应分区存放，并有明显标志，以免混淆。样品保存条件应符合相关标准或技术规范要求。

5.5 实验室分析质量控制

5.5.1 内部质量控制

监测人员应执行相应监测方法中的质量保证与质量控制规定，此外还可以采取以下内部质量控制措施。

5.5.1.1 空白样品

空白样品（包括全程序空白、采样器具空白、运输空白、现场空白和实验室空白等）测定结果一般应低于方法检出限。

一般情况下，不应从样品测定结果中扣除全程序空白样品的测定结果。

5.5.1.2 校准曲线

采用校准曲线法进行定量分析时，仅限在其线性范围内使用。必要时，对校准曲线的相关性、精密度和置信区间进行统计分析，检验斜率、截距和相关系数是否满足标准方法的要求。若不满足，需从分析方法、仪器设备、量器、试剂和操作等方面查找原因，改进后重新绘制校准曲线。

校准曲线不得长期使用，不得相互借用。一般情况下，校准曲线应与样品测定同时进行。

5.5.1.3 方法检出限和测定下限

开展新的监测项目前，应通过实验确定方法检出限，并满足方法要求。方法检出限和测定下限的计算方法执行 HJ 168。

5.5.1.4 平行样测定

应按方法要求随机抽取一定比例的样品做平行样品测定。

5.5.1.5 加标回收率测定

加标回收实验包括空白加标、基体加标及基体加标平行等。

空白加标在与样品相同的前处理和测定条件下进行分析。

基体加标和基体加标平行是在样品前处理之前加标，加标样品与样品在相同的前处理和测定条件下进行分析。在实际应用时应注意加标物质的形态、加标量和加标的基体。加标量一般为样品浓度的 0.5～3 倍，且加标后的总浓度不应超过分析方法的测定上限。样品中待测物浓度在方法检出限附近时，加标量应控制在校准曲线的低浓度范围。加标后样品体积应无显著变化，否则应在计算回收率时考虑这项因素。每批相同基体类型的样品应随机抽取一定比例样品进行加标回收及其平行样测定。

5.5.1.6　标准样品/有证标准物质测定

监测工作中应使用标准样品/有证标准物质或能够溯源到国家基准的物质。应有标准样品/有证标准物质的管理程序，对其购置、核查、使用、运输、存储和安全处置等进行规定。

标准样品/有证标准物质应与样品同步测定。进行质量控制时，标准样品/有证标准物质不应与绘制校准曲线的标准溶液来源相同。

应尽可能选择与样品基体类似的标准样品/有证标准物质进行测定，用于评价分析方法的准确度或检查实验室（或操作人员）是否存在系统误差。

5.5.1.7　质量控制图

常用的质量控制图有均值–标准差控制图和均值–极差控制图等，在应用上分空白值控制图、平行样控制图和加标回收率控制图等，相关内容执行 GB/T 4091。

日常分析时，质量控制样品与被测样品同时进行分析，将质量控制样品的测定结果标于质量控制图中，判断分析过程是否处于受控状态。测定值落在中心附近、上下警告线之内，则表示分析正常，此批样品测定结果可靠；如果测定值落在上下控制线之外，表示分析失控，测定结果不可信，应检查原因，纠正后重新测定；如果测定值落在上下警告线和上下控制线之间，虽分析结果可接受，但有失控倾向，应予以注意。

5.5.1.8　方法比对或仪器比对

对同一样品或一组样品可用不同的方法或不同的仪器进行比对测定分析，以检查分析结果的一致性。

5.5.2　外部质量控制

外部质量控制指本机构内质量管理人员对监测人员或行政主管部门和上级环境监测机构对下级机构监测活动的质量控制，可采取以下措施：

5.5.2.1　密码平行样

质量管理人员根据实际情况，按一定比例随机抽取样品作为密码平行样，交付监测人员进行测定。若平行样测定偏差超出规定允许偏差范围，应在样品有效保存期内补测；若补测结果仍超出规定的允许偏差，说明该批次样品测定结果失控，应查找原因，纠正后重新测定，必要时重新采样。

5.5.2.2　密码质量控制样及密码加标样

由质量管理人员使用有证标准样品/标准物质作为密码质量控制样品，或在随机抽取的常规样品中加入适量标准样品/标准物质制成密码加标样，交付监测人员进行测定。如果质量控制样品的测定结果在给定的不确定度范围内，则说明该批次样品测定结果受控。反之，该批次样品测定结果作废，应查找原因，纠正后重新测定。

5.5.2.3 人员比对

不同分析人员采用同一分析方法、在同样的条件下对同一样品进行测定，比对结果应达到相应的质量控制要求。

5.5.2.4 实验室间比对

可采用能力验证、比对测试或质量控制考核等方式进行实验室间比对，证明各实验室间的监测数据的可比性。

5.5.2.5 留样复测

对于稳定的、测定过的样品保存一定时间后，若仍在测定有效期内，可进行重新测定。将两次测定结果进行比较，以评价该样品测定结果的可靠性。

5.6 数据处理

5.6.1 应保证监测数据的完整性，确保全面、客观地反映监测结果。不得利用数据有效性规则，达到不正当的目的；不得选择性地舍弃不利数据，人为干预监测和评价结果。

5.6.2 有效数字及数值修约。

5.6.2.1 数值修约和计算按照 GB/T 8170 和相关环境监测分析方法标准的要求执行。

5.6.2.2 记录测定数值时，应同时考虑计量器具的精密度、准确度和读数误差。对检定合格的计量器具，有效数字位数可以记录到最小分度值，最多保留一位不确定数字。

5.6.2.3 精密度一般只取 1～2 位有效数字。

5.6.2.4 校准曲线相关系数只舍不入，保留到小数点后第一个非 9 数字。如果小数点后多于 4 个 9，最多保留 4 位。校准曲线斜率的有效位数，应与自变量的有效数字位数相等。校准曲线截距的最后一位数，应与因变量的最后一位数取齐。

5.6.3 异常值的判断和处理。

异常值的判断和处理执行 GB/T 4883，当出现异常高值时，应查找原因，原因不明的异常高值不应随意剔除。

5.6.4 数据校核及审核。

5.6.4.1 应对原始数据和拷贝数据进行校核。对可疑数据，应与样品分析的原始记录进行校对。

5.6.4.2 监测原始记录应有监测人员和校核人员的签名。监测人员负责填写原始记录；校核人员应检查数据记录是否完整、抄写或录入计算机时是否有误、数据是否异常等，并考虑以下因素：监测方法、监测条件、数据的有效位数、数据计算和处理过程、法定计量单位和质量控制数据等。

5.6.4.3 审核人员应对数据的准确性、逻辑性、可比性和合理性进行审核，重点考虑以下因素：监测点位；监测工况；与历史数据的比较；总量与分量的逻辑关系；同一监测点位的同一监测因子，连续多次监测结果之间的变化趋势；同一监测点位、同一时间（段）的样品，有关联的监测因子分析结果的相关性和合理性等。

5.6.5 监测结果的表示。

5.6.5.1 监测结果应采用法定计量单位。

5.6.5.2 平行样的测定结果在允许偏差范围内时，用其平均值报告测定结果。

5.6.5.3 监测结果低于方法检出限时，用“ND”表示，并注明“ND”表示未检出，同时给出方法检出限值。

5.6.5.4 需要时，应给出监测结果的不确定度范围。

5.7 监测报告

监测报告应信息完整，相关要求见附录 A。

附 录 A

（资料性附录）

监测报告

A.1 监测报告应包含下列信息

——报告标题及其他标志；

——监测性质（委托、监督等）；

——报告编制单位名称、地址、联系方式、编制时间，采样（监测）现场的地点（必要时）；

——委托单位或受检单位名称、地址、联系方式；

——报告统一编号（唯一性标志），总页数和页码；

——监测目的、监测依据（依据的文件名和编号）；

——样品的标志：样品名称、类别和监测项目等必要的描述，若为委托样，应特别予以注明；

——样品接收和测试日期；

——需要时，列出采样与分析人员，监测所使用的主要仪器名称、型号及品牌；

——监测结果：按监测方法的要求报出结果，包括监测值和计量单位等信息；

——报告编制人员、审核人员、授权签字人的签名和签发日期；

——监测委托情况（委托方、委托内容和项目等）；

——需要时，应注明监测结果仅对样品或批次有效的声明。

A.2 当需对监测结果做出解释时，监测报告中还应包括下列信息

——对监测方法的偏离、增添或删节，以及特殊监测条件（如环境条件的说明）；

——当委托单位（或受检单位）有特殊要求时，应包括测量不确定度的信息；

——质量保证与质量控制：监测报告中应包含质量保证措施和质量控制数据的统计结果和结论；

——需要时，提出其他意见和解释；

——特定方法、委托单位（或受检单位）要求的附加信息。

A.3 对含采样结果在内的监测报告，还应包括下列信息

——采样日期；

——采集样品的名称、类别、性质和监测项目；

——采样地点（必要时，附点位布置图或照片）；

——采样方案或程序的说明等；

——若采样过程中的环境条件（如生产工况、环保设施运行情况、采样点周围情况、天气状况等）可能影响监测结果时，应附详细说明；

——列出与采样方法或程序有关的标准或规范，以及对这些规范的偏离、增添或删节时的说明；

——需要时，增加项目工程建设、生产工艺、污染物的产生与治理介绍等；

——其他信息包括监测全过程质量控制和质量保证情况、有关图表和引用资料、必要的建议等。

附录 9

关于印发《环境监测数据弄虚作假行为判定及处理办法》的通知

（环发〔2015〕175 号）

各省、自治区、直辖市环境保护厅（局），新疆生产建设兵团环境保护局，解放军环境保护局，辽河凌河保护区管理局，机关各部门，各派出机构、直属单位：

为保障环境监测数据真实准确，依法查处环境监测数据弄虚作假行为，依据《中华人民共和国环境保护法》和《生态环境监测网络建设方案》（国办发〔2015〕56 号）等有关法律法规和文件，我部组织制定了《环境监测数据弄虚作假行为判定及处理办法》，现予以印发，请遵照执行。

附件：环境监测数据弄虚作假行为判定及处理办法

环境保护部

2015 年 12 月 28 日

附件：

环境监测数据弄虚作假行为判定及处理办法

第一条 为保障环境监测数据真实准确，依法查处环境监测数据弄虚作假行为，依据《中华人民共和国环境保护法》和《生态环境监测网络建设方案》（国办发〔2015〕56 号）等有关法律法规和文件，结合工作实际，制定本办法。

第二条 本办法所称环境监测数据弄虚作假行为，系指故意违反国家法律法规、规章等以及环境监测技术规范，篡改、伪造或者指使篡改、伪造环境监测数据等行为。

本办法所称环境监测数据，系指按照相关技术规范和规定，通过手工或者自动监测方式取得的环境监测原始记录、分析数据、监测报告等信息。

本办法所称环境监测机构，系指县级以上环境保护主管部门所属环境监测机构、其他负有环境保护监督管理职责的部门所属环境监测机构以及承担环境监测工作的实验室与从事环境监测业务的企事业单位等其他社会环境监测机构。

第三条 本办法适用于以下活动中涉及的环境监测数据弄虚作假行为：

（一）依法开展的环境质量监测、污染源监测、应急监测；

（二）监管执法涉及的环境监测；

（三）政府购买的环境监测服务或者委托开展的环境监测；

（四）企事业单位依法开展或者委托开展的自行监测；

（五）依照法律、法规开展的其他环境监测行为。

第四条 篡改监测数据，系指利用某种职务或者工作上的便利条件，故意干预环境监测活动的正常开展，导致监测数据失真的行为，包括以下情形：

（一）未经批准部门同意，擅自停运、变更、增减环境监测点位或者故意改变环境监测点位属性的；

（二）采取人工遮挡、堵塞和喷淋等方式，干扰采样口或周围局部环境的；

（三）人为操纵、干预或者破坏排污单位生产工况、污染源净化设施，使生产或污染状况不符合实际情况的；

（四）稀释排放或者旁路排放，或者将部分或全部污染物不经规范的排污口排放，逃避自动监控设施监控的；

（五）破坏、损毁监测设备站房、通讯线路、信息采集传输设备、视频设备、电力设备、空调、风机、采样泵、采样管线、监控仪器或仪表以及其他监测监控或辅助设施的；

（六）故意更换、隐匿、遗弃监测样品或者通过稀释、吸附、吸收、过滤、改变样品保存条件等方式改变监测样品性质的；

（七）故意漏检关键项目或者无正当理由故意改动关键项目的监测方法的；

（八）故意改动、干扰仪器设备的环境条件或运行状态或者删除、修改、增加、干扰监测设备中存储、处理、传输的数据和应用程序，或者人为使用试剂、标样干扰仪器的；

（九）未向环境保护主管部门备案，自动监测设备暗藏可通过特殊代码、组合按键、远程登录、遥控、模拟等方式进入不公开的操作界面对自动监测设备的参数和监测数据进行秘密修改的；

（十）故意不真实记录或者选择性记录原始数据的；

（十一）篡改、销毁原始记录，或者不按规范传输原始数据的；

（十二）对原始数据进行不合理修约、取舍，或者有选择性评价监测数据、出具监测报告或者发布结果，以至评价结论失真的；

（十三）擅自修改数据的；

（十四）其他涉嫌篡改监测数据的情形。

第五条 伪造监测数据，系指没有实施实质性的环境监测活动，凭空编造虚假监测数据的行为，包括以下情形：

（一）纸质原始记录与电子存储记录不一致，或者谱图与分析结果不对应，或者用其他样品的分析结果和图谱替代的；

（二）监测报告与原始记录信息不一致，或者没有相应原始数据的；

（三）监测报告的副本与正本不一致的；

（四）伪造监测时间或者签名的；

（五）通过仪器数据模拟功能，或者植入模拟软件，凭空生成监测数据的；

（六）未开展采样、分析，直接出具监测数据或者到现场采样、但未开设烟道采样口，出具监测报告的；

（七）未按规定对样品留样或保存，导致无法对监测结果进行复核的；

（八）其他涉嫌伪造监测数据的情形。

第六条 涉嫌指使篡改、伪造监测数据的行为，包括以下情形：

（一）强令、授意有关人员篡改、伪造监测数据的；

（二）将考核达标或者评比排名情况列为下属监测机构、监测人员的工作考核要求，意图干预监测数据的；

（三）无正当理由，强制要求监测机构多次监测并从中挑选数据，或者无正当理由拒签上报监测数据的；

（四）委托方人员授意监测机构工作人员篡改、伪造监测数据或者在未作整改的前提下，进行多家或多次监测委托，挑选其中“合格”监测报告的；

（五）其他涉嫌指使篡改、伪造监测数据的情形。

第七条 环境监测机构及其负责人对监测数据的真实性和准确性负责。

负责环境自动监测设备日常运行维护的机构及其负责人按照运行维护合同对监测数据承担责任。

第八条 地市级以上人民政府环境保护主管部门负责调查环境监测数据弄虚作假行为。地市级以上人民政府环境保护主管部门应定期或者不定期组织开展环境监测质量监督检查，发现环境监测数据弄虚作假行为的，应当依法查处，并向上级环境保护主管部门报告。

第九条 对干预环境监测活动，指使篡改、伪造监测数据的行为，相关人员应如实记录。任何单位和个人有权举报环境监测数据弄虚作假行为，接受举报的环境保护主管部门应当为举报人保密，对能提供基本事实线索或相关证明材料的举报，应当予以受理。

第十条 负责调查的环境保护主管部门应当通报环境监测数据弄虚作假行为及相关责任人，记入社会诚信档案，及时向社会公布。

第十一条 环境保护主管部门发现篡改、伪造监测数据，涉及目标考核的，视情节严重程度将考核结果降低等级或者确定为不合格，情节严重的，取消授予的环境保护荣誉称号；涉及县域生态考核的，视情节严重程度，建议国务院财政主管部门减少或者取消当年中央财政资金转移支付；涉及《大气污染防治行动计划》《水污染防治行动计划》排名的，分别以当日或当月监测数据的历史最高浓度值计算排名。

第十二条 社会环境监测机构以及从事环境监测设备维护、运营的机构篡改、伪造监测数据或出具虚假监测报告的，由负责调查的环境保护主管部门将该机构和涉及弄虚作假行为的人员列入不良记录名单，并报上级环境保护主管部门，禁止其参与政府购买环境监测服务或政府委托项目。

第十三条 监测仪器设备应当具备防止修改、伪造监测数据的功能，监测仪器设备生产及销售单位配合环境监测数据造假的，由负责调查的环境保护部主管部门通报公示生产厂家、销售单位及其产品名录，并上报环境保护部，将涉嫌弄虚作假的单位列入不良记录名单，禁止其参与政府购买环境监测服务或政府委托项目，对安装在企业的设备不予验收、联网。

第十四条 国家机关工作人员篡改、伪造或指使篡改、伪造监测数据的，由负责调查的环境保护主管部门提出建议，移送有关任免机关或监察机关依据《行政机关公务员处分条例》和《事业单位工作人员处分暂行规定》的有关规定予以处理。

第十五条 党政领导干部指使篡改、伪造监测数据的，由负责调查的环境保护主管部门提出建议，移送有关任免机关或监察机关依据《党政领导干部生态环境损害责任追究办法（试行）》的有关规定予以处理。

第十六条 环境监测数据弄虚作假行为构成违法的，按照有关法律法规的规定处理。

第十七条 本办法由国务院环境保护主管部门负责解释。

第十八条 本办法自 2016 年 1 月 1 日起实施。

附录 10

检验检测机构资质认定 生态环境监测机构评审补充要求与 RB/T 214—2017 对照表

序号	补充要求条款	RB/T 214—2017
第一条	本补充要求是在检验检测机构资质认定评审通用要求的基础上，针对生态环境监测机构特殊性而制定，在生态环境监测机构资质认定评审时应与评审通用要求一并执行	1 范围 本标准规定了对检验检测机构进行资质认定能力评价时，在机构、人员、场所环境、设备设施、管理体系等方面的通用要求。 本标准适用于向社会出具具有证明作用的数据、结果的检验检测机构的资质认定能力评价，也适用于检验检测机构的自我评价
第二条	本补充要求所称生态环境监测，是指运用化学、物理、生物等技术手段，针对水和废水、环境空气和废气、海水、土壤、沉积物、固体废物、生物、噪声、振动、辐射等要素开展环境质量和污染排放的监测（检测）活动	3 术语和定义 GB/T 19000、GB/T 27000、GB/T 27020、GB/T 27025、JJF 1001 界定的以及下列术语和定义适用于本文件
第三条	本补充要求所称生态环境监测机构，指依法成立，依据相关标准或规范开展生态环境监测，向社会出具具有证明作用的数据、结果，并能够承担相应法律责任的专业技术机构	3.1 检验检测机构 inspection body and laboratory 依法成立，依据相关标准或者技术规范，利用仪器设备、环境设施等技术条件和专业技能，对产品或者法律法规规定的特定对象进行检验检测的专业技术组织
		4.1 机构
第四条	生态环境监测机构及其监测人员应当遵守《中华人民共和国环境保护法》和《中华人民共和国计量法》等相关法律法规	4.1.3 检验检测机构及其人员从事检验检测活动，应遵守国家相关法律法规的规定，遵循客观独立、公平公正、诚实信用原则，恪守职业道德，承担社会责任
第五条	生态环境监测机构应建立防范和惩治弄虚作假行为的制度和措施，确保其出具的监测数据准确、客观、真实、可追溯。生态环境监测机构及其负责人对其监测数据的真实性和准确性负责，采样与分析人员、审核与授权签字人分别对原始监测数据、监测报告的真实性终身负责	4.1.4 检验检测机构应建立和保持维护其公正和诚信的程序。检验检测机构及其人员应不受来自内外部的、不正当的商业、财务和其他方面的压力和影响，确保检验检测数据、结果的真实、客观、准确和可追溯。检验检测机构应建立识别出现公正性风险的长效机制。如识别出公正性风险，检验检测机构应能证明消除或减少该风险。若检验检测机构所在的组织还从事检验检测以外的活动，应识别并采取措施避免潜在的利益冲突。检验检测机构不得使用同时在两个及以上检验检测机构从业的人员
第六条	生态环境监测机构应保证人员数量及其专业技术背景、工作经历、监测能力等与所开展的监测活动相匹配，中级及以上专业技术职称或同等能力的人员数量应不少于生态环境监测人员总数的 15%	4.2 人员
第七条	生态环境监测机构技术负责人应掌握机构所开展的生态环境监测工作范围内的相关专业知识，具有生态环境监测领域相关专业背景或教育培训经历，具备中级及以上专业技术职称或同等能力，且具有从事生态环境监测相关工作 5 年以上的经历	4.2.3 检验检测机构的技术负责人应具有中级及以上专业技术职称或同等能力，全面负责技术运作；质量负责人应确保管理体系得到实施和保持；应指定关键管理人员的代理人

<table>
<tr><th>序号</th><th>补充要求条款</th><th>RB/T 214—2017</th></tr>
<tr><td>第八条</td><td>生态环境监测机构授权签字人应掌握较丰富的授权范围内的相关专业知识，并且具有与授权签字范围相适应的相关专业背景或教育培训经历，具备中级及以上专业技术职称或同等能力，且具有从事生态环境监测相关工作 3年以上经历</td><td>4.2.4　检验检测机构的授权签字人应具有中级及以上专业技术职称或同等能力，并经资质认定部门批准，非授权签字人不得签发检验检测报告或证书</td></tr>
<tr><td>第九条</td><td>生态环境监测机构质量负责人应了解机构所开展的生态环境监测工作范围内的相关专业知识，熟悉生态环境监测领域的质量管理要求。
法和结果评价的人员，对检验检测人员包括实习员工进行监督</td><td></td></tr>
<tr><td>第十条</td><td>生态环境监测人员应符合下列要求：
（一）掌握与所处岗位相适应的环境保护基础知识、法律法规、评价标准、监测标准或技术规范、质量控制要求，以及有关化学、生物、辐射等安全防护知识；
（二）承担生态环境监测工作前应经过必要的培训和能力确认，能力确认方式应包括基础理论、基本技能、样品分析的培训与考核等</td><td>4.2.5　检验检测机构应对抽样、操作设备、检验检测、签发检验检测报告或证书以及提出意见和解释的人员，依据相应的教育、培训、技能和经验进行能力确认。应由熟悉检验检测目的、程序、方法和结果评价的人员，对检验检测人员包括实习员工进行监督</td></tr>
<tr><td rowspan="6">第十一条</td><td rowspan="4">生态环境监测机构应按照监测标准或技术规范对现场测试或采样的场所环境提出相应的控制要求并记录，包括但不限于电力供应、安全防护设施、场地条件和环境条件等</td><td>4.3　场所环境</td></tr>
<tr><td>4.3.1　检验检测机构应有固定的、临时的、可移动的或多个地点的场所，上述场所应满足相关法律法规、标准或技术规范的要求。检验检测机构应将其从事检验检测活动所必需的场所、环境要求制定成文件</td></tr>
<tr><td>4.3.2　检验检测机构应确保其工作环境满足检验检测的要求。检验检测机构在固定场所以外进行检验检测或抽样时，应提出相应的控制要求，以确保环境条件满足检验检测标准或者技术规范的要求</td></tr>
<tr><td>4.3.3　检验检测标准或者技术规范对环境条件有要求时或环境条件影响检验检测结果时，应监测、控制和记录环境条件。当环境条件不利于检验检测的开展时，应停止检验检测活动</td></tr>
<tr><td>应对实验区域进行合理分区，并明示其具体功能，应按监测标准或技术规范设置独立的样品制备、存贮与检测分析场所。根据区域功能和相关控制要求，配置排风、防尘、避震和温湿度控制设备或设施；避免环境或交叉污染对监测结果产生影响</td><td>4.3.4　检验检测机构应建立和保持检验检测场所良好的内务管理程序，该程序应考虑安全和环境的因素。检验检测机构应将不相容活动的相邻区域进行有效隔离，应采取措施以防止干扰或者交叉污染。检验检测机构应对使用和进入影响检验检测质量的区域加以控制，并根据特定情况确定控制的范围</td></tr>
<tr><td>环境测试场所应根据需要配备安全防护装备或设施，并定期检查其有效性。现场测试或采样场所应有安全警示标识</td><td></td></tr>
</table>

序号	补充要求条款	RB/T 214—2017
		4.4 设备设施
第十二条	生态环境监测机构应配齐包括现场测试和采样、样品保存运输和制备、实验室分析及数据处理等监测工作各环节所需的仪器设备。现场测试和采样仪器设备在数量配备方面需满足相关监测标准或技术规范对现场布点和同步测试采样要求	4.4.1 设备设施的配备 检验检测机构应配备满足检验检测（包括抽样、物品制备、数据处理与分析）要求的设备和设施。用于检验检测的设施，应有利于检验检测工作的正常开展。设备包括检验检测活动所必需并影响结果的仪器、软件、测量标准、标准物质、参考数据、试剂、消耗品、辅助设备或相应组合装置。检验检测机构使用非本机构的设施和设备时，应确保满足本标准要求
第十二条		检验检测机构租用仪器设备开展检验检测时，应确保： a）租用仪器设备的管理应纳入本检验检测机构的管理体系； b）本检验检测机构可全权支配使用，即租用的仪器设备由本检验检测机构的人员操作、维护、检定或校准，并对使用环境和贮存条件进行控制； c）在租赁合同中明确规定租用设备的使用权； d）同一台设备不允许在同一时期被不同检验检测机构共同租赁和资质认定
	应明确现场测试和采样设备使用和管理要求，以确保其正常规范使用与维护保养，防止其污染和功能退化	4.4.2 设备设施的维护 检验检测机构应建立和保持检验检测设备和设施管理程序，以确保设备和设施的配置、使用和维护满足检验检测工作要求
	现场测试设备在使用前后，应按相关监测标准或技术规范的要求，对关键性能指标进行核查并记录，以确认设备状态能够满足监测工作要求	4.4.4 设备控制 检验检测机构应保存对检验检测具有影响的设备及其软件的记录。用于检验检测并对结果有影响的设备及其软件，如可能，应加以唯一性标识。检验检测设备应由经过授权的人员操作并对其进行正常维护。若设备脱离了检验检测机构的直接控制，应确保该设备返回后，在使用前对其功能和检定、校准状态进行核查，并得到满意结果
		4.5 管理体系
第十三条	生态环境监测机构应建立与所开展的监测业务相适应的管理体系。管理体系应覆盖生态环境监测机构全部场所进行的监测活动，包括但不限于点位布设、样品采集、现场测试、样品运输和保存、样品制备、分析测试、数据传输、记录、报告编制和档案管理等过程	4.5.1 总则 检验检测机构应建立、实施和保持与其活动范围相适应的管理体系，应将其政策、制度、计划、程序和指导书制定成文件，管理体系文件应传达至有关人员，并被其获取、理解、执行。检验检测机构管理体系至少应包括管理体系文件、管理体系文件的控制、记录控制、应对风险和机遇的措施、改进、纠正措施、内部审核和管理评审
第十四条	生态环境监测机构可采取纸质或电子介质的方式对文件进行有效控制。采用电子介质方式时，电子文件管理应纳入管理体系，电子文件亦需明确授权、发布、标识、加密、修改、变更、废止、备份和归档等要求。与生态环境监测机构的监测活动相关的外来文件，包括环境质量标准、污染排放或控制标准、监测技术规范、监测标准（包括修改单）等，均应受控	4.5.3 文件控制 检验检测机构应建立和保持控制其管理体系的内部和外部文件的程序，明确文件的标识、批准、发布、变更和废止，防止使用无效、作废的文件

序号	补充要求条款	RB/T 214—2017
第十五条	有分包事项时，生态环境监测机构应事先征得客户同意，对分包方资质和能力进行确认，并规定不得进行二次分包。生态环境监测机构应就分包结果向客户负责（客户或法律法规指定的分包除外），应对分包方监测质量进行监督或验证	4.5.5 分包 检验检测机构需分包检验检测项目时，应分包给已取得检验检测机构资质认定并有能力完成分包项目的检验检测机构，具体分包的检验检测项目和承担分包项目的检验检测机构应事先取得委托人的同意。出具检验检测报告或证书时，应将分包项目予以区分。 检验检测机构实施分包前，应建立和保持分包的管理程序，并在检验检测业务洽谈、合同评审和合同签署过程中予以实施。 检验检测机构不得将法律法规、技术标准等文件禁止分包的项目实施分包
第十六条	生态环境监测机构应及时记录样品采集、现场测试、样品运输和保存、样品制备、分析测试等监测全过程的技术活动，保证记录信息的充分性、原始性和规范性，能够再现监测全过程。所有对记录的更改（包括电子记录）实现全程留痕。监测活动中由仪器设备直接输出的数据和谱图，应以纸质或电子介质的形式完整保存，电子介质存储的记录应采取适当措施备份保存，保证可追溯、可读取，以防止记录丢失、失效或篡改。当输出数据打印在热敏纸或光敏纸等保存时间较短的介质上时，应同时保存记录的复印件或扫描件	4.5.11 记录控制 检验检测机构应建立和保持记录管理程序，确保每一项检验检测活动技术记录的信息充分，确保记录的标识、贮存、保护、检索、保留和处置符合要求
第十七条	生态环境监测机构对于方法验证或方法确认应做到： （一）初次使用标准方法前，应进行方法验证。包括对方法涉及的人员培训和技术能力、设施和环境条件、采样及分析仪器设备、试剂材料、标准物质、原始记录和监测报告格式、方法性能指标（如校准曲线、检出限、测定下限、准确度、精密度）等内容进行验证，并根据标准的适用范围，选取不少于一种实际样品进行测定； （二）使用非标准方法前，应进行方法确认。包括对方法的适用范围、干扰和消除、试剂和材料、仪器设备、方法性能指标（如校准曲线、检出限、测定下限、准确度、精密度）等要素进行确认，并根据方法的适用范围，选取不少于一种实际样品进行测定。非标准方法应由不少于 3 名本领域高级职称及以上专家进行审定。生态环境监测机构应确保其人员培训和技术能力、设施和环境条件、采样及分析仪器设备、试剂材料、标准物质、原始记录和监测报告格式等符合非标准方法的要求； （三）方法验证或方法确认的过程及结果应形成报告，并附验证或确认全过程的原始记录，保证方法验证或确认过程可追溯	4.5.14 方法的选择、验证和确认 检验检测机构应建立和保持检验检测方法控制程序。检验检测方法包括标准方法和非标准方法（含自制方法）。应优先使用标准方法，并确保使用标准的有效版本。在使用标准方法前，应进行验证。在使用非标准方法（含自制方法）前，应进行确认。检验检测机构应跟踪方法的变化，并重新进行验证或确认。必要时，检验检测机构应制定作业指导书。如确需方法偏离，应有文件规定，经技术判断和批准，并征得客户同意。当客户建议的方法不适合或已过期时，应通知客户。 非标准方法（含自制方法）的使用，应事先征得客户同意，并告知客户相关方法可能存在的风险。需要时，检验检测机构应建立和保持开发自制方法控制程序，自制方法应经确认。检验检测机构应记录作为确认证据的信息：使用的确认程序、规定的要求、方法性能特征的确定、获得的结果和描述该方法满足预期用途的有效性声明

序号	补充要求条款	RB/T 214—2017
第十八条	使用实验室信息管理系统（LIMS）时，对于系统无法直接采集的数据，应以纸质或电子介质的形式予以完整保存，并能实现系统对这类记录的追溯。对系统的任何变更在实施前应得到批准。有条件时，系统需采取异地备份的保护措施	4.5.16 数据信息管理 检验检测机构应获得检验检测活动所需的数据和信息，并对其信息管理系统进行有效管理。 检验检测机构应对计算和数据转移进行系统和适当的检查。当利用计算机或自动化设备对检验检测数据进行采集、处理、记录、报告、存储或检索时，检验检测机构应： a）将自行开发的计算机软件形成文件，使用前确认其适用性，并进行定期确认、改变或升级后再次确认，应保留确认记录； b）建立和保持数据完整性、正确性和保密性的保护程序； c）定期维护计算机和自动设备，保持其功能正常
第十九条	开展现场测试或采样时，应根据任务要求制定监测方案或采样计划，明确监测点位、监测项目、监测方法、监测频次等内容。可使用地理信息定位、照相或录音录像等辅助手段，保证现场测试或采样过程客观、真实和可追溯。现场测试和采样应至少有 2 名监测人员在场	4.5.17 抽样 检验检测机构为后续的检验检测，需要对物质、材料或产品进行抽样时，应建立和保持抽样控制程序。抽样计划应根据适当的统计方法制定，抽样应确保检验检测结果的有效性。当客户对抽样程序有偏离的要求时，应予以详细记录，同时告知相关人员。如果客户要求的偏离影响到检验检测结果，应在报告、证书中做出声明
第二十条	应根据相关监测标准或技术规范的要求，采取加保存剂、冷藏、避光、防震等保护措施，保证样品在保存、运输和制备等过程中性状稳定，避免玷污、损坏或丢失。环境样品应分区存放，并有明显标识，以免混淆和交叉污染。实验室接受样品时，应对样品的时效性、完整性和保存条件进行检查和记录，对不符合要求的样品可以拒收，或明确告知客户有关样品偏离情况，并在报告中注明。环境样品在制备、前处理和分析过程中注意保持样品标识的可追溯性	4.5.18 样品处置 检验检测机构应建立和保持样品管理程序，以保护样品的完整性并为客户保密。检验检测机构应有样品的标识系统，并在检验检测整个期间保留该标识。在接收样品时，应记录样品的异常情况或记录对检验检测方法的偏离。样品在运输、接收、处置、保护、存储、保留、清理或返回过程中应予以控制和记录。当样品需要存放或养护时，应维护、监控和记录环境条件
第二十一条	生态环境监测机构的质量控制活动应覆盖生态环境监测活动全过程，所采取的质量控制措施应满足相关监测标准和技术规范的要求，保证监测结果的准确性。应根据监测标准或技术规范，或基于对质控数据的统计分析制定各项措施的控制限要求	4.5.19 结果有效性 检验检测机构应建立和保持监控结果有效性的程序。检验检测机构可采用定期使用标准物质、定期使用经过检定或校准的具有溯源性的替代仪器、对设备的功能进行检查、运用工作标准与控制图、使用相同或不同方法进行重复检验检测、保存样品的再次检验检测、分析样品不同结果的相关性、对报告数据进行审核、参加能力验证或机构之间比对、机构内部比对、盲样检验检测等进行监控。检验检测机构所有数据的记录方式应便于发现其发展趋势，若发现偏离预先判据，应采取有效的措施纠正出现的问题，防止出现错误的结果。质量控制应有适当的方法和计划并加以评价

序号	补充要求条款	RB/T 214—2017
第二十二条	当在生态环境监测报告中给出符合（或不符合）要求或规范的声明时，报告审核人员和授权签字人应充分了解相关环境质量标准和污染排放/控制标准的适用范围，并具备对监测结果进行符合性判定的能力	4.5.21　结果说明 当需要对检验检测结果进行说明时，检验检测报告或证书中还应包括下列内容： a）对检验检测方法的偏离、增加或删减，以及特定检验检测条件的信息，如环境条件； b）适用时，给出符合（或不符合）要求或规范的声明； c）当测量不确定度与检验检测结果的有效性或应用有关，或客户有要求，或当测量不确定度影响到对规范限度的符合性时，检验检测报告或证书中还需要包括测量不确定度的信息； d）适用且需要时，提出意见和解释； e）特定检验检测方法或客户所要求的附加信息。报告或证书涉及使用客户提供的数据时，应有明确的标识。当客户提供的信息可能影响结果的有效性时，报告或证书中应有免责声明
第二十三条	生态环境监测档案的保存期限应满足生态环境监测领域相关法律法规和技术文件的规定，生态环境监测档案应做到： （一）监测任务合同（委托书/任务单）、原始记录及报告审核记录等应与监测报告一起归档。如果有与监测任务相关的其他资料，如监测方案/采样计划、委托方（被测方）提供的项目工程建设、企业生产工艺和工况、原辅材料、排污状况（在线监测或企业自行监测数据）、合同评审记录、分包等资料，也应同时归档； （二）在保证安全性、完整性和可追溯的前提下，可使用电子介质存储的报告和记录代替纸质文本存档	4.5.27　记录和保存 检验检测机构应对检验检测原始记录、报告、证书归档留存，保证其具有可追溯性。检验检测原始记录、报告、证书的保存期限通常不少于6年

附录 11

关于加强生态环境监测机构监督管理工作的通知

（环监测〔2018〕45 号）

各省、自治区、直辖市环境保护厅（局）、质量技术监督局（市场监督管理部门），新疆生产建设兵团环境保护局、质量技术监督局：

为贯彻落实中共中央办公厅、国务院办公厅《关于深化环境监测改革提高环境监测数据质量的意见》（厅字〔2017〕35 号）、《生态环境监测网络建设方案》（国办发〔2015〕56 号）、《国务院关于加强质量认证体系建设促进全面质量管理的意见》（国发〔2018〕3 号）精神，创新管理方式，规范监测行为，促进我国生态环境监测工作健康发展，现将有关事项通知如下：

一、加强制度建设

（一）完善资质认定制度。凡向社会出具具有证明作用的数据和结果的生态环境监测机构均应依法取得检验检测机构资质认定。国家认证认可监督管理委员会（以下简称国家认监委）和生态环境部联合制定《检验检测机构资质认定 生态环境监测机构评审补充要求》。国家认监委和各省级市场监督管理部门（以下统称资质认定部门）依法实施生态环境监测机构资质认定工作，建立生态环境监测机构资质认定评审员数据库，加强评审员队伍建设，发挥生态环境行业评审组作用，规范资质认定评审行为。

（二）加快完善监管制度。资质认定部门依据《检验检测机构资质认定管理办法》（原质检总局令第 163 号）对获得检验检测机构资质认定的生态环境监测机构实施分类监管。生态环境部修订《环境监测质量管理技术导则》（HJ 630—2011），完善生态环境监测机构质量体系建设，强化对人员、仪器设备、监测方法、手工和自动监测等重要环节的质量管理。各类生态环境监测机构应按照国家有关规定不断健全完善内部管理的规章制度，提高管理水平。

（三）建立责任追溯制度。生态环境监测机构要严格执行国家和地方的法律法规、标准和技术规范。建立覆盖方案制定、布点与采样、现场测试、样品流转、分析测试、数据审核与传输、综合评价、报告编制与审核签发等全过程的质量管理体系。采样人员、分析人员、审核与授权签字人对监测原始数据、监测报告的真实性终身负责。生态环境监测机构负责人对监测数据的真实性和准确性负责。生态环境监测机构应对监测原始记录和报告归档留存，保证其具有可追溯性。

二、加强事中事后监管

（四）综合运用多种监管手段。生态环境部门和资质认定部门重点对管理体系不健全、监测活动不规范、存在违规违法行为的生态环境监测机构进行监管。健全对生态环境监测机构的“双随机”抽查机制，建立生态环境监测机构名录库、检查人员名录库。联合或根据各自职责定期组织开展监督检查，通过统计调查、监督检查、能力验证、比对核查、投诉处理、审核年度报告、核查资质认定信息、评价管理体系运行、审核原始记录和监测报告等方式加强监管。

（五）严肃处理违法违规行为。生态环境部门和资质认定部门应根据法律法规，对生态环境监测机构和人员监测行为存在不规范或违法违规情况的，视情形给予告诫、责令改正、责令整改、罚款或撤销资质认定证书等处理，并公开通报。涉嫌犯罪的移交公安机关予以处理。生态环境监测机构申请资质认定提供虚假材料或者隐瞒有关情况的，资质认定部门依法不予受理或者不予许可，一年内不得再次申请资质认定；撤销资质认定证书的生态环境监测机构，三年内不得再次申请资质认定。

（六）建立联合惩戒和信息共享机制。生态环境部门和资质认定部门应建立信息共享机制，加强部门合作和信息沟通，及时将生态环境监测机构资质认定和违法违规行为及处罚结果等监管信息在各自门户网站向社会公开。根据《国务院办公厅关于加强个人诚信体系建设的指导意见》相关要求，对信用优良的生态环境监测机构和人员提供更多服务便利，对严重失信的生态环境监测机构和人员，将违规违法等信息纳入“全国信用信息共享平台”。

（七）加强社会监督。创新社会监督方式，畅通社会监督渠道，积极鼓励公众广泛参与。生态环境部门举报电话“12369”和市场监督管理部门举报电话“12365”受理生态环境监测数据弄虚作假行为的举报。行业协会应制定行业自律公约、团体标准等自律规范，组织开展行业信用等级评价，建立健全信用档案，推动行业自律结果的采信，努力形成良好的环境和氛围。

三、提高监管能力和水平

（八）加强队伍建设，创新监管手段。生态环境部门和资质认定部门应加强监管人员队伍建设，强化监管人员培训，不断提高监管人员综合素质和能力水平。相关人员在工作中滥用职权、玩忽职守、徇私舞弊的，依规依法予以处理；构成犯罪的，依法追究刑事责任。充分发挥大数据、信息化等技术在监督管理中的作用，不断提高监管效能。

（九）强化部门联动，形成工作合力。生态环境部门和资质认定部门应切实统一思想，提高认识，加强组织领导和工作协调，按照本通知要求制定联合监管和信息共享的实施方案，建立畅通、高效、科学的联合监管机制，有效保障生态环境监测数据质量，提高监测数据公信力和权威性，促进生态环境管理水平全面提升。

生态环境部

市场监管总局

2018 年 5 月 28 日

附录 12

国家认监委关于实施《检验检测机构资质认定管理办法》的若干意见

（国认实〔2015〕49 号）

各省、自治区、直辖市质量技术监督局（市场监督管理部门），各直属检验检疫局，各国家资质认定（计量认证）行业评审组，中国合格评定国家认可中心：

《检验检测机构资质认定管理办法》（质检总局令第 163 号，以下简称《办法》）已于 2015 年 4 月 9 日公布，自 2015 年 8 月 1 日施行。为贯彻实施该《办法》，落实国务院、国家质检总局有关深化检验检测机构资质许可改革要求，切实履行检验检测机构资质认定与监管工作职责，进一步简政放权，营造公平竞争、有序开放的检验检测市场环境，推动检验检测高技术现代服务业做强做大、健康发展，保证检验检测机构资质认定各项改革措施顺利到位，现提出以下意见，请各单位结合本地区实际情况贯彻执行。

一、关于检验检测机构资质认定实施范围

按照“法无授权不可为”的法治原则，依照《计量法》及其实施细则、《认证认可条例》等有关法律、行政法规的规定，向社会出具具有证明作用的数据和结果的检验检测机构，应当依法经国家认证认可监督管理部门（以下简称国家认监委）或者各省、自治区、直辖市人民政府质量技术监督部门（市场监督管理部门）（以下简称省级资质认定部门）资质认定（计量认证）。

二、关于检验检测机构主体准入条件

（一）凡是依法设立的法人和其他组织，其依法注册、登记的经营范围或者业务范围包括检验检测，并且能够独立、公正从业的，均可申请检验检测机构资质认定。其他组织包括：依法取得工商行政机关颁发的《营业执照》的企业法人分支机构、特殊普通合伙企业、民政部门登记的民办非企业单位（法人）等符合法律法规规定的机构。

（二）若检验检测机构是机关或者事业单位的内设机构，不具备法人资格，可由其法人授权，申请检验检测机构资质认定。其对外出具的检验检测报告或者证书的法律责任由其所在法人单位承担，并予以明示。

（三）生产企业内部的检验检测机构不在检验检测机构资质认定范围之内。生产企业出资设立的具有法人资格的检验检测机构可以申请检验检测机构资质认定，应当遵循检验检测机构客观独立、公正公开、诚实守信的相关从业规定。

（四）取消“在华设立外资检验检测机构的外方投资者，需要具有 3 年以上检验检测从业经历”的准入规定。

三、关于调整有关检验检测机构资质、资格许可权限

（一）国家认监委不再对各省、自治区、直辖市、副省级城市、计划单列市的质检院（所）以及省级纤维检验机构实施验收许可工作，交由省级资质认定部门负责管理，上述机构首次申请、复查换证、变更（含扩项）等事项均由省级资质认定部门负责实施。省级资质认定部门对相关检验检测机构的验收和授权工作与检验检测机构资质认定合并实施，但沿用颁发有效期为 3 年的验收或者授权证书，自 2015 年 8 月 1 日起执行。

（二）国家认监委不再对省级纤维检验机构实施检验检测机构资质认定，交由省级资质认定部门负责管理，上述机构首次申请、复查换证、变更（含扩项）等事项均由省级资质认定部门负责实施，自 2015 年 8 月 1 日起执行。

四、关于检验检测机构资质认定分级实施

（一）国家认监委负责国务院有关部门以及相关行业主管部门依法设立的检验检测机构资质认定工作，包括四类机构：一是经国家事业单位登记管理局登记的事业单位法人；二是经国家工商总局登记注册或者核准名称的企业法人；三是国务院有关部门以及相关行业主管部门直属管辖的机构；四是国务院有关部门、相关行业主管部门、相关行业协会根据需要，与国家认监委共同确定纳入国家级资质认定管理范围的机构。

省级资质认定部门负责本行政区域内依法设立的检验检测机构的资质认定工作。

（二）检验检测机构根据业务发展需要，在异地依法设立的分支机构（含分公司、子公司等），应当向分支机构所在地省级资质认定部门申请检验检测机构资质认定。纳入国家认监委资质认定管理范围的检验检测机构，在异地依法设立的分支机构与总部实行统一管理体系的，可以向国家认监委申请检验检测机构资质认定。

五、关于检验检测机构资质认定的技术评审

（一）国家认监委和省级资质认定部门（以下统称资质认定部门）应当按照《检验检测机构资质认定评审准则》、评审补充要求和评审程序规定实施技术评审，确定评审关键控制点，加强对检验检测机构技术和管理能力核查，简化文件审查。各直属出入境检验检疫局协助国家认监委实施所属检验检测机构的技术评审。《检验检测机构资质认定评审准则》于 2016 年 1 月 1 日正式实施，在正式实施之前，原《实验室资质认定评审准则》依然适用。

（二）资质认定部门应当自受理申请之日起，45 个工作日内完成技术评审工作，由于申请人自身原因，无法在规定时限内完成的除外。资质认定部门委托专业技术机构组织实施技术评审工作的，

应当与被委托机构签订委托协议，并对其实施有效监督，保证技术评审活动公正、客观。被委托机构不得利用技术评审增加申请人负担、谋取不当利益。

（三）资质认定部门应当根据检验检测机构的申请事项、自我声明和分类监管情况，确定复查换证评审方式，减少不必要的现场评审；对检验检测机构依法设立的分支机构，可以根据具体情况简化文件审查、减少现场评审内容，采信相关评价结果，避免重复评审。

六、关于检验检测机构资质认定证书有效期的衔接

检验检测机构资质认定证书有效期由 3 年调整为 6 年。本次资质认定证书有效期调整为自然过渡，目前检验检测机构持有的资质认定证书，在有效期内仍然有效，有效期届满前，按照规定申请复查换证。自 2015 年 8 月 1 日起，统一颁发有效期为 6 年的检验检测机构资质认定证书。

七、关于检验检测人员的有关要求

（一）检验检测机构授权签字人应当具有中级及以上技术职称或者同等能力，“博士研究生毕业，从事相关专业检验检测工作 1 年及以上；硕士研究生毕业，从事相关专业检验检测工作 3 年及以上；大学本科毕业，从事相关专业检验检测工作 5 年及以上；大学专科毕业，从事相关专业检验检测工作 8 年及以上”可视为具有同等能力。

（二）食品检验机构授权签字人应当具有中级及以上技术职称或者同等能力，“食品、生物、化学等专业博士研究生毕业，从事食品检验工作 1 年及以上；食品、生物、化学等专业硕士研究生毕业，从事食品检验工作 3 年及以上；食品、生物、化学等专业大学本科毕业，从事食品检验工作 5 年及以上；食品、生物、化学等专业大学专科毕业，从事食品检验工作 8 年及以上”可视为具有同等能力。

八、关于检验检测报告或者证书的责任

（一）取得检验检测机构资质认定的机构对其出具的检验检测报告或者证书负责，并承担相应法律责任。检验检测机构因自身原因导致检验检测结果错误、偏离或者其他后果的，应当自行承担相应解释、召回或者赔偿责任。涉及违反相关法律法规的，还应依法追究其相关法律责任。

（二）检验检测机构应当在资质认定的能力范围内开展检验检测工作，不含检验检测方法的各类产品标准、限值标准可不列入检验检测机构资质认定的能力范围，但在出具检验检测报告或者证书时可作为判定依据使用。

九、关于检验检测机构资质认定标志、检验检测专用章的规定

（一）检验检测机构在资质认定证书确定的能力范围内，对社会出具具有证明作用数据、结果时，应当标注检验检测机构资质认定标志，并加盖检验检测专用章。检验检测机构资质认定标志应按照国家认监委有关标志管理的文件规定，符合尺寸、比例、颜色方面的要求，并准确、清晰标注证书

编号。检验检测机构资质认定标志加盖（或者印刷）在检验检测报告或者证书封面，颜色建议为红色、蓝色或者黑色。检验检测专用章加盖在检验检测报告封面的机构名称位置或者检验检测结论位置，骑缝位置也应加盖。检验检测专用章应表明检验检测机构完整的、准确的名称。检验检测机构在其出具的各类检验检测报告或者证书上均应加盖检验检测专用章，用以表明该检验检测报告或者证书由其出具，并由该检验检测机构负责。检验检测机构应当建立检验检测专用章的管理制度，并对检验检测专用章的使用进行规范管理。

（二）检验检测机构为科研、教学、内部质量控制等活动出具检验检测数据、结果时，在资质认定证书确定的检验检测能力范围内的，出具的检验检测报告或者证书上可以不标注检验检测机构资质认定标志；在资质认定证书确定的检验检测能力范围外的，出具的检验检测报告或者证书上不得标注检验检测机构资质认定标志。

十、关于检验检测机构资质认定的监督管理

（一）国家认监委负责制定检验检测机构资质认定监督管理制度，组织对获得检验检测机构资质认定的机构实施监督检查并负责对省级资质认定部门实施的检验检测机构资质认定工作进行监督和指导。

国家认监委在组织实施国家级检验检测机构资质认定的监督检查时，可以采取三种方式：一是委托行业检验检测机构资质认定评审组，组织实施相关行业领域国家级检验检测机构资质认定的监督检查；二是委托直属出入境检验检疫局组织实施检验检疫系统检验检测机构资质认定的监督检查；三是直接组织实施检验检测机构资质认定监督检查。

（二）省级资质认定部门负责所辖区域检验检测机构资质认定的监督管理。原则上，省级资质认定部门负责对辖区内取得省级检验检测机构资质认定证书的机构进行监督检查；需要时，根据国家认监委的安排，也可以对辖区内取得国家级检验检测机构资质认定的机构进行监督检查。

省级资质认定部门应当贯彻落实国家认监委有关监督管理的工作制度和年度监督检查计划，并组织实施。省级资质认定部门也可以结合本行政区域的监管实际，制定适应本区域情况的细化监管制度或者检查方案，但不应与国家认监委的总体制度要求相矛盾，也不应形成不必要的重复检查。有关细化的地方监管制度和年度检查方案应当在实施前向国家认监委备案。省级资质认定部门可以直接组织实施，也可以组织地（市）、县级质量技术监督部门（市场监督管理部门）共同实施对辖区内检验检测机构资质认定的监督检查。

（三）地（市）、县级质量技术监督部门（市场监督管理部门）根据省级资质认定部门的安排，结合本行政区域的实际监管需要，可以组织对所辖区域内的检验检测机构进行资质认定监督检查，依法查处违法行为，并将查处结果上报省级资质认定部门。涉及国家认监委或者其他省级资质认定部门的，应及时上报省级资质认定部门，由其省级资质认定部门负责向国家认监委报告，或者向其他省级资质认定部门通报。

十一、关于检验检测机构资质认定分类监督管理

（一）根据风险程度分类监管

检验检测风险在不同区域、领域或者不同时期会有差异，资质认定部门应从实际出发，识别获得资质认定证书的检验检测机构的业务特点和风险点，逐步形成与实际情况相适应的风险管理机制。以下为风险程度较高领域：

1. 涉及安全的领域，例如食品安全、信息安全、环境安全、建筑安全等领域；

2. 涉及司法鉴定、质量仲裁等领域；

3. 涉及民生、公益和消费者利益的领域，如装饰装修材料检验、机动车安全技术检验等领域。

资质认定部门应对从事上述领域工作的检验检测机构重点关注。

（二）根据自我声明进行监管

鼓励检验检测机构通过自我声明，对有关质量体系的有效运行、技术能力的变更、分支机构的设立和运行等进行自我承诺，资质认定部门可以先期信任此类承诺，减少或者不进行现场评审。资质认定部门应对检验检测机构自我声明事项进行事后核查或者根据举报进行调查，杜绝虚假自我声明的行为。

（三）根据举报投诉进行监管

对于检验检测机构违法违规行为的举报，资质认定部门经调查核实后，除按照行政处理、处罚程序进行相应处置外，还应当将涉事检验检测机构的违法违规行为记录入其诚信档案，加强对其后续跟踪和检查。

（四）其他监管方式

资质认定部门还应通过检验检测机构年度报告、“双随机”抽查、专项监督检查、能力验证、统计制度或者利用国家认可机构的监督结果等其他监督管理方式，形成全国互联互通的监督管理模式。资认定部门应进一步完善检验检测服务业统计制度，充分利用统计制度的基本信息，建立检验检测机构诚信档案数据库，并据此实施分类监管。

十二、关于检验检测机构资质认定能力验证的规定

资质认定部门应有组织、有计划、有重点地开展能力验证或者比对活动，应当积极争取财政部门对能力验证活动的补贴。资质认定部门应科学规划能力验证项目数量，确保质量，避免随意设置能力验证项目，增加检验检测机构负担。

检验检测机构参加资质认定部门组织开展的能力验证或者比对活动，经初测和补测，能力验证结果不满意，技术能力不能满足资质认定要求的，检验检测机构应当及时按照资质认定部门的要求进行整改，整改后仍不满足要求的，资质认定部门应当对其资质能力范围进行调整。

国家认监委

2015 年 7 月 31 日

附录 13

市场监管总局关于进一步推进检验检测机构资质认定改革工作的意见

（国市监检测〔2019〕206 号）

各省、自治区、直辖市及新疆生产建设兵团市场监管局（厅、委）：

为深入贯彻“放管服”改革要求，认真落实“证照分离”工作部署，进一步推进检验检测机构资质认定改革，创新完善检验检测市场监管体制机制，优化检验检测机构准入服务，加强事中事后监管，营造公平竞争、健康有序的检验检测市场营商环境，充分激发检验检测市场活力，现就有关事项提出如下意见。

一、主要改革措施

（一）依法界定检验检测机构资质认定范围，逐步实现资质认定范围清单管理。

1. 法律、法规未明确规定应当取得检验检测机构资质认定的，无需取得资质认定。对于仅从事科研、医学及保健、职业卫生技术评价服务、动植物检疫以及建设工程质量鉴定、房屋鉴定、消防设施维护保养检测等领域的机构，不再颁发资质认定证书。已取得资质认定证书的，有效期内不再受理相关资质认定事项申请，不再延续资质认定证书有效期。

2. 法律、行政法规对检验检测机构资质管理另有规定的，应当按照国务院有关要求实施检验检测机构资质认定，避免相同事项的重复认定、评审。

（二）试点推行告知承诺制度。

在检验检测机构资质认定工作中，对于检验检测机构能够自我承诺符合告知的法定资质认定条件，市场监管总局和省级市场监管部门通过事中事后予以核查纠正的许可事项，采取告知承诺方式实施资质认定。具体工作按照国务院有关要求和市场监管总局制定的《检验检测机构资质认定告知承诺实施办法（试行）》（见附件）实施。

市场监管总局负责的检验检测机构资质认定事项和省级市场监管部门负责的涉及本行政区域内自由贸易试验区检验检测机构资质认定事项，先行试点实施告知承诺制度。根据试点工作情况，待条件成熟后，在全国范围内推行。

（三）优化准入服务，便利机构取证。

1. 检验检测机构申请延续资质认定证书有效期时，对于上一许可周期内无违法违规行为，未列入失信名单，并且申请事项无实质变化的，市场监管总局和省级市场监管部门可以采取形式审查方式，对于符合要求的，予以延续资质认定证书有效期，无需实施现场评审。

2. 检验检测机构申请无需现场确认的机构法定代表人、最高管理者、技术负责人、授权签字人等人员变更或者无实质变化的有关标准变更时，可以自我声明符合资质认定相关要求，并向市场监管总局或者省级市场监管部门报备。

3. 对于选择一般资质认定程序的，许可时限压缩四分之一，即：15 个工作日内作出许可决定、7 个工作日内颁发资质认定证书；全面推行检验检测机构资质认定网上许可系统，逐步实现申请、许可、发证全过程电子化。

（四）整合检验检测机构资质认定证书，实现检验检测机构“一家一证”。

1. 逐步取消检验检测机构以授权名称取得的资质认定证书，以在机构实体取得的资质认定证书上背书的形式保留其授权名称；检验检测机构与其依法设立的分支机构实行统一质量体系管理的，按照机构自愿申请原则，试点推行证书“一体化”管理，资质认定证书附分支机构地点以及检验检测能力。

2. 检验检测机构具有的检验检测基本条件、技术能力、资质认定信息等相关内容统一接入对外公布的全国检验检测机构大数据平台，纳入全国检验检测服务业统计工作。

二、抓好相关落实工作

（一）加强组织领导，做好宣传培训、指导工作。

各省级市场监管部门要高度重视资质认定改革工作，积极组织做好相关改革措施的宣传、解读工作。加强相关资质认定工作人员和监管人员培训，加快完善网上许可系统、信息系统建设，确保资质认定改革工作顺利推进。

（二）坚持依法推进，切实履职到位。

各省级市场监管部门要依法推进检验检测机构资质认定相关改革措施，切实履行相关职责，充分释放改革红利。积极配合市场监管总局做好相关法律法规立法协调和修订工作，不断完善法制保障。

（三）加强事中事后监管，落实主体责任。

各省级市场监管部门要全面落实“双随机、一公开”监管要求，对社会关注度高、风险等级高、投诉举报多、暗访问题多的领域实施重点监管，加大抽查比例，严查伪造、出具虚假检验检测数据和结果等违法行为；积极运用信用监管手段，逐步完善“互联网+监管”系统，落实检验检测机构主体责任和相关产品质量连带责任；对以告知承诺方式取得资质认定的机构承诺的真实性进行重点核查，发现虚假承诺或者承诺严重不实的，应当撤销相应资质认定事项，予以公布并记入其信用档案。

本意见规定的相关改革事项自 2019 年 12 月 1 日起施行。

附件：检验检测机构资质认定告知承诺实施办法（试行）

市场监管总局

2019 年 10 月 24 日

附录 14

国务院办公厅关于深化商事制度改革进一步为企业松绑减负激发企业活力的通知

（国办发〔2020〕29 号）

各省、自治区、直辖市人民政府，国务院各部委、各直属机构：

党中央、国务院高度重视商事制度改革。近年来，商事制度改革取得显著成效，市场准入更加便捷，市场监管机制不断完善，市场主体繁荣发展，营商环境大幅改善。但从全国范围看，“准入不准营”现象依然存在，宽进严管、协同共治能力仍需强化。为更好统筹推进新冠肺炎疫情防控和经济社会发展，加快打造市场化、法治化、国际化营商环境，充分释放社会创业创新潜力、激发企业活力，经国务院同意，现将有关事项通知如下：

一、推进企业开办全程网上办理

（一）全面推广企业开办“一网通办”。2020 年年底前，各省、自治区、直辖市和新疆生产建设兵团全部开通企业开办“一网通办”平台，做到企业开办全程网上办理，进一步压减企业开办时间至 4 个工作日内或更少。在此基础上，探索推动企业开办标准化、规范化试点。

（二）持续提升企业开办服务能力。依托“一网通办”平台，推行企业登记、公章刻制、申领发票和税控设备、员工参保登记、住房公积金企业缴存登记线上“一表填报”申请办理。具备条件的地方实现办齐的材料线下“一个窗口”一次领取，或者通过寄递、自助打印等实现不见面办理。在加强监管、保障安全前提下，大力推进电子营业执照、电子发票、电子印章在更广领域运用。

二、推进注册登记制度改革取得新突破

（三）加大住所与经营场所登记改革力度。支持各省级人民政府统筹开展住所与经营场所分离登记试点。市场主体可以登记一个住所和多个经营场所。对住所作为通信地址和司法文书（含行政执法文书）送达地登记，实行自主申报承诺制。对经营场所，各地可结合实际制定有关管理措施。对于市场主体在住所以外开展经营活动、属于同一县级登记机关管辖的，免于设立分支机构，申请增加经营场所登记即可，方便企业扩大经营规模。

（四）提升企业名称自主申报系统核名智能化水平。依法规范企业名称登记管理工作，运用大数据、人工智能等技术手段，加强禁限用字词库实时维护，提升对不适宜字词的分析和识别能力。推进与商标等商业标识数据库的互联共享，丰富对企业的告知提示内容。探索“企业承诺+事中事后监管”，减少“近似名称”人工干预。加强知名企业名称字号保护，建立名称争议处理机制。

三、简化相关涉企生产经营和审批条件

（五）推动工业产品生产许可证制度改革。将建筑用钢筋、水泥、广播电视传输设备、人民币鉴别仪、预应力混凝土铁路桥简支梁 5 类产品审批下放至省级市场监管部门。健全严格的质量安全监管措施，加强监督指导，守住质量安全底线。进一步扩大告知承诺实施范围，推动化肥产品由目前的后置现场审查调整为告知承诺。开展工业产品生产许可证有关政策、标准和技术规范宣传解读，加强对企业申办许可证的指导，帮助企业便利取证。

（六）完善强制性产品认证制度。扩大指定认证实施机构范围，提升实施机构的认证检测一站式服务能力，便利企业申请认证检测。防爆电气、燃气器具和大容积冰箱转为强制性产品认证费用由财政负担。简化出口转内销产品认证程序。督促指导强制性产品指定认证实施机构通过开辟绿色通道、接受已有合格评定结果、拓展在线服务等措施，缩短认证证书办理时间，降低认证成本。做好认证服务及技术支持，为出口转内销企业提供政策和技术培训，精简优化认证方案，安排专门人员对认证流程进行跟踪，合理减免出口转内销产品强制性产品认证费用。

（七）深化检验检测机构资质认定改革。将疫情防控期间远程评审等应急措施长效化。2021 年在全国范围内推行检验检测机构资质认定告知承诺制。全面推行检验检测机构资质认定网上审批，完善机构信息查询功能。

（八）加快培育企业标准“领跑者”。优化企业标准“领跑者”制度机制，完善评估方案，推动第三方评价机构发布一批企业标准排行榜，形成 2020 年度企业标准“领跑者”名单，引导更多企业声明公开更高质量的标准。

四、加强事中事后监管

（九）加强企业信息公示。以统一社会信用代码为标识，整合形成更加完善的企业信用记录，并通过国家企业信用信息公示系统、“信用中国”网站或中国政府网及相关部门门户网站等渠道，依法依规向社会公开公示。

（十）健全失信惩戒机制。落实企业年报“多报合一”政策，进一步优化工作机制，大力推行信用承诺制度，健全完善信用修复、强制退出等制度机制。依法依规运用各领域严重失信名单等信用管理手段，提高协同监管水平，加强失信惩戒。

（十一）推进实施智慧监管。在市场监管领域，进一步完善以“双随机、一公开”监管为基本手段、以重点监管为补充、以信用监管为基础的新型监管机制。健全完善缺陷产品召回制度，督促企业履行缺陷召回法定义务，消除产品安全隐患。推进双随机抽查与信用风险分类监管相结合，充分运用大数据等技术，针对不同风险等级、信用水平的检查对象采取差异化分类监管措施，逐步做到对企业信用风险状况以及主要风险点精准识别和预测预警。

（十二）规范平台经济监管行为。坚持审慎包容、鼓励创新原则，充分发挥平台经济行业自律和

企业自治作用，引导平台经济有序竞争，反对不正当竞争，规范发展线上经济。依法查处电子商务违法行为，维护公平有序的市场秩序，为平台经济发展营造良好营商环境。

各地区、各部门要认真贯彻落实本通知提出的各项任务和要求，聚焦企业生产经营的堵点痛点，加强政策统筹协调，切实落实工作责任，认真组织实施，形成工作合力。市场监管总局要会同有关部门加强工作指导，及时总结推广深化商事制度改革典型经验做法，协调解决实施中存在的问题，确保各项改革措施落地见效。

国务院办公厅

2020 年 9 月 1 日

附录 15

生态环境监测领域资质认定评审能力申报分类及方法表

附表 1 水（含大气降水）和废水

序号	项目名称	检测标准（方法）名称及编号（含年号）
1	臭	臭 臭阈值法《水和废水监测分析方法》（第四版）国家环境保护总局（2002 年）
		臭 文字描述法《水和废水监测分析方法》（第四版）国家环境保护总局（2002 年）
2	臭和味	生活饮用水标准检验方法 感官性状和物理指标（3.1 臭和味 嗅气和尝味法）（GB/T 5750.4—2006）
3	透明度	透明度 塞氏盘法《水和废水监测分析方法》（第四版）国家环境保护总局（2002 年）
4	水温	水质 水温的测定 温度计或颠倒温度计测定法（GB/T 13195—91）
5	浊度	水质 浊度的测定（分光光度法）（GB 13200—91）
		水质 浊度的测定（目视比浊法）（GB 13200—91）
		水质 浊度的测定 浊度计法（HJ 1075—2019）
6	浑浊度	生活饮用水标准检验方法 感官性状和物理指标（2.1 浑浊度 散射法）（GB/T 5750.4—2006）
		生活饮用水标准检验方法 感官性状和物理指标（2.2 浑浊度 目视比浊法）（GB/T 5750.4—2006）
7	流量	河流流量测验规范（附录 B 流速仪法）（GB 50179—2015）
		河流流量测验规范（附录 C 浮标法）（GB 50179—2015）
		水污染物排放总量监测技术规范（流量 流速仪法）（HJ/T 92—2002）
		水污染物排放总量监测技术规范（流量 堰槽法）（HJ/T 92—2002）
		水污染物排放总量监测技术规范（流量 容器法）（HJ/T 92—2002）
		水污染物排放总量监测技术规范（流量 浮标法）（HJ/T 92—2002）
		水污染物排放总量监测技术规范（流量 电磁式流量计法）（HJ/T 92—2002）
		水污染物排放总量监测技术规范（流量 电表式明渠流量计法）（HJ/T 92—2002）
8	色度	水质 色度的测定（铂钴比色法）（GB 11903—89）
		水质 色度的测定 稀释倍数法（HJ 1182—2021）
		生活饮用水标准检验方法 感官性状和物理指标（1.1 色度 铂-钴标准比色法）（GB/T 5750.4—2006）
9	氧化还原电位	氧化还原电位 电极法《水和废水监测分析方法》（第四版）国家环境保护总局（2002 年）
10	电导率	大气降水电导率的测定方法（GB 13580.3—92）
		电导率 便携式电导率仪法《水和废水监测分析方法》（第四版）国家环境保护总局（2002 年）
		电导率 实验室电导率仪法《水和废水监测分析方法》（第四版）国家环境保护总局（2002 年）
		生活饮用水标准检验方法 感官性状和物理指标（6.1 电导率 电极法）（GB/T 5750.4—2006）
11	溶解氧	水质 溶解氧的测定 电化学探头法（HJ 506—2009）
		水质 溶解氧的测定 碘量法（GB 7489－87）

序号	项目名称	检测标准（方法）名称及编号（含年号）
12	pH 值	水质　pH 值的测定　电极法（HJ1147—2020）
		大气降水 pH 值的测定　电极法（GB 13580.4—92）
		生活饮用水标准检验方法　感官性状和物理指标（5.1 pH 玻璃电极法）（GB/T 5750.4—2006）
		生活饮用水标准检验方法　感官性状和物理指标（5.2 pH 标准缓冲溶液比色法）（GB/T 5750.4—2006）
13	酸度	酸度　酸碱指示剂滴定法《水和废水监测分析方法》（第四版）国家环境保护总局（2002 年）
		酸度　电位滴定法《水和废水监测分析方法》（第四版）国家环境保护总局（2002 年）
14	碱度	碱度　酸碱指示剂滴定法《水和废水监测分析方法》（第四版）国家环境保护总局（2002 年）
		碱度　电位滴定法《水和废水监测分析方法》（第四版）国家环境保护总局（2002 年）
15	硫酸盐	水质　硫酸盐的测定　重量法（GB 11899—89）
		水质　硫酸盐的测定　铬酸钡分光光度法（试行）（HJ/T 342—2007）
		大气降水中硫酸盐测定（第一篇　硫酸钡浊度法）（GB 13580.6—1992）
		大气降水中硫酸盐测定（第二篇　铬酸钡-二苯碳酰二肼光度法）（GB13580.6—1992）
		生活饮用水标准检验方法　无机非金属指标（1.1 硫酸盐 硫酸钡比浊法）（GB/T 5750.5—2006）
		生活饮用水标准检验方法　无机非金属指标（1.2 硫酸盐 离子色谱法）（GB/T 5750.5—2006）
		生活饮用水标准检验方法　无机非金属指标［1.3 硫酸盐 铬酸钡分光光度法（热法）］（GB/T 5750.5—2006）
		生活饮用水标准检验方法　无机非金属指标［1.4 硫酸盐 铬酸钡分光光度法（冷法）］（GB/T 5750.5—2006）
16	悬浮物	水质　悬浮物的测定　重量法（GB 11901—89）
17	溶解性总固体	生活饮用水标准检验方法　感官性状和物理指标（8.1 溶解性总固体 称重法）（GB/T 5750.4—2006）
18	矿化度	矿化度 重量法《水和废水监测分析方法》（第四版）国家环境保护总局（2002 年）
19	全盐量	水质　全盐量的测定　重量法（HJ/T 51—1999）
20	氟化物	水质　氟化物的测定　氟试剂分光光度法（HJ 488—2009）
		水质　氟化物的测定　离子选择电极法（GB/T 7484—87）
		大气降水中氟化物的测定　新氟试剂光度法（GB 13580.10—92）
		生活饮用水标准检验方法　无机非金属指标（3.1 氟化物 离子选择电极法）（GB/T 5750.5—2006）
		生活饮用水标准检验方法　无机非金属指标（3.2 氟化物 离子色谱法）（GB/T 5750.5—2006）
		生活饮用水标准检验方法　无机非金属指标（3.3 氟化物 氟试剂分光光度法）（GB/T 5750.5—2006）
		生活饮用水标准检验方法　无机非金属指标（3.4 氟化物 双波长系数倍率氟试剂分光光度法）（GB/T 5750.5—2006）
		生活饮用水标准检验方法　无机非金属指标（3.5 氟化物 锆盐茜素比色法）（GB/T 5750.5—2006）

序号	项目名称	检测标准（方法）名称及编号（含年号）
21	氨氮	水质　氨氮的测定　气相分子吸收光谱法（HJ/T 195—2005）
		水质　氨氮的测定　纳氏试剂分光光度法（HJ 535—2009）
		水质　氨氮的测定　水杨酸分光光度法（HJ 536—2009）
		水质　氨氮的测定　蒸馏-中和滴定法（HJ 537—2009）
		生活饮用水标准检验方法　无机非金属指标（9.1 氨氮 纳氏试剂分光光度法）（GB/T 5750.5—2006）
		生活饮用水标准检验方法　无机非金属指标（9.2 氨氮 酚盐分光光度法）（GB/T 5750.5—2006）
		生活饮用水标准检验方法　无机非金属指标（9.3 氨氮 水杨酸盐分光光度法）（GB/T 5750.5—2006）
		水质　氨氮的测定　连续流动-水杨酸分光光度法（HJ 665—2013）
		水质　氨氮的测定　流动注射-水杨酸分光光度法（HJ 666—2013）
22	凯氏氮	水质　凯氏氮的测定（GB 11891—89）
		水质　凯氏氮的测定　气相分子吸收光谱法（HJ/T 196—2005）
23	总氮	水质　总氮的测定　碱性过硫酸钾消解紫外分光光度法（HJ 636—2012）
		水质　总氮的测定　气相分子吸收光谱法（HJ/T 199—2005）
		水质　总氮的测定　连续流动-盐酸萘乙二胺分光光度法（HJ 667—2013）
		水质　总氮的测定　流动注射-盐酸萘乙二胺分光光度法（HJ 668—2013）
24	亚硝酸盐氮	水质　亚硝酸盐氮的测定　分光光度法（GB 7493—87）
		水质　亚硝酸盐氮的测定　气相分子吸收光谱法（HJ/T 197—2005）
		生活饮用水标准检验方法　无机非金属指标（10.1 亚硝酸盐氮 重氮偶合分光光度法）（GB/T 5750.5—2006）
25	亚硝酸盐	大气降水中亚硝酸盐测定　N-（1-萘基）-乙二胺光度法（GB 13580.7—92）
26	硝酸盐氮	水质　硝酸盐氮的测定　酚二磺酸分光光度法（GB 7480—87）
		水质　硝酸盐氮的测定　紫外分光光度法（试行）（HJ/T 346—2007）
		水质　硝酸盐氮的测定　气相分子吸收光谱法（HJ/T 198—2005）
		生活饮用水标准检验方法　无机非金属指标（5.1 硝酸盐氮　麝香草酚分光光度法）（GB/T 5750.5—2006）
		生活饮用水标准检验方法　无机非金属指标（5.2 硝酸盐氮 紫外分光光度法）（GB/T 5750.5—2006）
		生活饮用水标准检验方法　无机非金属指标（5.3 硝酸盐氮 离子色谱法）（GB/T 5750.5—2006）
		生活饮用水标准检验方法　无机非金属指标（5.4 硝酸盐氮 镉柱还原法）（GB/T 5750.5—2006）
27	硝酸盐	大气降水中硝酸盐测定（第一篇　紫外光度法）（GB 13580.8—92）
		大气降水中硝酸盐测定（第二篇　镉柱还原光度法）（GB 13580.8—92）
28	化学需氧量	水质　化学需氧量的测定　重铬酸盐法（HJ 828—2017）
		水质　化学需氧量的测定　快速消解分光光度法（HJ/T 399—2007）
		高氯废水　化学需氧量的测定　氯气校正法（HJ/T 70—2001）
		高氯废水　化学需氧量的测定　碘化钾碱性高锰酸钾法（HJ/T 132—2003）

序号	项目名称	检测标准（方法）名称及编号（含年号）
29	氯化物	水质 氯化物的测定 硝酸银滴定法（GB 11896—89）
		大气降水中氯化物的测定 硫氰酸汞高铁光度法（GB 13580.9—92）
		水质 氯化物的测定 硝酸汞滴定法（试行）（HJ/T 343—2007）
		氯化物 离子选择电极 流动注射法《水和废水监测分析方法》（第四版）国家环境保护总局（2002 年）
		氯化物 电位滴定法《水和废水监测分析方法》（第四版）国家环境保护总局（2002 年）
		生活饮用水标准检验方法 无机非金属指标（2.1 氯化物 硝酸银容量法）（GB/T 5750.5—2006）
		生活饮用水标准检验方法 无机非金属指标（2.2 氯化物 离子色谱法）（GB/T 5750.5—2006）
		生活饮用水标准检验方法 无机非金属指标（2.3 氯化物 硝酸汞容量法）（GB/T 5750.5—2006）
30	游离二氧化碳	游离二氧化碳 酚酞指示剂滴定法《水和废水监测分析方法》（第四版）国家环境保护总局（2002 年）
31	侵蚀性二氧化碳	侵蚀性二氧化碳 甲基橙指示剂滴定法《水和废水监测分析方法》（第四版）国家环境保护总局（2002 年）
32	游离氯、总氯	水质 游离氯和总氯的测定 N,N-二乙基-1,4-苯二胺滴定法（HJ 585—2010）
		水质 游离氯和总氯的测定 N,N-二乙基-1,4-苯二胺分光光度法（HJ 586—2010）
		游离氯和总氯 碘量法《水和废水监测分析方法》（第四版）国家环境保护总局（2002 年）
33	二氧化氯、亚氯酸盐	水质 二氧化氯和亚氯酸盐的测定 连续滴定碘量法（HJ 551—2016）
34	高锰酸盐指数	水质 高锰酸盐指数的测定（GB 11892—89）
35	耗氧量	生活饮用水标准检验方法 有机物综合指标（1.1 耗氧量 酸性高锰酸钾滴定法）（GB/T 5750.7—2006）
		生活饮用水标准检验方法 有机物综合指标（1.2 耗氧量 碱性高锰酸钾滴定法）（GB/T 5750.7—2006）
36	总硬度	生活饮用水标准检验方法 感官性状和物理指标（7.1 总硬度 乙二胺四乙酸二钠滴定法）（GB/T 5750.4—2006）
37	钙和镁总量	水质 钙和镁总量的测定 EDTA 滴定法（GB 7477—87）
38	挥发酚	水质 挥发酚的测定 溴化容量法（HJ 502—2009）
		水质 挥发酚的测定 4-氨基安替比林分光光度法（方法 2 直接分光光度法）（HJ 503—2009）
		水质 挥发酚的测定 4-氨基安替比林分光光度法（方法 1 萃取分光光度法）（HJ 503—2009）
		生活饮用水标准检验方法 感官性状和物理指标（9.1 挥发酚 4-氨基安替吡啉三氯甲烷萃取分光光度法）（GB/T 5750.4—2006）
		生活饮用水标准检验方法 感官性状和物理指标（9.2 挥发酚 4-氨基安替吡啉直接分光光度法）（GB/T 5750.4—2006）
		水质 挥发酚的测定 流动注射-4-氨基安替比林分光光度法（HJ 825—2017）
39	生化需氧量	水质 五日生化需氧量（BOD_5）的测定 稀释与接种法（HJ 505—2009）
		水质 生化需氧量（BOD_5）的测定 微生物传感器快速测定法（HJ/T 86—2002）
		生活饮用水标准检验方法 有机物综合指标（2.1 生化需氧量 容量法）（GB/T 5750.7—2006）

序号	项目名称	检测标准（方法）名称及编号（含年号）
40	硫化物	水质　硫化物的测定　亚甲基蓝分光光度法（HJ 1226—2021）
		水质　硫化物的测定　气相分子吸收光谱法（HJ/T 200—2005）
		水质　硫化物的测定　碘量法（HJ/T 60—2000）
		生活饮用水标准检验方法　无机非金属指标（6.1 硫化物 N,N-二乙基对苯二胺分光光度法）（GB/T 5750.5—2006）
		生活饮用水标准检验方法　无机非金属指标（6.2 硫化物 碘量法）（GB/T 5750.5—2006）
		水质　硫化物的测定　流动注射-亚甲基蓝分光光度法（HJ 824—2017）
41	氰化物	水质　氰化物的测定　容量法和分光光度法（方法 1　硝酸银滴定法）（HJ 484—2009）
		水质　氰化物的测定　容量法和分光光度法（方法 2 异烟酸-吡唑啉酮分光光度法）（HJ 484—2009）
		水质　氰化物的测定　容量法和分光光度法（方法 3 异烟酸-巴比妥酸光度法）（HJ 484—2009）
		水质　氰化物的测定　容量法和分光光度法（方法 4 吡啶-巴比妥酸分光光度法）（HJ 484—2009）
		生活饮用水标准检验方法　无机非金属指标（4.1 氰化物 异烟酸-吡唑酮分光光度法）（GB/T 5750.5—2006）
		生活饮用水标准检验方法　无机非金属指标（4.2 氰化物 异烟酸-巴比妥酸分光光度法）（GB/T 5750.5—2006）
		水质　氰化物的测定　流动注射-分光光度法（HJ 823—2017）
42	元素磷	污水综合排放标准（附录 D　元素磷 磷钼蓝比色法）（GB 8978—1996）
		元素磷　气相色谱法《水和废水监测分析方法》（第四版）国家环境保护总局（2002 年）
43	黄磷	水质　黄磷的测定　气相色谱法（HJ 701—2014）
44	单质磷	水质　单质磷的测定　磷钼蓝分光光度法（暂行）（HJ 593—2010）
45	总磷	水质　总磷的测定　钼酸铵分光光度法（GB 11893—89）
		水质　总磷的测定　流动注射-钼酸铵分光光度法（HJ 671—2013）
46	磷酸盐	生活饮用水标准检验方法　无机非金属指标（7.1 磷酸盐 磷钼蓝分光光度法）（GB/T 5750.5—2006）
		水质　磷酸盐的测定　离子色谱法（HJ 669—2013）
47	磷酸盐、总磷	水质　磷酸盐和总磷的测定　连续流动-钼酸铵分光光度法（HJ 670—2013）
48	二氧化硅（可溶性）	二氧化硅（可溶性）硅钼黄光度法《水和废水监测分析方法》（第三版）国家环境保护局（1989 年）
		二氧化硅（可溶性）硅钼蓝光度法《水和废水监测分析方法》（第三版）国家环境保护局（1989 年）
49	二硫化碳	水质　二硫化碳的测定　二乙胺乙酸铜分光光度法（GB/T 15504—1995）
		生活饮用水标准检验方法　有机物指标（38.1 二硫化碳 气相色谱法）（GB/T 5750.8—2006）
50	碘化物	碘化物　催化比色法《水和废水监测分析方法》（第四版）国家环境保护总局（2002 年）
		生活饮用水标准检验方法　无机非金属指标（11.1 碘化物 硫酸铈催化分光光度法）（GB/T 5750.5—2006）
		生活饮用水标准检验方法　无机非金属指标（11.2 碘化物 高浓度碘化物比色法）（GB/T 5750.5—2006）
		生活饮用水标准检验方法　无机非金属指标（11.3 碘化物 高浓度碘化物容量法）（GB/T 5750.5—2006）
		水质　碘化物的测定　离子色谱法（HJ 778—2015）
		生活饮用水标准检验方法　无机非金属指标（11.4 碘化物　气相色谱法）（GB/T 5750.5—2006）

序号	项目名称	检测标准（方法）名称及编号（含年号）
51	氟、氯、亚硝酸盐、硝酸盐、硫酸盐	大气降水中氟、氯、亚硝酸盐、硝酸盐、硫酸盐的测定　离子色谱法（GB 13580.5—92）
52	无机阴离子	水质　无机阴离子（F^-、Cl^-、NO^{2-}、Br^-、NO_3^-、PO_4^{3-}、SO_3^{2-}、SO_4^{2-}）的测定　离子色谱法（HJ 84—2016）
53	氯酸盐、亚氯酸盐、溴酸盐、二氯乙酸和三氯乙酸	水质　氯酸盐、亚氯酸盐、溴酸盐、二氯乙酸和三氯乙酸的测定　离子色谱法（HJ 1050—2019）
54	硼	水质　硼的测定　姜黄素分光光度法（HJ/T 49—1999）
		生活饮用水标准检验方法　无机非金属指标（8.1 硼 甲亚胺-H　分光光度法）（GB/T 5750.5—2006）
55	汞、砷、硒、铋和锑	水质　汞、砷、硒、铋和锑的测定　原子荧光法（HJ 694—2014）
56	铜、铁、锰、锌、镉和铅	生活饮用水标准检验方法　金属指标（4.2 铜、铁、锰、锌、镉和铅 火焰原子吸收分光光度法）（GB/T 5750.6—2006）
57	砷	水质　总砷的测定　二乙基二硫代氨基甲酸银分光光度法（GB 7485—87）
		水质　痕量砷的测定　硼氢化钾-硝酸银分光光度法（GB 11900—89）
		生活饮用水标准检验方法　金属指标（6.1 砷 氢化物原子荧光法）（GB/T 5750.6—2006）
		生活饮用水标准检验方法　金属指标（6.2 砷　二乙氨基二硫代甲酸银分光光度法）（GB/T 5750.6—2006）
		生活饮用水标准检验方法　金属指标（6.3 砷 锌-硫酸系统新银盐分光光度法）（GB/T 5750.6—2006）
		生活饮用水标准检验方法　金属指标（6.4 砷 砷斑法）（GB/T 5750.6—2006）
58	硒	水质　硒的测定　2，3-二氨基萘荧光法（GB 11902—89）
		水质　硒的测定　石墨炉原子吸收分光光度法（GB/T 15505—1995）
		生活饮用水标准检验方法　金属指标（7.1 硒 氢化物原子荧光法）（GB/T 5750.6—2006）
		生活饮用水标准检验方法　金属指标（7.2 硒　二氨基萘荧光法）（GB/T 5750.6—2006）
		生活饮用水标准检验方法　金属指标（7.3 硒 氢化原子吸收分光光度法）（GB/T 5750.6—2006）
		水质　总硒的测定　3,3′-二氨基联苯胺分光光度法（HJ 811—2016）
		生活饮用水标准检验方法　金属指标（7.5 硒　二氨基联苯胺分光光度法）（GB/T 5750.6—2006）
59	铁	水质　铁的测定　邻菲啰啉分光光度法（试行）（HJ/T 345—2007）
		生活饮用水标准检验方法　金属指标(2.2 铁　二氮杂菲分光光度法)(GB/T 5750.6—2006)
60	锰	水质　锰的测定　高碘酸钾分光光度法（GB 11906—89）
		水质　锰的测定　甲醛肟分光光度法（试行）（HJ/T 344—2007）
		生活饮用水标准检验方法　金属指标（3.2 锰 过硫酸铵分光光度法）(GB/T 5750.6—2006)
		生活饮用水标准检验方法　金属指标（3.3 锰 甲醛肟分光光度法）（GB/T 5750.6—2006）
		生活饮用水标准检验方法　金属指标（3.4 锰 高碘酸银（Ш）钾分光光度法）（GB/T 5750.6—2006）
61	（总）铬	水质　总铬的测定（第一篇　高锰酸钾氧化-二苯碳酰二肼分光光度法）（GB 7466—87）
		水质　总铬的测定（第二篇　硫酸亚铁铵滴定法）（GB7466—87）
		水质　铬的测定　火焰原子吸收分光光度法（HJ 757—2015）

序号	项目名称	检测标准（方法）名称及编号（含年号）
62	六价铬	水质　六价铬的测定　二苯碳酰二肼分光光度法（GB 7467—87）
		生活饮用水标准检验方法　金属指标（10.1 六价铬 二苯碳酰二肼分光光度法）（GB/T 5750.6—2006）
		水质　六价铬的测定　流动注射-二苯碳酰二肼光度法（HJ 908—2017）
63	银	水质　银的测定　火焰原子吸收分光光度法（GB 11907—89）
		生活饮用水标准检验方法　金属指标（12.1 银 无火焰原子吸收分光光度法）（GB/T 5750.6—2006）
		生活饮用水标准检验方法　金属指标（12.2 银 巯基棉富集-高碘酸钾分光光度法）（GB/T 5750.6—2006）
		水质　银的测定　3，5-Br2-PADAP 分光光度法（HJ 489—2009）
		水质　银的测定　镉试剂 2B 分光光度法（HJ 490—2009）
64	镍	水质　镍的测定　丁二酮肟分光光度法（GB 11910—89）
		水质　镍的测定　火焰原子吸收分光光度法（GB 11912—89）
		生活饮用水标准检验方法　金属指标（15.1 镍 无火焰原子吸收分光光度法）（GB/T 5750.6—2006）
65	锑	生活饮用水标准检验方法　金属指标（19.1 锑 氢化物原子荧光法）（GB/T 5750.6—2006）
		生活饮用水标准检验方法　金属指标（19.2 锑 氢化物原子吸收分光光度法）（GB/T 5750.6—2006）
		水质　锑的测定　火焰原子吸收分光光度法（HJ 1046—2019）
		水质　锑的测定　石墨炉原子吸收分光光度法（HJ 1047—2019）
66	铍	水质　铍的测定　铬箐 R 分光光度法（HJ/T 58—2000）
		水质　铍的测定　石墨炉原子吸收分光光度法（HJ/T 59—2000）
		生活饮用水标准检验方法　金属指标（20.1 铍 桑色素荧光分光光度法）（GB/T 5750.6—2006）
		生活饮用水标准检验方法　金属指标（20.2 铍 无火焰原子吸收分光光度法）（GB/T 5750.6—2006）
		生活饮用水标准检验方法　金属指标（20.3 铍 铝试剂（金精三羧酸铵）分光光度法）（GB/T 5750.6—2006）
67	铵盐	大气降水中铵盐的测定（第一篇　纳氏试剂分光光度法）（GB 13580.11—1992）
		大气降水中铵盐的测定（第二篇　次氯酸钠-水杨酸分光光度法）GB 13580.11—1992）
68	钾、钠	水质　钾和钠的测定　火焰原子吸收分光光度法（GB 11904—89）
		大气降水中钠、钾的测定　原子吸收分光光度法（GB 13580.12—1992）
69	钠	生活饮用水标准检验方法　金属指标（22.1 钠 火焰原子吸收分光光度法）（GB/T 5750.6—2006）
		生活饮用水标准检验方法　金属指标（22.2 钠 离子色谱法）（GB/T 5750.6—2006）
70	钙、镁	水质　钙和镁的测定　原子吸收分光光度法（GB 11905—89）
		大气降水中钙、镁的测定　原子吸收分光光度法（GB 13580.13—92）
71	降水中有机酸（乙酸、甲酸和草酸）	环境空气降水中有机酸（乙酸、甲酸和草酸）的测定离子色谱法（HJ 1004—2018）
72	降水中阳离子	环境空气降水中阳离子（Na^+、NH_4^+、K^+、Mg^{2+}、Ca^{2+}）的测定离子色谱法（HJ 1005—2018）
73	可溶性阳离子	水质　可溶性阳离子（Li^+、Na^+、NH_4^+、K^+、Ca^{2+}、Mg^{2+}）的测定　离子色谱法（HJ 812—2016）

序号	项目名称	检测标准（方法）名称及编号（含年号）
74	钙	水质 钙的测定 EDTA 滴定法（GB 7476—87）
75	铜、铅、锌、镉	水质 铜、锌、铅、镉的测定 原子吸收分光光度法（GB 7475—87）
		铜、铅、锌、镉 阳极溶出伏安法《水和废水监测分析方法》（第四版）国家环境保护总局（2002 年）
76	铜、铅、镉	铜、铅、镉 石墨炉原子吸收分光光度法《水和废水监测分析方法》（第四版）国家环境保护总局（2002 年）
77	铜	水质 铜的测定 二乙基二硫代氨基甲酸钠分光光度法（HJ 485—2009）
		水质 铜的测定 2,9-二甲基-1,10 菲萝啉分光光度法（HJ 486—2009）
		生活饮用水标准检验方法 金属指标（4.1 铜 无火焰原子吸收分光光度法）（GB/T 5750.6—2006）
		生活饮用水标准检验方法 金属指标（4.3 铜 二乙基二硫代氨基甲酸钠分光光度法）（GB/T 5750.6—2006）
		生活饮用水标准检验方法 金属指标（4.4 铜 双乙醛草酰二腙分光光度法）（GB/T 5750.6—2006）
78	铅	生活饮用水标准检验方法 金属指标（11.1 铅 无火焰原子吸收分光光度法）（GB/T 5750.6—2006）
		生活饮用水标准检验方法 金属指标（11.5 铅 氢化物原子荧光法）（GB/T 5750.6—2006）
79	锌	生活饮用水标准检验方法 金属指标（5.2 锌 锌试剂-环己酮分光光度法）（GB/T 5750.6—2006）
80	镉	生活饮用水标准检验方法 金属指标（9.1 镉 无火焰原子吸收分光光度法）（GB/T 5750.6—2006）
		生活饮用水标准检验方法 金属指标（9.5 镉 原子荧光法）（GB/T 5750.6—2006）
81	钡	水质 钡的测定 石墨炉原子吸收分光光度法（HJ 602—2011）
		水质 钡的测定 火焰原子吸收分光光度法（HJ 603—2011）
		水质 钡的测定 电位滴定法（GB/T 14671—93）
		生活饮用水标准检验方法 金属指标（16.1 钡 无火焰原子吸收分光光度法）（GB/T 5750.6—2006）
82	铝	铝 间接火焰原子吸收法《水和废水监测分析方法》（第四版）国家环境保护总局（2002 年）
		生活饮用水标准检验方法 金属指标（1.1 铝 铬天青 S 分光光度法）（GB/T 5750.6—2006）
		生活饮用水标准检验方法 金属指标（1.2 铝 水杨基荧光酮-氯代十六烷基吡啶分光光度法）（GB/T 5750.6—2006）
		生活饮用水标准检验方法 金属指标（1.3 铝 无火焰原子吸收分光光度法）（GB/T 5750.6—2006）
83	钴	水质 钴的测定 5-氯-2-（吡啶偶氮）-1,3-二氨基苯分光光度法（HJ 550—2015）
		水质 钴的测定 石墨炉原子吸收分光光度法（HJ 958—2018）
		水质 钴的测定 火焰原子吸收分光光度法（HJ 957—2018）
		生活饮用水标准检验方法 金属指标（14.1 钴 无火焰原子吸收分光光度法）（GB/T 5750.6—2006）
84	钒	水质 钒的测定 钽试剂（BPHA）萃取分光光度法（GB/T 15503—1995）
		水质 钒的测定 石墨炉原子吸收分光光度法（HJ 673—2013）
		生活饮用水标准检验方法 金属指标（18.1 钒 无火焰原子吸收分光光度法）（GB/T 5750.6—2006）

序号	项目名称	检测标准（方法）名称及编号（含年号）
85	铟	水质 铟的测定 石墨炉原子吸收分光光度法（HJ 1193—2021）
86	铊	水质 铊的测定 石墨炉原子吸收分光光度法（HJ 748—2015）
		生活饮用水标准检验方法 金属指标（21.1 铊 无火焰原子吸收分光光度法）（GB/T 5750.6—2006）
87	（总）汞	水质 总汞的测定 冷原子吸收分光光度法（HJ 597—2011）
		水质 汞的测定 冷原子荧光法（试行）（HJ/T 341—2007）
		生活饮用水标准检验方法 金属指标（8.1 汞 原子荧光法）（GB/T 5750.6—2006）
		生活饮用水标准检验方法 金属指标（8.2 汞 冷原子吸收法）（GB/T 5750.6—2006）
88	锡	生活饮用水标准检验方法 金属指标（23.1 锡 氢化物原子荧光法）（GB/T 5750.6—2006）
		生活饮用水标准检验方法 金属指标（23.2 锡 分光光度法）（GB/T 5750.6—2006）
		生活饮用水标准检验方法 金属指标（23.3 锡 微分电位溶出法）（GB/T 5750.6—2006）
89	钛	生活饮用水标准检验方法 金属指标（17.2 钛 水杨基荧光酮分光光度法）（GB/T 5750.6—2006）
90	钼、钛	水质 钼和钛的测定 石墨炉原子吸收分光光度法（HJ 807—2016）
91	铁、锰	水质 铁、锰的测定 火焰原子吸收分光光度法（GB 11911—89）
92	铝等 27 种金属元素	生活饮用水标准检验方法 金属指标（1.4 电感耦合等离子体发射光谱法）（GB/T 5750.6—2006）
93	银等 30 种金属元素	生活饮用水标准检验方法 金属指标（1.5 电感耦合等离子体质谱法）（GB/T 5750.6—2006）
94	银等 32 种元素	水质 32 种元素的测定 电感耦合等离子体发射光谱法（HJ 776—2015）
95	银等 65 种元素	水质 65 种元素的测定 电感耦合等离子体质谱法（HJ 700—2014）
96	多环芳烃	水质 多环芳烃的测定 液液萃取和固相萃取高效液相色谱法（HJ 478—2009）
		多环芳烃 气相色谱-质谱法《水和废水监测分析方法》（第四版）国家环境保护总局（2002 年）
97	二噁英类	水质 二噁英类的测定 同位素稀释高分辨气相色谱-高分辨质谱法（HJ 77.1—2008）
98	苯并（a）芘	水质 苯并[*a*]芘的测定 乙酰化滤纸层析荧光分光光度法（GB 11895—89）
		生活饮用水标准检验方法 有机物指标（9.1 苯并[*a*]芘 高压液相色谱法）（GB/T 5750.8—2006）
		生活饮用水标准检验方法 有机物指标（9.2 苯并[*a*]芘 纸层析-荧光分光光度法）（GB/T 5750.8—2006）
99	硝基苯类化合物	水质 硝基苯类化合物的测定 气相色谱法（HJ 592—2010）
		硝基苯类（一硝基和二硝基化合物）还原-偶氮光度法《水和废水监测分析方法》（第四版）国家环境保护总局（2002 年）
		硝基苯类（三硝基化合物）氯代十六烷基吡啶光度法《水和废水监测分析方法》（第四版）国家环境保护总局（2002 年）
		水质 硝基苯类化合物的测定 液液萃取/固相萃取-气相色谱法（HJ 648—2013）
		水质 硝基苯类化合物的测定 气相色谱-质谱法（HJ 716—2014）
100	硝基苯	生活饮用水标准检验方法 有机物指标（29.1 硝基苯 气相色谱法）（GB/T 5750.8—2006）
101	三硝基甲苯	生活饮用水标准检验方法 有机物指标（30.1 三硝基甲苯 气相色谱法）（GB/T 5750.8—2006）
102	二硝基苯	生活饮用水标准检验方法 有机物指标（31.1 二硝基苯 气相色谱法）（GB/T 5750.8—2006）
103	硝基氯苯	生活饮用水标准检验方法 有机物指标（32 硝基氯苯 气相色谱法）（GB/T 5750.8—2006）
104	二硝基氯苯	生活饮用水标准检验方法 有机物指标（33 二硝基氯苯 气相色谱法）（GB/T 5750.8—2006）
105	梯恩梯、黑索今、地恩梯	水质 梯恩梯、黑索今、地恩梯的测定 气相色谱法（HJ 600—2011）

序号	项目名称	检测标准（方法）名称及编号（含年号）
106	梯恩梯	水质 梯恩梯的测定 N-氯代十六烷基吡啶 亚硫酸钠分光光度法（HJ 599—2011）
		水质 梯恩梯的测定 亚硫酸钠分光光度法（HJ 598—2011）
107	黑索今	水质 黑索今的测定 分光光度法（GB/T 13900—92）
108	苯胺类化合物	水质 苯胺类化合物的测定 N-（1-萘基）乙二胺偶氮分光光度法（GB 11889—89）
		苯胺类化合物 液相色谱法《水和废水监测分析方法》（第四版）国家环境保护总局（2002 年）
		水质 苯胺类化合物的测定 气相色谱-质谱法（HJ 822—2017）
		水质 17 种苯胺类化合物的测定 液相色谱-三重四极杆质谱法（HJ 1048—2019）
109	联苯胺	水质 联苯胺的测定 高效液相色谱法（HJ 1017—2019）
110	亚硝胺类化合物	水质 亚硝胺类化合物的测定 气相色谱法（HJ 809—2016）
111	苯胺	生活饮用水标准检验方法 有机物指标（37.1 苯胺 气相色谱法）（GB/T 5750.8—2006）
112	己内酰胺	生活饮用水标准检验方法 有机物指标（11.1 己内酰胺 气相色谱法）（GB/T 5750.8—2006）
113	丙烯酰胺	水质 丙烯酰胺的测定 气相色谱法 HJ 697—2014
		生活饮用水标准检验方法 有机物指标（10.1 丙烯酰胺 气相色谱法）（GB/T 5750.8—2006）
114	阴离子表面活性剂	水质 阴离子表面活性剂的测定 亚甲蓝分光光度法（GB 7494—87）
		水质 阴离子表面活性剂的测定 流动注射-亚甲基蓝分光光度法（HJ 826—2017）
115	阴离子洗涤剂	水质 阴离子洗涤剂的测定 电位滴定法（GB 13199—91）
116	阴离子合成洗涤剂	生活饮用水标准检验方法 感官性状和物理指标（10.1 阴离子合成洗涤剂 亚甲蓝分光光度法）（GB/T 5750.4—2006）
117	甲醛	水质 甲醛的测定 乙酰丙酮分光光度法（HJ 601—2011）
		甲醛 变色酸光度法《水和废水监测分析方法》（第四版）国家环境保护总局（2002 年）
		生活饮用水标准检验方法 消毒副产物指标（6.1 甲醛 4-氨基-3-联氨-5-巯基-1,2,4-三氮杂茂（AHMT）分光光度法）（GB/T 5750.10—2006）
118	乙醛	生活饮用水标准检验方法 消毒副产物指标（7.1 乙醛 气相色谱法）（GB/T 5750.10—2006）
119	三乙胺	水质 三乙胺的测定 溴酚蓝分光光度法（GB/T 14377—93）
120	偏二甲基肼	水质 偏二甲基肼的测定 氨基亚铁氰化钠分光光度法（GB/T 14376—93）
121	肼、甲基肼	水质 肼和甲基肼的测定 对二甲氨基苯甲醛分光光度法（第一部分 肼的测定）（HJ 674—2013）
		水质 肼和甲基肼的测定 对二甲氨基苯甲醛分光光度法（第二部分 甲基肼的测定）（HJ 674—2013）
122	水合肼	生活饮用水标准检验方法 有机物指标（39.1 水合肼 对二甲氨基苯甲醛分光光度法）（GB/T 5750.8—2006）
123	三氯乙醛	水质 三氯乙醛的测定 吡唑啉酮分光光度法（HJ/T 50—1999）
		三氯乙醛 气相色谱法《水和废水监测分析方法》（第四版）国家环境保护总局（2002 年）
		生活饮用水标准检验方法 消毒副产物指标（8.1 三氯乙醛 气相色谱法）（GB/T 5750.10—2006）
124	可吸附有机卤素	水质 可吸附有机卤素（AOX）的测定 离子色谱法（HJ/T 83—2001）
		水质 可吸附有机卤素（AOX）的测定 微库仑法（HJ 1214—2021）

序号	项目名称	检测标准（方法）名称及编号（含年号）
125	苯系物	水质　苯系物的测定　顶空/气相色谱法（HJ 1067—2019）
		生活饮用水标准检验方法　有机物指标（苯系物　附录 A 吹脱捕集/气相色谱-质谱法）（GB/T 5750.8—2006）
126	苯	生活饮用水标准检验方法　有机物指标（18.1 苯 溶剂萃取-填充柱气相色谱法）（GB/T 5750.8—2006）
		生活饮用水标准检验方法　有机物指标（18.2 苯 溶剂萃取-毛细管柱气相色谱法）（GB/T 5750.8—2006）
		生活饮用水标准检验方法　有机物指标（18.4 苯 顶空-毛细管柱气相色谱法）（GB/T 5750.8—2006）
		生活饮用水标准检验方法　有机物指标（18.3 苯 顶空-填充柱气相色谱法）（GB/T 5750.8—2006）
127	甲苯	生活饮用水标准检验方法　有机物指标（19 甲苯 溶剂萃取-填充柱气相色谱法）（GB/T 5750.8—2006）
		生活饮用水标准检验方法　有机物指标（19 甲苯 溶剂萃取-毛细管柱气相色谱法）（GB/T 5750.8—2006）
		生活饮用水标准检验方法　有机物指标（19 甲苯 顶空-毛细管柱气相色谱法）（GB/T 5750.8—2006）
		生活饮用水标准检验方法　有机物指标（19 甲苯 顶空-填充柱气相色谱法）（GB/T 5750.8—2006）
128	二甲苯	生活饮用水标准检验方法　有机物指标（20 二甲苯 溶剂萃取-填充柱气相色谱法）（GB/T 5750.8—2006）
		生活饮用水标准检验方法　有机物指标（20 二甲苯 溶剂萃取-毛细管柱气相色谱法）（GB/T 5750.8—2006）
		生活饮用水标准检验方法　有机物指标（20 二甲苯 顶空-毛细管柱气相色谱法）（GB/T 5750.8—2006）
		生活饮用水标准检验方法　有机物指标（20 二甲苯 顶空-填充柱气相色谱法）（GB/T 5750.8—2006）
129	乙苯	生活饮用水标准检验方法　有机物指标（21 乙苯 溶剂萃取-填充柱气相色谱法）（GB/T 5750.8—2006）
		生活饮用水标准检验方法　有机物指标（21 乙苯 溶剂萃取-毛细管柱气相色谱法）（GB/T 5750.8—2006）
		生活饮用水标准检验方法　有机物指标（21 乙苯 顶空-毛细管柱气相色谱法）（GB/T 5750.8—2006）
		生活饮用水标准检验方法　有机物指标（21 乙苯 顶空-填充柱气相色谱法）（GB/T 5750.8—2006）
130	苯乙烯	生活饮用水标准检验方法　有机物指标（35 苯乙烯 溶剂萃取-填充柱气相色谱法）（GB/T 5750.8—2006）
		生活饮用水标准检验方法　有机物指标（35 苯乙烯 溶剂萃取-毛细管柱气相色谱法）（GB/T 5750.8—2006）
		生活饮用水标准检验方法　有机物指标（35 苯乙烯 顶空-毛细管柱气相色谱法）（GB/T 5750.8—2006）
		生活饮用水标准检验方法　有机物指标（35 苯乙烯 顶空-填充柱气相色谱法）（GB/T 5750.8—2006）

序号	项目名称	检测标准（方法）名称及编号（含年号）
131	异丙苯	生活饮用水标准检验方法　有机物指标（22 异丙苯 溶剂萃取-填充柱气相色谱法）（GB/T 5750.8—2006） 生活饮用水标准检验方法　有机物指标（22 异丙苯 溶剂萃取-毛细管柱气相色谱法）（GB/T 5750.8—2006） 生活饮用水标准检验方法　有机物指标（22 异丙苯 顶空-毛细管柱气相色谱法）（GB/T 5750.8—2006） 生活饮用水标准检验方法　有机物指标（22 异丙苯 顶空-填充柱气相色谱法）（GB/T 5750.8—2006）
132	有机氯农药	有机氯农药 毛细柱气相色谱法《水和废水监测分析方法》（第四版）国家环境保护总局（2002 年）
133	有机氯农药、氯苯类化合物	水质　有机氯农药和氯苯类化合物的测定　气相色谱-质谱法（HJ 699—2014）
134	六六六、滴滴涕	水质　六六六、滴滴涕的测定　气相色谱法（GB 7492—87） 生活饮用水标准检验方法　农药指标（2.1 六六六、1.1 滴滴涕 填充柱气相色谱法）（GB/T 5750.9—2006） 生活饮用水标准检验方法　农药指标（2.2 六六六、1.2 滴滴涕 毛细管柱气相色谱法）（GB/T 5750.9—2006）
135	林丹	生活饮用水标准检验方法　农药指标（3 林丹 填充柱气相色谱法）（GB/T 5750.9—2006） 生活饮用水标准检验方法　农药指标（3 林丹 毛细管柱气相色谱法）（GB/T 5750.9—2006）
136	对硫磷	生活饮用水标准检验方法　农药指标（4.1 对硫磷 填充柱气相色谱法）（GB/T 5750.9—2006） 生活饮用水标准检验方法　农药指标（4.2 对硫磷 毛细管柱气相色谱法）（GB/T 5750.9—2006）
137	甲基对硫磷	生活饮用水标准检验方法　农药指标（5 甲基对硫磷 填充柱气相色谱法）（GB/T 5750.9—2006） 生活饮用水标准检验方法　农药指标（5 甲基对硫磷 毛细管柱气相色谱法）（GB/T 5750.9—2006）
138	内吸磷	生活饮用水标准检验方法　农药指标（6 内吸磷 填充柱气相色谱法）（GB/T 5750.9—2006） 生活饮用水标准检验方法　农药指标（6 内吸磷 毛细管柱气相色谱法）（GB/T 5750.9—2006）
139	马拉硫磷	生活饮用水标准检验方法　农药指标（7 马拉硫磷 填充柱气相色谱法）（GB/T 5750.9—2006） 生活饮用水标准检验方法　农药指标（7 马拉硫磷 毛细管柱气相色谱法）（GB/T 5750.9—2006）
140	乐果	生活饮用水标准检验方法　农药指标（8 乐果 填充柱气相色谱法）（GB/T 5750.9—2006） 生活饮用水标准检验方法　农药指标（8 乐果 毛细管柱气相色谱法）（GB/T 5750.9—2006）
141	百菌清及拟除虫菊酯类农药	水质　百菌清及拟除虫菊酯类农药的测定　气相色谱—质谱法（HJ 753—2015）
142	百菌清	生活饮用水标准检验方法　农药指标（9.1 百菌清 气相色谱法）（GB/T 5750.9—2006）
143	百菌清、溴氰菊酯	水质　百菌清和溴氰菊酯的测定　气相色谱法（HJ 698—2014）
144	甲萘威	生活饮用水标准检验方法　农药指标（10.1 甲萘威 高压液相色谱法-紫外检测器）（GB/T 5750.9—2006） 生活饮用水标准检验方法　农药指标（10.2 甲萘威 分光光度法）（GB/T 5750.9—2006） 生活饮用水标准检验方法　农药指标（10.3 甲萘威 高压液相色谱法-荧光检测器）（GB/T 5750.9—2006）

序号	项目名称	检测标准（方法）名称及编号（含年号）
145	溴氰菊酯	生活饮用水标准检验方法　农药指标（11.1 溴氰菊酯 气相色谱法）（GB/T 5750.9—2006）
		生活饮用水标准检验方法　农药指标（11.2 溴氰菊酯 高压液相色谱法）（GB/T 5750.9—2006）
146	苯氧羧酸类除草剂	水质　苯氧羧酸类除草剂的测定　液相色谱/串联质谱法（HJ 770—2015）
147	15 种氯代除草剂	水质　15 种氯代除草剂的测定　气相色谱法（HJ 1070—2019）
148	灭草松	生活饮用水标准检验方法　农药指标（12.1 灭草松 气相色谱法）（GB/T 5750.9—2006）
149	2，4-滴	生活饮用水标准检验方法　农药指标（13 2,4-滴 气相色谱法）（GB/T 5750.9—2006）
150	敌敌畏	生活饮用水标准检验方法　农药指标（14 敌敌畏 填充柱气相色谱法）（GB/T 5750.9—2006）
		生活饮用水标准检验方法　农药指标（14 敌敌畏 毛细管柱气相色谱法）（GB/T 5750.9—2006）
151	呋喃丹	生活饮用水标准检验方法　农药指标（15.1 呋喃丹 高压液相色谱法）（GB/T 5750.9—2006）
152	毒死蜱	生活饮用水标准检验方法　农药指标（16.1 毒死蜱 气相色谱法）（GB/T 5750.9—2006）
153	莠去津	生活饮用水标准检验方法　农药指标（17.1 莠去津 高压液相色谱法）（GB/T 5750.9—2006）
154	草甘膦	生活饮用水标准检验方法　农药指标（18.1 草甘膦 高压液相色谱法）（GB/T 5750.9—2006）
		水质　草甘膦的测定　高效液相色谱法（HJ 1071—2019）
155	七氯	生活饮用水标准检验方法　农药指标（19.1 七氯 液液萃取气相色谱法）（GB/T 5750.9—2006）
156	六氯苯	生活饮用水标准检验方法　农药指标（20 六氯苯 气相色谱法）（GB/T 5750.9—2006）
157	酚类化合物	水质　酚类化合物的测定　液液萃取/气相色谱法（HJ 676—2013）
		水质　酚类化合物的测定气相色谱-质谱法（HJ 744—2015）
158	萘酚	水质　萘酚的测定　高效液相色谱法（HJ 1073—2019）
159	硝基酚类化合物	水质　硝基酚类化合物的测定　气相色谱-质谱法（HJ 1150—2020）
160	4 种硝基酚类化合物	水质　4 种硝基酚类化合物的测定　液相色谱-三重四极杆质谱法（HJ 1049—2019）
161	9 种烷基酚类化合物和双酚 A	水质　9 种烷基酚类化合物和双酚 A 的测定　固相萃取/高效液相色谱法（HJ 1192—2021）
162	五氯酚	水质　五氯酚的测定　藏红 T 分光光度法（GB 9803—88）
		水质　五氯酚的测定　气相色谱法（HJ 591—2010）
		生活饮用水标准检验方法　农药指标（21 五氯酚　衍生化气相色谱法）（GB/T 5750.9—2006）
		生活饮用水标准检验方法　农药指标（21 五氯酚　顶空固相微萃取气相色谱法）（GB/T 5750.9—2006）
163	2,4,6-三氯酚	生活饮用水标准检验方法　消毒副产物指标（12.1 2,4,6-三氯酚　衍生化气相色谱法）（GB/T 5750.10—2006）
		生活饮用水标准检验方法　消毒副产物指标（12.2 2,4,6-三氯酚　顶空固相萃取气相色谱法）（GB/T 5750.10—2006）
164	有机磷农药	水质　有机磷农药的测定　气相色谱法（GB 13192—91）
		水、土中有机磷农药测定的气相色谱法（GB/T 14552—2003）
		水质　28 种有机磷农药的测定　气相色谱-质谱法（HJ 1189—2021）
		有机磷农药　毛细柱气相色谱法《水和废水监测分析方法》（第四版）国家环境保护总局（2002 年）
		有机磷农药 填充柱气相色谱法《水和废水监测分析方法》（第四版）国家环境保护总局（2002 年）

序号	项目名称	检测标准（方法）名称及编号（含年号）
165	阿特拉津	水质　阿特拉津的测定　高效液相色谱法（HJ 587—2010）
		水质　阿特拉津的测定　气相色谱法（HJ 754—2015）
166	挥发性卤代烃	水质　挥发性卤代烃的测定　顶空气相色谱法（HJ 620—2011）
		挥发性卤代烃 吹脱捕集气相色谱法 《水和废水监测分析方法》（第四版）国家环境保护总局（2002 年）
167	氯苯类化合物	水质　氯苯类化合物的测定　气相色谱法（HJ 621—2011）
		氯苯类化合物　填充柱气相色谱法《水和废水监测分析方法》（第四版）国家环境保护总局（2002 年）
168	氯苯	水质　氯苯的测定　气相色谱法（HJ/T 74—2001）
		生活饮用水标准检验方法　有机物指标（23.1 氯苯 气相色谱法）（GB/T 5750.8—2006）
169	二氯苯	生活饮用水标准检验方法　有机物指标（24.1 二氯苯 气相色谱法）（GB/T 5750.8—2006）
170	1，2-二氯苯	生活饮用水标准检验方法　有机物指标（25 1,2-二氯苯 气相色谱法）（GB/T 5750.8—2006）
171	1,4-二氯苯	生活饮用水标准检验方法　有机物指标（26 1,4-二氯苯 气相色谱法）（GB/T 5750.8—2006）
172	三氯苯	生活饮用水标准检验方法　有机物指标（27 三氯苯 气相色谱法）（GB/T 5750.8—2006）
173	四氯苯	生活饮用水标准检验方法　有机物指标（28 四氯苯 气相色谱法）（GB/T 5750.8—2006）
174	吡啶	水质　吡啶的测定　顶空/气相色谱法（HJ 1072—2019）
		生活饮用水标准检验方法　有机物指标（41.1 吡啶 巴比妥酸分光光度法）（GB/T 5750.8—2006）
175	丙烯腈、丙烯醛	水质　丙烯腈和丙烯醛的测定　吹扫捕集/气相色谱法（HJ 806—2016）
176	丙烯醛	生活饮用水标准检验方法　有机物指标（16.1 丙烯醛 气相色谱法）（GB/T 5750.8—2006）
177	丙烯腈	水质　丙烯腈的测定　气相色谱法（HJ/T 73—2001）
		生活饮用水标准检验方法　有机物指标（15.1 丙烯腈 气相色谱法）（GB/T 5750.8—2006）
178	乙腈	水质　乙腈的测定　直接进样/气相色谱法（HJ 789—2016）
		水质　乙腈的测定　吹扫捕集/气相色谱法（HJ 788—2016）
179	烷基汞	水质烷基汞的测定吹扫捕集/气相色谱-冷原子荧光光谱法（HJ977—2018）
		水质　烷基汞的测定　气相色谱法（GB/T 14204—93）
180	甲基汞	环境 甲基汞的测定　气相色谱法（GB/T 17132—1997）
181	挥发性有机物	水质　挥发性有机物的测定　吹扫捕集/气相色谱法（HJ 686—2014）
		水质　挥发性有机物的测定　吹扫捕集/气相色谱-质谱法（HJ 639—2012）
		水质　挥发性有机物的测定　顶空/气相色谱-质谱法（HJ 810—2016）
		生活饮用水标准检验方法　有机物指标（挥发性有机物　附录 A 吹脱捕集/气相色谱-质谱法）（GB/T 5750.8—2006）
182	邻苯二甲酸二甲（二丁、二辛）酯	水质　邻苯二甲酸二甲（二丁、二辛）酯的测定　液相色谱法（HJ/T 72—2001）
183	6 种邻苯二甲酸酯类化合物	水质　6 种邻苯二甲酸酯类化合物的测定　液相色谱-三重四极杆质谱法（HJ 1242—2022）
184	邻苯二甲酸酯、己二酸酯	邻苯二甲酸酯和己二酸酯 气相色谱-质谱法《水和废水监测分析方法》（第四版）国家环境保护总局（2002 年）
185	（邻苯二甲酸二（2-乙基己基）酯	生活饮用水标准检验方法　有机物指标（12.1 邻苯二甲酸二（2-乙基己基）酯 气相色谱法）（GB/T 5750.8—2006）
186	多氯联苯	水质　多氯联苯的测定　气相色谱-质谱法 HJ 715—2014
187	半挥发性有机物	半挥发性有机物　气相色谱-质谱法《水和废水监测分析方法》（第四版）国家环境保护总局（2002 年）
		生活饮用水标准检验方法　有机物指标（半挥发性有机物　附录 B 固相萃取/气相色谱-质谱法）（GB/T 5750.8—2006）

序号	项目名称	检测标准（方法）名称及编号（含年号）
188	石油类和动植物油类	水质　石油类和动植物油类的测定　红外分光光度法》（HJ 637—2018）
189	石油（类）	石油类　重量法《水和废水监测分析方法》（第四版）国家环境保护总局（2002 年）
		水质　石油类的测定　紫外分光光度法（试行）（HJ 970—2018）
		生活饮用水标准检验方法　有机物综合指标（3.1 石油　称重法）（GB/T 5750.7—2006）
		生活饮用水标准检验方法　有机物综合指标（3.2 石油　紫外分光光度法）（GB/T 5750.7—2006）
		生活饮用水标准检验方法　有机物综合指标（3.3 石油　荧光光度法）（GB/T 5750.7—2006）
		生活饮用水标准检验方法　有机物综合指标（3.4 石油　荧光分光光度法）（GB/T 5750.7—2006）
		生活饮用水标准检验方法　有机物综合指标（3.5 石油　非分散红外光度法）（GB/T 5750.7—2006）
190	挥发性石油烃（C_6-C_9）	水质　挥发性石油烃（C_6-C_9）的测定　吹扫捕集/气相色谱法（HJ 893—2017）
191	可萃取性石油烃（C_{10}-C_{40}）	水质　可萃取性石油烃（C_{10}-C_{40}）的测定　气相色谱法（HJ 894—2017）
192	丁基黄原酸	水质　丁基黄原酸的测定液相色谱-三重四极杆串联质谱法（HJ 1002—2018）
		水质　丁基黄原酸的测定　紫外分光光度法（HJ 756—2015）
		生活饮用水标准检验方法　有机物指标（43.1 丁基黄原酸　铜试剂亚铜分光光度法）（GB/T 5750.8—2006）
		水质　丁基黄原酸的测定　吹扫捕集/气相色谱-质谱法（HJ 896—2017）
193	四乙基铅	水质　四乙基铅的测定　顶空/气相色谱-质谱法（HJ 959—2018）
194	苦味酸	生活饮用水标准检验方法　有机物指标（42.1 苦味酸　气相色谱法）（GB/T 5750.8—2006）
195	总有机碳	水质　总有机碳的测定　燃烧氧化—非分散红外吸收法（HJ 501—2009）
		生活饮用水标准检验方法　有机物综合指标（4.1 总有机碳　仪器分析法）（GB/T 5750.7—2006）
196	环氧氯丙烷	生活饮用水标准检验方法　有机物指标（17.1 环氧氯丙烷　气相色谱法）（GB/T 5750.8—2006）
197	松节油	水质　松节油的测定　气相色谱法（HJ 696—2014）
		水质　松节油的测定　吹扫捕集/气相色谱-质谱法（HJ 866—2017）
		生活饮用水标准检验方法　有机物指标（40.1 松节油　气相色谱法）（GB/T 5750.8—2006）
198	氨基甲酸酯类农药	水质　氨基甲酸酯类农药的测定　超高效液相色谱-三重四极杆质谱法（HJ 827—2017）
199	硝磺草酮	水质　硝磺草酮的测定　液相色谱法（HJ 850—2017）
200	甲醇、丙酮	水质　甲醇和丙酮的测定　顶空/气相色谱法（HJ 895—2017）
201	乙撑硫脲	水质　乙撑硫脲的测定　液相色谱法（HJ 849—2017）
202	灭多威、灭多威肟	水质　灭多威和灭多威肟的测定　液相色谱法（HJ 851—2017）
203	百草枯、杀草快	水质　百草枯和杀草快的测定　固相萃取-高效液相色谱法（HJ 914—2017）
204	卤代乙酸类化合物	水质　卤代乙酸类化合物的测定　气相色谱法（HJ 758—2015）
205	磺酰脲类农药	水质　磺酰脲类农药的测定　高效液相色谱法（HJ 1018—2019）

序号	项目名称	检测标准（方法）名称及编号（含年号）
206	多溴二苯醚	水质　多溴二苯醚的测定　气相色谱-质谱法（HJ 909—2017）
207	氧化乐果、甲胺磷、乙酰甲胺磷、辛硫磷	水质　氧化乐果、甲胺磷、乙酰甲胺 磷、辛硫磷的测定　液相色谱-三重四极杆质谱法（HJ 1183—2021）
208	三丁基锡等 4 种有机锡化合物	水质　三丁基锡等 4 种有机锡化合物的测定　液相色谱-电感耦合等离子体质谱法（HJ 1074—2019）
209	彩色显影剂总量	水质　彩色显影剂总量的测定　169 成色剂分光光度法（暂行）（HJ 595—2010）
210	显影剂及氧化物总量	污水综合排放标准（附录 D2 显影剂及氧化物总量　碘-淀粉比色法（GB 8978—1996）

附表 2　环境空气和废气

序号	项目名称	检测标准（方法）名称及编号（含年号）
1	二氧化硫	环境空气　二氧化硫的测定　四氯汞盐吸收-副玫瑰苯胺分光光度法（HJ 483—2009）及修改单
		环境空气　二氧化硫的测定　甲醛吸收-副玫瑰苯胺分光光度法（HJ 482—2009）及修改单
		固定污染源排气中二氧化硫的测定　碘量法（HJ/T 56—2000）
		固定污染源废气 二氧化硫的测定　定电位电解法（HJ 57—2017）
		固定污染源废气　二氧化硫的测定　非分散红外吸收法（HJ 629—2011）
		污染源废气　二氧化硫　自动滴定 碘量法《空气和废气监测分析方法》（第四版）国家环境保护总局（2003 年）
		污染源废气　二氧化硫　甲醛缓冲溶液吸收-盐酸副玫瑰苯胺分光光度法《空气和废气监测分析方法》（第四版）国家环境保护总局（2003 年）
		固定污染源废气 二氧化硫的测定　便携式紫外吸收法（HJ 1131—2020）
2	氮氧化物	环境空气　氮氧化物（一氧化氮和二氧化氮）的测定　盐酸萘乙二胺分光光度法（HJ 479—2009）及修改单
		固定污染源排气中氮氧化物的测定　紫外分光光度法（HJ/T 42—1999）
		固定污染源排气中氮氧化物的测定　盐酸萘乙二胺分光光度法（HJ/T 43—1999）
		固定污染源排气 氮氧化物的测定　酸碱滴定法（HJ 675—2013）
		固定污染源废气 氮氧化物的测定　定电位电解法（HJ 693—2014）
		固定污染源废气 氮氧化物的测定　非分散红外吸收法（HJ 692—2014）
		固定污染源废气　氮氧化物的测定　便携式紫外吸收法（HJ 1132—2020）
3	二氧化氮	环境空气　二氧化氮的测定　Saltzman 法（GB/T 15435—1995）
		环境空气　二氧化氮　定电位电解法《空气和废气监测分析方法》（第四版）国家环境保护总局（2003 年）
3	臭氧	环境空气　臭氧的测定　靛蓝二磺酸钠分光光度法（HJ 504—2009）及修改单
		环境空气　臭氧的测定　紫外光度法（HJ 590—2010）及修改单
		环境空气　臭氧　硼酸碘化钾分光光度法《空气和废气监测分析方法》（第四版）国家环境保护总局（2003 年）
4	一氧化碳	空气质量　一氧化碳的测定　非分散红外法（GB 9801—88）
		固定污染源排气中一氧化碳的测定　非色散红外吸收法（HJ/T 44—1999）
		环境空气　一氧化碳　定电位电解法《空气和废气监测分析方法》（第四版）国家环境保护总局（2003 年）
		固定污染源废气一氧化碳的测定　定电位电解法（HJ973—2018）
5	气态污染物（SO_2、NO、NO_2、CO、CO_2）	固定污染源废气 气态污染物（SO_2、NO、NO_2、CO、CO_2）的测定　便携式傅立叶变换红外光谱法（HJ 1240—2021）
6	氰化氢	固定污染源排气中氰化氢的测定　异烟酸-吡唑啉酮分光光度法（HJ/T 28—1999）
		环境空气　氰化氢　异烟酸-吡唑啉酮分光光度法《空气和废气监测分析方法》（第四版）国家环境保护总局（2003 年）
7	氯化氢	固定污染源排气中氯化氢的测定　硫氰酸汞分光光度法（HJ/T 27—1999）
		固定污染源废气 氯化氢的测定　硝酸银容量法（HJ 548—2016）
		环境空气和废气 氯化氢的测定　离子色谱法（HJ 549—2016）
		环境空气　氯化氢　硫氰酸汞分光光度法《空气和废气监测分析方法》（第四版）

序号	项目名称	检测标准（方法）名称及编号（含年号）
8	溴化氢	固定污染源废气 溴化氢的测定 离子色谱法（HJ 1040—2019）
9	硫化氢	环境空气 硫化氢 亚甲基蓝分光光度法《空气和废气监测分析方法》（第四版）国家环境保护总局（2003 年）
		环境空气 硫化氢 直接显色分光光度法《空气和废气监测分析方法》（第四版）国家环境保护总局（2003 年）
		污染源废气 硫化氢 亚甲基蓝分光光度法《空气和废气监测分析方法》（第四版）国家环境保护总局（2003 年）
		污染源废气 硫化氢 碘量法《空气和废气监测分析方法》（第四版）国家环境保护总局（2003 年）
10	氯气	固定污染源排气中氯气的测定 甲基橙分光光度法（HJ/T 30—1999）
		固定污染源废气 氯气的测定 碘量法（HJ 547—2017）
		环境空气 氯气 甲基橙分光光度法 《空气和废气监测分析方法》（第四版）国家环境保护总局（2003 年）
11	氨	环境空气和废气 氨的测定 纳氏试剂分光光度法（HJ 533—2009）
		环境空气 氨的测定 次氯酸钠-水杨酸分光光度法（HJ 534—2009）
		空气质量 氨的测定 离子选择电极法（GB/T 14669—93）
		污染源废气 氨 次氯酸钠-水杨酸分光光度法《空气和废气监测分析方法》（第四版）
12	光气	固定污染源排气中光气的测定 苯胺紫外分光光度法（HJ/T 31—1999）
		污染源废气 光气 碘量法《空气和废气监测分析方法》（第四版）国家环境保护总局（2003 年）
13	气态总磷	固定污染源废气 气态总磷的测定 喹钼柠酮容量法（HJ 545—2017）
14	氟化物	环境空气 氟化物的测定 滤膜采样/氟离子选择电极法（HJ 955—2018）
		环境空气 氟化物的测定 石灰滤纸采样氟离子选择电极法（HJ 481—2009）
		大气固定污染源 氟化物的测定 离子选择电极法（HJ/T 67—2001）
		污染源废气 氟化物 氟试剂分光光度法《空气和废气监测分析方法》（第四版）国家环境保护总局（2003 年）
15	氟化氢	固定污染源废气 氟化氢的测定 离子色谱法（HJ 688—2019）
16	二硫化碳	空气质量 二硫化碳的测定 二乙胺分光光度法（GB/T 14680—93）
		环境空气 二硫化碳 气相色谱法《空气和废气监测分析方法》（第三版）国家环境保护局（1990 年）
17	二氧化碳	固定污染源废气 二氧化碳的测定 非分散红外吸收法（HJ 870—2017）
18	铬酸雾	固定污染源排气中铬酸雾的测定 二苯基碳酰二肼分光光度法（HJ/T 29—1999）
19	硫酸雾	硫酸浓缩尾气硫酸雾的测定 铬酸钡比色法（GB 4920—85）
		固定污染源废气 硫酸雾的测定 离子色谱法（HJ 544—2016）
		污染源废气 硫酸雾 铬酸钡分光光度法《空气和废气监测分析方法》（第四版）国家环境保护总局（2003 年）
		环境空气 硫酸雾 二乙胺分光光度法《空气和废气监测分析方法》（第三版）国家环境保护局（1990 年）
20	五氧化二磷	环境空气 五氧化二磷的测定 钼蓝分光光度法（HJ 546—2015）
21	硫酸盐化速率	环境空气 硫酸盐化速率 碱片-铬酸钡分光光度法《空气和废气监测分析方法》（第四版）国家环境保护总局（2003 年）
		环境空气 硫酸盐化速率 碱片-重量法《空气和废气监测分析方法》（第四版）国家环境保护总局（2003 年）
		环境空气 硫酸盐化速率 碱片-离子色谱法《空气和废气监测分析方法》（第四版）国家环境保护总局（2003 年）

序号	项目名称	检测标准（方法）名称及编号（含年号）
22	总悬浮颗粒物	环境空气　总悬浮颗粒物的测定　重量法（GB/T 15432—1995）及修改单
23	$PM_{2.5}$	环境空气　PM_{10} 和 $PM_{2.5}$ 的测定　重量法（HJ 618—2011）及修改单
24	PM_{10}	环境空气　PM_{10} 和 $PM_{2.5}$ 的测定　重量法（HJ 618—2011）及修改单
25	低浓度颗粒物	固定污染源废气 低浓度颗粒物的测定　重量法（HJ 836—2017）
26	降尘	环境空气　降尘的测定　重量法（HJ 1221—2021）
27	烟（粉）尘（颗粒物）	固定污染源排气中颗粒物测定与气态污染物采样方法（GB/T16157—1996）及修改单、锅炉烟尘测试方法（GB 5468—91）
28	石棉尘	固定污染源排气中石棉尘的测定　镜检法（HJ/T 41—1999）
29	烟气黑度	固定污染源排放　烟气黑度的测定　林格曼烟气黑度图法（HJ/T 398—2007）
		污染源废气　烟气黑度　测烟望远镜法《空气和废气监测分析方法》（第四版）国家环境保护总局（2003 年）
		污染源废气　烟气黑度　光电测烟仪法《空气和废气监测分析方法》（第四版）国家环境保护总局（2003 年）
30	沥青烟	固定污染源排气中沥青烟的测定　重量法（HJ/T 45—1999）
31	油烟和油雾	固定污染源废气 油烟和油雾的测定　红外分光光度法（HJ 1077—2019）
32	臭气浓度	空气质量　恶臭的测定　三点比较式臭袋法（GB/T 14675—93）
33	汞	环境空气　汞的测定　巯基棉富集-冷原子荧光分光光度法（暂行）（HJ 542—2009）及修改单
		固定污染源废气　汞的测定　冷原子吸收分光光度法（暂行）（HJ 543—2009）
		污染源废气　汞及其化合物　原子荧光分光光度法《空气和废气监测分析方法》（第四版）国家环境保护总局（2003 年）
34	气态汞	环境空气 气态汞的测定　金膜富集/冷原子吸收分光光度法（HJ 910—2017）及修改单
		固定污染源废气 气态汞的测定　活性炭吸附/热裂解原子吸收分光光度法（HJ 917—2017）
35	铁	环境空气　铁　火焰原子吸收分光光度法《空气和废气监测分析方法》（第四版）国家环境保护总局（2003 年）
		环境空气　铁　4，7-二苯基-1，10-菲啰啉分光光度法《空气和废气监测分析方法》（第四版）国家环境保护总局（2003 年）
36	镉	大气固定污染源　镉的测定　火焰原子吸收分光光度法（HJ/T 64.1—2001）
		大气固定污染源　镉的测定　石墨炉原子吸收分光光度法（HJ/T 64.2—2001）
		大气固定污染源　镉的测定　对-偶氮苯重氮氨基偶氮苯磺酸分光光度法（HJ/T 64.3—2001）
37	镍	大气固定污染源　镍的测定　火焰原子吸收分光光度法（HJ/T 63.1—2001）
		大气固定污染源　镍的测定　石墨炉原子吸收分光光度法（HJ/T 63.2—2001）
		大气固定污染源　镍的测定　丁二酮肟-正丁醇萃取分光光度法（HJ/T 63.3—2001）
38	铍	环境空气　铍　石墨炉原子吸收分光光度法《空气和废气监测分析方法》（第四版）国家环境保护总局（2003 年）
		固定污染源废气 铍的测定　石墨炉原子吸收分光光度法　HJ684—2014
39	铅	环境空气　铅的测定　火焰原子吸收分光光度法（GB/T 15264—94）及修改单
		固定污染源废气　铅的测定　火焰原子吸收分光光度法（暂行）（HJ 538—2009）
		环境空气 铅的测定　石墨炉原子吸收分光光度法（HJ 539—2015）及修改单
		污染源废气 铅　石墨炉原子吸收分光光度法《空气和废气监测分析方法》（第四版）国家环境保护总局（2003 年）
		固定污染源废气 铅的测定　火焰原子吸收分光光度法　HJ685—2014
40	锡	大气固定污染源　锡的测定　石墨炉原子吸收分光光度法（HJ/T 65—2001）

序号	项目名称	检测标准（方法）名称及编号（含年号）
41	砷	固定污染源废气 砷的测定 二乙基二硫代氨基甲酸银分光光度法（HJ 540—2016）
		黄磷生产废气 气态砷的测定 二乙基二硫代氨基甲酸银分光光度法（暂行）（HJ 541—2009）
		环境空气 砷 新银盐分光光度法《空气和废气监测分析方法》（第四版）国家环境保护总局（2003 年）
		环境空气 砷 石墨炉原子吸收分光光度法《空气和废气监测分析方法》（第四版）国家环境保护总局（2003 年）
		污染源废气 砷 新银盐分光光度法《空气和废气监测分析方法》（第四版）国家环境保护总局（2003 年）
42	锑	环境空气 锑 5-Br-PADAP 分光光度法《空气和废气监测分析方法》（第四版）国家环境保护总局（2003 年）
43	铬（六价）	环境空气 铬（六价） 二苯碳酰二肼分光光度法《空气和废气监测分析方法》（第四版）国家环境保护总局（2003 年）
		环境空气 六价铬的测定 柱后衍生离子色谱法（HJ 779—2015）及修改单
44	硒	污染源废气 硒 石墨炉原子吸收分光光度法《空气和废气监测分析方法》（第四版）国家环境保护总局（2003 年）
45	颗粒物中砷、硒、铋、锑	环境空气和废气 颗粒物中砷、硒、铋、锑的测定 原子荧光法（HJ 1133—2020）
46	铜、锌、镉、铬、锰、镍	环境空气 铜、锌、镉、铬、锰及镍 火焰原子吸收分光光度法《空气和废气监测分析方法》（第四版）国家环境保护总局（2003 年）
		环境空气 铜、锌、镉、铬、锰及镍 石墨炉原子吸收分光光度法《空气和废气监测分析方法》（第四版）国家环境保护总局（2003 年）
47	颗粒物中铅等金属元素	空气和废气 颗粒物中铅等金属元素的测定 电感耦合等离子体质谱法（HJ 657—2013）及修改单
48	水溶性阳离子	环境空气 颗粒物中水溶性阳离子（Li^+、Na^+、NH_4^+、K^+、Ca^{2+}、Mg^{2+}）的测定 离子色谱法（HJ 800—2016）
49	水溶性阴离子	环境空气 颗粒物中水溶性阴离子（F^-、Cl^-、Br^-、NO_2^-、NO_3^-、PO_4^{3-}、SO_3^{2-}、SO_4^{2-}）的测定 离子色谱法（HJ 799—2016）
50	颗粒物中金属元素	空气和废气 颗粒物中金属元素的测定 电感耦合等离子体发射光谱法（HJ 777—2015）
51	颗粒物中无机元素	环境空气 颗粒物中无机元素的测定 能量色散 X 射线荧光光谱法（HJ 829—2017）
		环境空气 颗粒物中无机元素的测定 波长色散 X 射线荧光光谱法（HJ 830—2017）
52	碱雾	固定污染源废气碱雾的测定电感耦合等离子体发射光谱法（HJ 1007—2018）
53	总烃、甲烷和非甲烷总烃	固定污染源废气 总烃、甲烷和非甲烷总烃的测定 气相色谱法（HJ 38—2017）
		环境空气 总烃、甲烷和非甲烷总烃的测定 直接进样-气相色谱法（HJ 604—2017）
54	甲醇	固定污染源排气中甲醇的测定 气相色谱法（HJ/T 33—1999）
		甲醇 变色酸比色法《空气和废气监测分析方法》（第四版）国家环境保护总局（2003 年）
		甲醇的测定 气相色谱法《空气和废气监测分析方法》（第四版））国家环境保护总局（2003 年）
55	乙醛	固定污染源排气中乙醛的测定 气相色谱法（HJ/T 35—1999）
56	丙烯醛	固定污染源排气中丙烯醛的测定 气相色谱法（HJ/T 36—1999）
		丙烯醛 4-己基间苯二酚分光光度法《空气和废气监测分析方法》（第四版）国家环境保护总局（2003 年）
57	低分子醛	低分子醛 气相色谱法《空气和废气监测分析方法》（第四版）国家环境保护总局（2003 年）

序号	项目名称	检测标准（方法）名称及编号（含年号）
58	丙酮	丙酮　气相色谱法《空气和废气监测分析方法》（第四版）国家环境保护总局（2003 年）
		丙酮　糠醛比色法《空气和废气监测分析方法》（第四版）国家环境保护总局（2003 年）
59	环氧氯丙烷	环氧氯丙烷　气相色谱法《空气和废气监测分析方法》（第四版）国家环境保护总局（2003 年）
		环氧氯丙烷　乙酰丙酮分光光度法《空气和废气监测分析方法》（第四版）国家环境保护总局（2003 年）
60	氯丁二烯	氯丁二烯　气相色谱法《空气和废气监测分析方法》（第四版）国家环境保护总局（2003 年）
61	三甲胺	空气质量　三甲胺的测定　气相色谱法（GB/T 14676—93）
		固定污染源废气 三甲胺的测定　抑制型离子色谱法（HJ 1041—2019）
		环境空气和废气 三甲胺的测定　溶液吸收-顶空/气相色谱法（HJ 1042—2019）
62	氨、甲胺、二甲胺和三甲胺	环境空气 氨、甲胺、二甲胺和三甲胺的测定　离子色谱法（HJ 1076—2019）
63	吡啶	吡啶　巴比妥酸分光光度法《空气和废气监测分析方法》（第四版）国家环境保护总局（2003 年）
		环境空气和废气 吡啶的测定　气相色谱法（HJ 1219—2021）
64	异氰酸甲酯	异氰酸甲酯　2，4-二硝基氟苯分光光度法《空气和废气监测分析方法》（第四版）国家环境保护总局（2003 年）
65	肼	肼　分光光度法《空气和废气监测分析方法》（第四版）国家环境保护总局（2003 年）
66	偏二甲基肼	偏二甲基肼　分光光度法《空气和废气监测分析方法》（第四版）国家环境保护总局（2003 年）
67	肼、偏二甲基肼	肼和偏二甲基肼　气相色谱法《空气和废气监测分析方法》（第四版）国家环境保护总局（2003 年）
68	甲醛	空气质量　甲醛的测定　乙酰丙酮分光光度法（GB/T 15516—1995）
		甲醛　酚试剂分光光度法《空气和废气监测分析方法》（第四版）国家环境保护总局（2003 年）
		甲醛　离子色谱法《空气和废气监测分析方法》（第四版）国家环境保护总局（2003 年）
69	硫化氢、甲硫醇、甲硫醚、二甲二硫	空气质量　硫化氢、甲硫醇、甲硫醚和二甲二硫的测定　气相色谱法（GB/T 14678—93）
70	苯可溶物	固定污染源废气 苯可溶物的测定　索氏提取－重量法（HJ 690—2014）
71	丙烯腈	固定污染源排气中丙烯腈的测定　气相色谱法（HJ/T 37—1999）
		丙烯腈　气相色谱法《空气和废气监测分析方法》（第四版）国家环境保护总局（2003 年）
72	氯乙烯	固定污染源排气中氯乙烯的测定　气相色谱法（HJ/T 34—1999）
		氯乙烯　气相色谱法《空气和废气监测分析方法》（第四版）国家环境保护总局（2003 年）
73	苯系物	环境空气　苯系物的测定　固体吸附/热脱附-气相色谱法（HJ 583—2010）
		环境空气　苯系物的测定　活性炭吸附/二硫化碳解吸-气相色谱法（HJ 584—2010）
74	二噁英类	环境空气和废气　二噁英类的测定　同位素稀释高分辨气相色谱－高分辨质谱法物）的测定（HJ 77.2—2008）
75	多环芳烃	环境空气和废气 气相和颗粒物中多环芳烃的测定　高效液相色谱法（HJ 647—2013）
		环境空气和废气 气相和颗粒物中多环芳烃的测定　气相色谱-质谱法（HJ 646—2013）
76	苯并[*a*]芘	固定污染源排气中苯并[*a*]芘的测定　高效液相色谱法（HJ/T 40—1999）
		环境空气　苯并[*a*]芘的测定　高效液相色谱法（HJ 956—2018）
		空气质量　飘尘中苯并[*a*]芘的测定　乙酰化滤纸层析荧光分光光度法（GB 8971—88）

序号	项目名称	检测标准（方法）名称及编号（含年号）
77	硝基苯类化合物	空气质量 硝基苯类（一硝基和二硝基化合物）的测定 锌还原—盐酸萘乙二胺分光光度法（GB/T 15501—1995）
		硝基苯类化合物 苯吸收填充柱气相色谱法《空气和废气监测分析方法》（第四版）国家环境保护总局（2003 年）
		环境空气 硝基苯类化合物的测定 气相色谱法（HJ 738—2015）
		环境空气 硝基苯类化合物的测定 气相色谱-质谱法（HJ 739—2015）
78	醛酮类化合物	环境空气 醛、酮类化合物的测定 高效液相色谱法（HJ 683—2014）
		固定污染源废气 醛、酮类化合物的测定 溶液吸收-高效液相色谱法（HJ 1153—2020）
		环境空气 醛、酮类化合物的测定 溶液吸收-高效液相色谱法（HJ 1154—2020）
79	苯酚类化合物	固定污染源排气中酚类化合物的测定 4-氨基安替比林分光光度法（HJ/T 32—1999）
		苯酚类化合物 气相色谱法《空气和废气监测分析方法》（第四版）国家环境保护总局（2003 年）
		环境空气 酚类化合物的测定 高效液相色谱法 （HJ 638—2012）
		苯酚类化合物 氢氧化钠溶液吸收-高效液相色谱法《空气和废气监测分析方法》（第四版）国家环境保护总局（2003 年）
80	苯胺类	空气质量 苯胺类的测定 盐酸萘乙二胺分光光度法（GB/T 15502—1995）
		苯胺类 高效液相色谱法《空气和废气监测分析方法》（第四版）国家环境保护总局（2003 年）
		大气固定污染源 苯胺类的测定 气相色谱法（HJ/T 68—2001）
81	酰胺类化合物	环境空气和废气 酰胺类化合物的测定 液相色谱法（HJ 801—2016）
82	氯苯类化合物	固定污染源废气 氯苯类化合物的测定 气相色谱法（HJ 1079—2019）
83	挥发性有机物	环境空气 挥发性有机物的测定 吸附管采样-热脱附/气相色谱-质谱法（HJ 644—2013）
		固定污染源废气 挥发性有机物的测定 固相吸附-热脱附/气相色谱-质谱法（HJ 734—2014）
		环境空气 挥发性有机物的测定 便携式傅里叶红外仪法（HJ 919—2017）
		环境空气 挥发性有机物的测定罐采样/气相色谱-质谱法（HJ 759—2015）
84	挥发性卤代烃	环境空气 挥发性卤代烃的测定 活性炭吸附-二硫化碳解吸/气相色谱法（HJ 645—2013）
		固定污染源废气挥发性卤代烃的测定气袋采样-气相色谱法（HJ 1006—2018）
85	酞酸酯类	环境空气 酞酸酯类的测定 气相色谱－质谱法（HJ 867—2017）
		环境空气 酞酸酯类的测定 高效液相色谱法（HJ 868—2017）
		固定污染源废气 酞酸酯类的测定 气相色谱法（HJ 869—2017）
86	多氯联苯	环境空气 多氯联苯的测定 气相色谱-质谱法（HJ 902—2017）
		环境空气 多氯联苯的测定 气相色谱法（HJ 903—2017）
87	多氯联苯混合物	环境空气 多氯联苯混合物的测定 气相色谱法（HJ 904—2017）
88	有机氯农药	环境空气 有机氯农药的测定 气相色谱-质谱法（HJ 900—2017）
		环境空气 有机氯农药的测定 气相色谱法（HJ 901—2017）
		环境空气 有机氯农药的测定 高分辨气相色谱-高分辨质谱法（HJ 1224—2021）
89	指示性毒杀芬	环境空气 指示性毒杀芬的测定 气相色谱-质谱法（HJ 852—2017）
90	有机磷农药	有机磷农药 气相色谱法《空气和废气监测分析方法》（第四版）国家环境保护总局（2003 年）
91	甲基对硫磷	甲基对硫磷 气相色谱法《空气和废气监测分析方法》（第四版）国家环境保护总局（2003 年）
		甲基对硫磷 盐酸萘乙二胺分光光度法《空气和废气监测分析方法》（第四版）国家环境保护总局（2003 年）
92	敌百虫	敌百虫 硫氰酸汞分光光度法《空气和废气监测分析方法》（第四版）国家环境保护总局（2003 年）

序号	项目名称	检测标准（方法）名称及编号（含年号）
93	甲硫醇等 8 种含硫有机化合物	固定污染源废气 甲硫醇等 8 种含硫有机化合物的测定 气袋采样-预浓缩/气相色谱-质谱法（HJ 1078—2019）
94	6 种挥发性羧酸类化合物	环境空气 6 种挥发性羧酸类化合物的测定 气相色谱质谱法（HJ 1220—2021）
95	排气温度	固定污染源排气中颗粒物测定与气态污染物采样方法(5.1 排气温度的测定)(GB/T 16157—1996)及修改单
96	排气含湿量	固定污染源排气中颗粒物测定与气态污染物采样方法（5.2 排气中水分含量的测定）（GB/T 16157—1996）及修改单
97	排气中气体成分（CO、CO_2、O_2）	固定污染源排气中颗粒物测定与气态污染物采样方法（5.3 排气中 CO、CO_2、O_2 的测定）（GB/T 16157—1996）及修改单
98	排气流速、流量	固定污染源排气中颗粒物测定与气态污染物采样方法（7 排气流速、流量的测定）（GB/T 16157—1996）及修改单
99	排气中 O_2	电化学法测定氧 《空气和废气监测分析方法》（第四版）国家环境保护总局（2003 年）

附表 3 土壤和水系沉积物

序号	项目名称	检测标准（方法）名称及编号（含年号）
1	pH 值	土壤 pH 值的测定 电位法（HJ 962—2018）
2	电导率	土壤 电导率的测定 电极法（HJ 802—2016）
3	干物质、水分	土壤 干物质和水分的测定 重量法（HJ 613—2011）
4	容重	土壤检测 第 4 部分：土壤容重的测定（NY/T 1121.4—2006）
		森林土壤土粒密度的测定（LY/T 1224—1999）
5	有机质	土壤有机质测定法（NY/T 85—1988）
		土壤检测 第 6 部分：土壤有机质的测定（NY/T 1121.6—2006）
		森林土壤有机质的测定及碳氮比的计算（LY/T 1237—1999）
6	氰化物、总氰化物	土壤 氰化物和总氰化物的测定 分光光度法（HJ 745—2015）
7	有机碳	土壤 有机碳的测定 重铬酸钾氧化-分光光度法（HJ 615—2011）
		土壤 有机碳的测定 燃烧氧化-滴定法（HJ 658—2013）
		土壤 有机碳的测定 燃烧氧化-非分散红外法（HJ 695—2014）
8	水溶性和酸溶性硫酸盐	土壤 水溶性和酸溶性硫酸盐的测定 重量法 （HJ 635—2012）
9	氨氮、亚硝酸盐氮、硝酸盐氮	土壤 氨氮、亚硝酸盐氮、硝酸盐氮的测定 氯化钾溶液提取-分光光度法（HJ 634—2012）
10	全氮	土壤 全氮的测定 凯氏法 HJ717—2014
11	总磷	土壤 总磷的测定 碱熔－钼锑抗分光光度法（HJ 632—2011）
12	有效磷	土壤 有效磷的测定 碳酸氢钠浸提-钼锑抗分光光度法（HJ 704—2014）
13	氧化还原电位	土壤 氧化还原电位的测定 电位法（HJ 746—2015）
14	水溶性氟化物、总氟化物	土壤 水溶性氟化物和总氟化物的测定 离子选择电极法（HJ 873—2017）
15	氟化物	土壤质量 氟化物的测定 离子选择电极法（GB/T 22104—2008）
16	阳离子交换量	土壤 阳离子交换量的测定 三氯化六氨合钴浸提-分光光度法（HJ 889—2017）
17	水溶性盐（全盐量）	土壤检测 第 16 部分：土壤水溶性盐总量的测定（NY/T 1121.16—2006）
		石灰性土壤交换性盐基及盐基总量的测定（NY/T 1615—2008）
		森林土壤水溶性盐分分析（LY/T 1251—1999）
18	硫化物	土壤和沉积物 硫化物的测定 亚甲基蓝分光光度法（HJ 833—2017）
19	铜等 8 种有效态元素	土壤 8 种有效态元素的测定 二乙烯三胺五乙酸浸提-电感耦合等离子体发射光谱法（HJ 804—2016）
20	镉等 12 种金属元素	土壤和沉积物 12 种金属元素的测定 王水提取-电感耦合等离子体质谱法（HJ 803—2016）
21	总砷	土壤质量 总汞、总砷、总铅的测定 原子荧光法第 2 部分：土壤中总砷的测定（GB/T 22105.2—2008）
		土壤质量 总砷的测定 二乙基二硫代氨基甲酸银分光光度法（GB/T 17134—1997）
		土壤质量 总砷的测定 硼氢化钾-硝酸银分光光度法（GB/T 17135—1997）
22	全量素（铁、铝、钛、锰、钙、镁、磷）烧失量	森林土壤矿质全量素（铁、铝、钛、锰、钙、镁、磷）烧失量的测定（LY/T 1253—1999）
23	机械组成	森林土壤颗粒组成（机械组成）的测定（LY/T 1225—1999）
		土壤检测 第 3 部分：土壤机械组成的测定（NY/T 1121.3—2006）
24	粒度	土壤 粒度的测定吸液管法和比重计法（HJ 1068—2019）
25	速效钾、缓效钾	土壤速效钾和缓效钾含量的测定（NY/T 889—2004）
26	速效钾	森林土壤速效钾的测定（LY/T 1236—1999）

序号	项目名称	检测标准（方法）名称及编号（含年号）
27	全钾	土壤全钾测定法（NY/T 87—1988）
		森林土壤钾的测定（3.2 全钾 酸熔法）（LY/T1234—2015）
		森林土壤钾的测定（3.1 全钾 碱熔法）（LY/T1234—2015）
28	可交换酸度	土壤 可交换酸度的测定 氯化钾提取-滴定法（HJ 649—2013）
29	交换性钾和钠	森林土壤交换性钾和钠的测定（LY/T 1246—1999）
30	全钾、全钠	森林土壤全钾、全钠的测定（LY/T 1254—1999）
31	交换性钠	碱化土壤交换性钠的测定（LY/T 1248—1999）
32	钠、钙、镁	土壤全量钙、镁、钠的测定（NY/T 296—1995）
33	交换性钙和镁	土壤检测 第 13 部分：土壤交换性钙和镁的测定（NY/T 1121.13—2006）
		森林土壤交换性钙和镁的测定（LY/T 1245—1999）
34	铍	土壤和沉积物 铍的测定 石墨炉原子吸收分光光度法（HJ 737—2013）
35	铜、锌、镍、铬、铅、镉	土壤质量 重金属测定 王水回流消解原子吸收法（NY/T 1613—2008）
36	有效态锌、锰、铁、铜	土壤有效态锌、锰、铁、铜含量的测定 二乙三胺五乙酸（DTPA）浸提法（NY/T 890—2004）
37	铅、镉	土壤质量 铅、镉的测定 石墨炉原子吸收分光光度法（GB/T 17141—1997）
		土壤质量 铅、镉的测定 KI-MIBK 萃取火焰原子吸收分光光度法（GB/T 17140—1997）
38	总铅	土壤质量 总汞、总砷、总铅的测定 原子荧光法 第 3 部分土壤中总铅的测定（GB/T 22105.3—2008）
39	铜、锌、铅、镍、铬	土壤和沉积物 铜、锌、铅、镍、铬的测定 火焰原子吸收分光光度法（HJ 491—2019）
40	总汞	土壤质量 总汞的测定 冷原子吸收分光光度法（GB/T 17136—1997）
		土壤质量 总汞、总砷、总铅的测定 原子荧光法 第 1 部分：土壤中总汞的测定（GB/T 22105.1—2008）
		土壤和沉积物 总汞的测定 催化热解-冷原子吸收分光光度法（HJ 923—2017）
41	甲基汞	环境甲基汞的测定 气相色谱法（GB/T 17132—1997）
42	有效铁	森林土壤有效铁的测定（3 邻菲啰啉比色法）（LY/T 1262—1999）
		森林土壤有效铁的测定（4 原子吸收分光光度法）（LY/T 1262—1999）
43	铁、铝、锰、硅、碳	森林土壤浸提性铁、铝、锰、硅、碳的测定（分光光度法）（LY/T 1257—1999）
		森林土壤浸提性铁、铝、锰、硅、碳的测定（原子吸收法）（LY/T 1257—1999）
44	锰	硅酸盐岩石化学分析方法 第 10 部分 氧化锰的测定（GB/T 14506.10—2010）
45	钴	土壤和沉积物 钴的测定 火焰原子吸收分光光度法（HJ 1081—2019）
46	铍	土壤和沉积物 铍的测定 石墨炉原子吸收分光光度法（HJ 737—2015）
47	铊	土壤和沉积物 铊的测定 石墨炉原子吸收分光光度法（HJ 1080—2019）
48	六价铬	土壤和沉积物 六价铬的测定 碱溶液提取-火焰原子吸收分光光度法（HJ 1082—2019）
49	汞、砷、硒、铋、锑	土壤和沉积物 汞、砷、硒、铋、锑的测定 微波消解/原子荧光法（HJ 680—2013）
50	锰等 11 种元素	土壤和沉积物 11 种元素的测定 碱熔-电感耦合等离子体发射光谱法（HJ974—2018）
51	挥发酚	土壤和沉积物 挥发酚的测定 4-氨基安替比林分光光度法（HJ 998—2018）
52	石油类	土壤 石油类的测定 红外分光光度法（HJ 1051—2019）
53	无机元素	土壤和沉积物 无机元素的测定 波长色散 X 射线荧光光谱法（HJ 780—2015）
54	石油烃（C_6-C_9）	土壤和沉积物 石油烃（C_6-C_9）的测定 吹扫捕集/气相色谱法（HJ 1020—2019）
55	石油烃（C_{10}-C_{40}）	土壤和沉积物 石油烃（C_{10}-C_{40}）的测定 气相色谱法（HJ 1021—2019）
56	六六六和滴滴涕	土壤中六六六和滴滴涕测定的气相色谱法（GB/T 14550—2003）
57	有机磷农药	水、土中有机磷农药测定的气相色谱法（GB/T 14552—2003）

序号	项目名称	检测标准（方法）名称及编号（含年号）
58	有机氯农药	土壤和沉积物 有机氯农药的测定 气相色谱-质谱法（HJ 835—2017）
		土壤和沉积物 有机氯农药的测定 气相色谱法（HJ 921—2017）
59	丙烯醛、丙烯腈、乙腈	土壤和沉积物 丙烯醛、丙烯腈、乙腈的测定 顶空-气相色谱法（HJ 679—2013）
60	醛、酮类化合物	土壤和沉积物 醛、酮类化合物的测定 高效液相色谱法（HJ 997—2018）
61	多环芳烃	土壤和沉积物 多环芳烃的测定 气相色谱-质谱法（HJ 805—2016）
		土壤和沉积物 多环芳烃的测定 高效液相色谱法（HJ 784—2016）
62	半挥发性有机物	土壤和沉积物 半挥发性有机物的测定 气相色谱-质谱法（HJ 834—2017）
63	挥发性有机物	土壤和沉积物 挥发性有机物的测定 顶空/气相色谱-质谱法（HJ 642—2013）
		土壤和沉积物 挥发性有机物的测定 吹扫捕集/气相色谱-质谱法（HJ 605—2011）
		土壤和沉积物 挥发性有机物的测定 顶空/气相色谱法（HJ 741—2015）
64	挥发性芳香烃	土壤和沉积物 挥发性芳香烃的测定 顶空/气相色谱法（HJ 742—2015）
65	挥发性卤代烃	土壤和沉积物 挥发性卤代烃的测定 吹扫捕集/气相色谱-质谱法（HJ 735—2015）
		土壤和沉积物 挥发性卤代烃的测定 顶空/气相色谱-质谱法（HJ 736—2015）
66	多氯联苯	土壤和沉积物 多氯联苯的测定 气相色谱-质谱法（HJ 743—2015）
		土壤和沉积物 多氯联苯的测定 气相色谱法（HJ 922—2017）
67	酚类化合物	土壤和沉积物 酚类化合物的测定 气相色谱法（HJ 703—2014）
68	钼	土壤检测 第 9 部分：土壤有效钼的测定（NY/T 1121.9—2006）
		森林土壤有效钼的测定（LY/T 1259—1999）
69	有效硼	土壤有效硼测定方法（NY/T 149—1990）
		土壤检测 第 8 部分：土壤有效硼的测定（NY/T 1121.8—2006）
		森林土壤有效硼的测定（LY/T 1258—1999）
70	毒鼠强	土壤 毒鼠强的测定 气相色谱法（HJ 614—2011）
71	二噁英类	土壤、沉积物 二噁英类的测定 同位素稀释/高分辨气相色谱-低分辨质谱法（HJ 650—2013）
		土壤和沉积物 二噁英类的测定 同位素稀释高分辨气相色谱-高分辨质谱法（HJ 77.4—2008）
72	多氯联苯混合物	土壤和沉积物 多氯联苯混合物的测定 气相色谱法（HJ 890—2017）
74	氨基甲酸酯类农药	土壤和沉积物 氨基甲酸酯类农药的测定 高效液相色谱-三重四极杆质谱法（HJ 961—2018）
		土壤和沉积物 氨基甲酸酯类农药的测定 柱后衍生-高效液相色谱法（HJ960—2018）
75	三嗪类农药	土壤和沉积物 11 种三嗪类农药的测定 高效液相色谱法（HJ 1052—2019）
76	酰胺类农药	土壤和沉积物 8 种酰胺类农药的测定 气相色谱-质谱法（HJ 1053—2019）
77	二硫代氨基甲酸酯（盐）类农药总量	土壤和沉积物 二硫代氨基甲酸酯（盐）类农药总量的测定 顶空/气相色谱法（HJ 1054—2019）
78	多溴二苯醚	土壤和沉积物 多溴二苯醚的测定 气相色谱-质谱法（HJ952—2018）
79	草甘膦	土壤和沉积物 草甘膦的测定 高效液相色谱法（HJ 1055—2019）
80	苯氧羧酸类农药	土壤和沉积物 苯氧羧酸类农药的测定 高效液相色谱法（HJ 1022—2019）
81	有机磷类和拟除虫菊酯类等 47 种农药	土壤和沉积物 有机磷类和拟除虫菊酯类等 47 种农药的测定 气相色谱-质谱法（HJ 1023—2019）
82	6 种邻苯二甲酸酯类化合物	土壤和沉积物 6 种邻苯二甲酸酯类化合物的测定 气相色谱-质谱法（HJ 1184—2021）
83	13 种苯胺类和 2 种联苯胺类化合物	土壤和沉积物 13 种苯胺类和 2 种联苯胺类化合物的测定 液相色谱-三重四极杆质谱法（HJ 1210—2021）
84	20 种多溴联苯	土壤和沉积物 20 种多溴联苯的测定 气相色谱-高分辨质谱法（HJ 1243—2022）

附表 4 固体废物

序号	项目名称	检测标准（方法）名称及编号（含年号）
1	pH 值	生活垃圾化学特性通用检测方法（9 pH 值 电极法）（CJ/T 96—2013）
2	腐蚀性	固体废物 腐蚀性测定 玻璃电极法（GB/T 15555.12—1995）
3	水分、干物质含量	固体废物 水分和干物质含量的测定 重量法（HJ 1222—2021）
4	热灼减率	固体废物 热灼减率的测定 重量法（HJ 1024—2019）
5	可燃物	生活垃圾采样和分析方法（CJ/T 313—2009）
6	有机质	生活垃圾化学特性通用检测方法（6.1 有机质 灼烧法）（CJ/T 96—2013）
		生活垃圾化学特性通用检测方法（6.2 有机质 重铬酸钾氧化法）（CJ/T 96—2013）
		固体废物 有机质的测定 灼烧减量法（HJ 761—2015）
7	全氮	生活垃圾化学特性通用检测方法（13.2 全氮 定氮仪法）（CJ/T 96—2013）
		生活垃圾化学特性通用检测方法（13.1 全氮 半微量开氏法）（CJ/T 96—2013）
8	全磷	生活垃圾化学特性通用检测方法（14 全磷 偏钼酸铵分光光度法）（CJ/T 96—2013）
9	总磷	固体废物 总磷的测定 偏钼酸铵分光光度法（HJ 712—2014）
10	氯	生活垃圾化学特性通用检测方法（5 氯 艾氏卡混合剂熔样-硫氰酸钾滴定法）（CJ/T 96—2013）
11	碳、氢、氮、硫、氧	生活垃圾化学特性通用检测方法（16 碳、氢、氮、硫、氧 元素分析仪法）（CJ/T 96—2013）
12	氟	固体废物 氟的测定 碱熔-离子选择电极法（HJ 999—2018）
13	氟化物	固体废物 氟化物的测定 离子选择性电极法（GB/T 15555.11—1995）
14	氟离子、溴酸根、氯离子、亚硝酸根、氰酸根、溴离子、硝酸根、磷酸根、硫酸根	危险废物鉴别标准 浸出毒性鉴别（附录 F 固体废物 氟离子、溴酸根、氯离子、亚硝酸根、氰酸根、溴离子、硝酸根、磷酸根、硫酸根的测定 离子色谱法）（GB 5085.3—2007）
15	氰根离子和硫离子	危险废物鉴别标准 浸出毒性鉴别（附录 G 固体废物 氰根离子和硫离子 的测定 离子色谱法）（GB 5085.3—2007）
16	全钾	生活垃圾化学特性通用检测方法（15 全钾 火焰光度法）（CJ/T 96—2013）
17	汞、砷、硒、铋、锑	固体废物 汞、砷、硒、铋、锑的测定 微波消解/原子荧光法（HJ 702—2014）
18	镍、铜	固体废物 镍和铜的测定 火焰原子吸收分光光度法（HJ 751—2015）
19	铍、镍、铜、钼	固体废物 铍、镍、铜和钼的测定 石墨炉原子吸收分光光度法（HJ 752—2015）
20	铅	生活垃圾化学特性通用检测方法（11.1 铅 火焰原子吸收分光光度法）（CJ/T 96—2013）
		生活垃圾化学特性通用检测方法（11.2 铅 石墨炉原子吸收分光光度法）（CJ/T 96—2013）
21	镉	生活垃圾化学特性通用检测方法（10.2 镉 石墨炉原子吸收分光光度法）（CJ/T 96—2013）
		生活垃圾化学特性通用检测方法（10.1 镉 火焰原子吸收分光光度法）（CJ/T 96—2013）
22	镍	固体废物 镍的测定 丁二酮肟分光光度法（GB/T 15555.10—1995）

序号	项目名称	检测标准（方法）名称及编号（含年号）
23	钡	固体废物　钡的测定　石墨炉原子吸收分光光度法（HJ 767—2015）
24	总铬	固体废物　总铬的测定　二苯碳酰二肼分光光度法（GB/T 15555.5—1995）
		固体废物　总铬的测定　火焰原子吸收分光光度法（HJ 749—2015）
		固体废物　总铬的测定　石墨炉原子吸收分光光度法（HJ 750—2015）
		固体废物　总铬的测定　硫酸亚铁铵滴定法（GB/T 15555.8—1995）
		生活垃圾化学特性通用检测方法（7.1 总铬 二苯碳酰二肼比色法）（CJ/T 96—2013）
		生活垃圾化学特性通用检测方法（7.2 总铬 火焰原子吸收分光光度法）（CJ/T 96—2013）
25	六价铬	固体废物　六价铬的测定　二苯碳酰二肼分光光度法（GB/T 15555.4—1995）
		固体废物　六价铬的测定　硫酸亚铁铵滴定法（GB/T 15555.7—1995）
		固体废物　六价铬的测定　碱消解/火焰原子吸收分光光度法（HJ 687—2014）
26	汞	固体废物　总汞的测定　冷原子吸收分光光度法（GB/T 15555.1—1995）
		生活垃圾化学特性通用检测方法（8.1 汞 冷原子吸收分光光度法）（CJ/T 96—2013）
		生活垃圾化学特性通用检测方法（8.2 汞　原子荧光法）（CJ/T 96—2013）
27	砷	生活垃圾化学特性通用检测方法（12.1 砷 二乙基二硫代氨基-甲酸银分光光度法）（CJ/T 96—2013）
		生活垃圾化学特性通用检测方法（12.2 砷 原子荧光光谱法）（CJ/T 96—2013）
		固体废物　砷的测定　二乙基二硫代氨基甲酸银分光光度法（GB/T 15555.3—1995）
28	铅、锌、镉	固体废物　铅、锌和镉的测定　火焰原子吸收分光光度法（HJ 786—2016）
29	铅、镉	固体废物　铅和镉的测定　石墨炉原子吸收分光光度法（HJ 787—2016）
30	银等 22 种金属元素的测定	固体废物　22 种金属元素的测定　电感耦合等离子体发射光谱法（HJ 781—2016）
31	银等 17 种金属元素的测定	固体废物　金属元素的测定　电感耦合等离子体质谱法（HJ 766—2015）
32	砷、钍	危险废物鉴别标准 浸出毒性鉴别（附录 A 固体废物　元素的测定　电感耦合等离子体原子发射光谱法）（GB 5085.3—2007）
33	铝、汞、钍、铀	危险废物鉴别标准 浸出毒性鉴别（附录 B 固体废物　元素的测定　电感耦合等离子体质谱法）（GB 5085.3—2007）
34	银、砷、钴、铁、锰、锑、硒、铊、钒、锌	危险废物鉴别标准 浸出毒性鉴别（附录 C 固体废物　金属元素的测定　石墨炉原子吸收光谱法）（GB 5085.3—2007）
35	银、铝、钡、铍、钙、钴、铁、钾、锂、镁、锰、钼、钠、锇、锑、锡、锶、钍、钛、铊、钒	危险废物鉴别标准 浸出毒性鉴别（附录 D 固体废物　金属元素的测定　火焰原子吸收光谱法）（GB 5085.3—2007）
36	无机元素	固体废物　无机元素的测定　波长色散 X 射线荧光光谱法（HJ 1211—2021）
37	矿物油	城市污水处理厂污泥检验方法（12 矿物油的测定　紫外分光光度法）（CJ/T 221—2005）
38	有机氯农药	固体废物　有机氯农药的测定　气相色谱-质谱法（HJ 912—2017）
		危险废物鉴别标准 浸出毒性鉴别（附录 H　固体废物　有机氯农药的测定　气相色谱法）（GB 5085.3—2007）

序号	项目名称	检测标准（方法）名称及编号（含年号）
39	有机磷农药	固体废物　有机磷农药的测定　气相色谱法（HJ 768—2015）
40	酚类化合物	固体废物　酚类化合物的测定　气相色谱法 HJ 711—2014
41	苯系物	固体废物　苯系物的测定　顶空-气相色谱法（HJ 975—2018）
		固体废物　苯系物的测定　顶空/气相色谱-质谱法（HJ 976—2018）
42	多环芳烃	固体废物　多环芳烃的测定　气相色谱-质谱法（HJ 950—2018）
		固体废物　多环芳烃的测定　高效液相色谱法（HJ 892—2017）
43	多氯联苯	危险废物鉴别标准 浸出毒性鉴别（附录 N 固体废物　多氯联苯的测定（PCBs）气相色谱法）（GB 5085.3—2007）
		固体废物　多氯联苯的测定　气相色谱-质谱法（HJ 891—2017）
44	挥发性卤代烃	固体废物　挥发性卤代烃的测定　顶空/气相色谱-质谱法（HJ 714—2014）
		固体废物　挥发性卤代烃的测定　吹扫捕集/气相色谱-质谱法（HJ 713—2014）
45	含氯烃类化合物	危险废物鉴别标准 浸出毒性鉴别（附录 R 固体废物　含氯烃类化合物的测定　气相色谱法）（GB 5085.3—2007）
46	半挥发有机物	固体废物　半挥发性有机物的测定　气相色谱-质谱法（HJ 951—2018）
47	挥发性有机物	固体废物　挥发性有机物的测定　顶空/气相色谱-质谱法（HJ 643—2013）
		固体废物　挥发性有机物的测定　顶空-气相色谱法（HJ 760—2015）
48	二噁英类	固体废物　二噁英类的测定　同位素稀释高分辨气相色谱-高分辨质谱法（HJ 77.3—2008）
49	硝基芳烃、硝基胺	危险废物鉴别标准 浸出毒性鉴别（附录 J 固体废物　硝基芳烃和硝基胺的测定　高效液相色谱法）（GB 5085.3—2007）
50	非挥发性化合物	危险废物鉴别标准 浸出毒性鉴别（附录 L 固体废物　非挥发性化合物的测定　高效液相色谱）（GB 5085.3—2007）
51	芳香族及含卤化合物	危险废物鉴别标准 浸出毒性鉴别（附录 P 固体废物　芳香族及含卤化合物的测定　气相色谱法）（GB 5085.3—2007）
52	氯代除草剂	危险废物鉴别标准 毒性物质含量鉴别（附录 N 固体废物　氯代除草剂的测定　甲基化或五氟苄基衍生气相色谱法）（GB 5085.6—2007）
53	丙烯醛、丙烯腈和乙腈	固体废物　丙烯醛、丙烯腈和乙腈的测定　顶空-气相色谱法（HJ 874—2017）
54	有机磷类和拟除虫菊酯类等 47 种农药	固体废物　有机磷类和拟除虫菊酯类等 47 种农药的测定　气相色谱-质谱法（HJ 963—2018）
55	氨基甲酸酯类农药	固体废物　氨基甲酸酯类农药的测定　柱后衍生-高效液相色谱法（HJ 1025—2019）
		固体废物　氨基甲酸酯类农药的测定　高效液相色谱-三重四极杆质谱法（HJ 1026—2019）

附表 5 海水

序号	项目	检测标准（方法）名称及编号（含年号）
1	海流	海洋调查规范 第 2 部分：海洋水文观测（7 海流 船只锚碇测流）（GB/T 12763.2—2007）
2	水温	海洋监测规范 第 4 部分：海水分析（25.1 水温 表层水温表法）（GB 17378.4—2007）
		海洋监测规范 第 4 部分：海水分析（25.2 水温 颠倒温度表法）（GB 17378.4—2007）
		海洋调查规范 第 2 部分：海洋水文观测（5 水温 温盐深仪（CTD）定点测温）（GB/T 12763.2—2007）
		海洋监测技术规程 第 6 部分：海洋水文、气象与海冰（4.2 水温监测 数字测温仪法）（HY/T 147.6—2013）
3	水色	海洋监测规范 第 4 部分：海水分析（21 水色 比色法）（GB 17378.4—2007）
		海洋调查规范 第 2 部分：海洋水文观测（10 水色 水色计目测法）（GB/T 12763.2—2007）
4	漂浮物质	海水水质标准（漂浮物质 目测法）（GB 3097—1997）
5	水深	海洋调查规范 第 2 部分：海洋水文观测（4.8 水深测量）（GB/T 12763.2—2007）
6	嗅和味	海洋监测规范 第 4 部分：海水分析（24 嗅和味 感官法）（GB 17378.4—2007）
7	盐度	海洋监测规范 第 4 部分：海水分析（29.1 盐度 盐度计法）（GB 17378.4—2007）
		海洋监测规范 第 4 部分：海水分析（29.2 盐度 温盐深仪（CTD）法）（GB 17378.4—2007）
		海洋监测技术规程 第 6 部分：海洋水文、气象与海冰（5 海水盐度测定 温盐深剖面仪法）（HY/T 147.6—2013）
		海洋调查规范 第 2 部分：海洋水文观测（6 盐度 温盐深仪（CTD）法）（GB/T 12763.2—2007）
8	浑浊度	海洋监测规范 第 4 部分：海水分析（30.1 浑浊度 浊度计法）（GB 17378.4—2007）
		海洋监测规范 第 4 部分：海水分析（30.2 浑浊度 目视比浊法）（GB 17378.4—2007）
		海洋监测规范 第 4 部分：海水分析（30.3 浑浊度 分光光度法）（GB 17378.4—2007）
9	透明度	海洋监测规范 第 4 部分：海水分析（22 透明度 透明圆盘法）（GB 17378.4—2007）
		海洋调查规范 第 2 部分：海洋水文观测（10 透明度 透明度盘法）（GB/T 12763.2—2007）
10	pH	海洋监测规范 第 4 部分：海水分析（26 pH pH 计法）（GB 17378.4—2007）
11	溶解氧	海洋监测规范 第 4 部分：海水分析（31 溶解氧 碘量法）（GB 17378.4—2007）
		海洋调查规范 第 4 部分：海水化学要素调查（附录 D 溶解氧的测定 分光光度法）（GB 12763.4—2007）
		海洋调查规范 第 4 部分：海水化学要素调查（5 溶解氧测定（碘量滴定法）（GB 12763.4—2007）
12	化学需氧量	海洋监测规范 第 4 部分：海水分析（32 化学需氧量 碱性高锰酸钾法）（GB 17378.4—2007）
13	生化需氧量	海洋监测规范 第 4 部分：海水分析（33.1 生化需氧量 五日培养法（BOD_5））（GB 17378.4—2007）
		海洋监测规范 第 4 部分：海水分析（33.2 生化需氧量 两日培养法（BOD_2））（GB 17378.4—2007）
14	总磷	海洋调查规范 第 4 部分：海水化学要素调查（14 总磷的测定 过硫酸钾氧化法）（GB/T 12763.4—2007）
		海洋监测规范 第 4 部分：海水分析（40 总磷 过硫酸钾氧化法）（GB 17378.4—2007）
		海洋监测技术规程 第 1 部分：海水（13 总磷的测定—流动分析法）（HY/T 147.1—2013）

序号	项目	检测标准（方法）名称及编号（含年号）
15	无机磷（活性磷酸盐）	海洋监测规范 第4部分：海水分析（39.1 无机磷 磷钼蓝分光光度法）（GB 17378.4—2007）
		海洋监测规范 第4部分：海水分析（39.2 无机磷 磷钼蓝萃取分光光度法）（GB 17378.4—2007）
16	活性磷酸盐	近岸海域环境监测技术规范 第三部分 近岸海域水质监测（附录E 连续流动比色法测定河口与近岸海域海水中活性磷酸盐）（HJ 442.3—2020）
		海洋调查规范 第4部分：海水化学要素调查（9 活性磷酸盐测定 抗坏血酸还原磷钼蓝法）（GB/T 12763.4—2007）
17	磷酸盐	海洋监测技术规程 第1部分：海水（10.1 磷酸盐的测定—流动分析法）（HY/T 147.1—2013）
18	总氮	海洋调查规范 第4部分：海水化学要素调查（15 总氮的测定 过硫酸钾氧化法）（GB/T 12763.4—2007）
		海洋监测规范 第4部分：海水分析（41 总氮 过硫酸钾氧化法）（GB 17378.4—2007）
		海洋监测技术规程 第1部分：海水（12 总氮的测定—流动分析法）（HY/T 147.1—2013）
19	氰化物	海洋监测规范 第4部分：海水分析（20.1 氰化物 异烟酸－吡唑啉酮分光光度法）（GB 17378.4—2007）
		海洋监测规范 第4部分：海水分析（20.2 氰化物 吡啶-巴比土酸分光光度法）（GB 17378.4—2007）
20	挥发性酚	海洋监测规范 第4部分：海水分析（19 挥发性酚 4-氨基安替比林分光光度法）（GB 17378.4—2007）
21	油类	海洋监测规范 第4部分：海水分析（13.1 油类 荧光分光光度法）（GB 17378.4—2007）
		海洋监测规范 第4部分：海水分析（13.2 油类 紫外分光光度法）（GB 17378.4—2007）
		海洋监测规范 第4部分：海水分析（13.3 油类 重量法）（GB 17378.4—2007）
22	阴离子洗涤剂	海洋监测规范 第4部分：海水分析（23 阴离子洗涤剂 亚甲基蓝分光光度法）（GB 17378.4—2007）
23	硫化物	海洋监测规范 第4部分：海水分析（18.1 硫化物 亚甲基蓝分光光度法）（GB 17378.4—2007）
		海洋监测规范 第4部分：海水分析（18.2 硫化物 离子选择电极法）（GB 17378.4—2007）
24	氯化物	海洋监测规范 第4部分：海水分析（28 氯化物 银量滴定法）（GB 17378.4—2007）
25	总碱度	海洋调查规范 第4部分：海水化学要素调查（7 总碱度（pH法））（GB/T 12763.4—2007）
26	氨	海洋监测规范 第4部分：海水分析（36.1 氨 靛酚蓝分光光度法）（GB 17378.4—2007）
		海洋监测规范 第4部分：海水分析（36.2 氨 次溴酸盐氧化法）（GB 17378.4—2007）
		近岸海域环境监测技术规范 第三部分 近岸海域水质监测（附录C 连续流动比色法测定河口与近岸海域海水中氨）（HJ 442.3—2020）
27	铵盐	海洋调查规范 第4部分：海水化学要素调查（附录C 铵盐测定 靛酚蓝法）（GB/T 12763.4—2007）
		海洋调查规范 第4部分：海水化学要素调查（12 铵盐测定 次溴酸钠氧化法）（GB/T 12763.4—2007）
		海洋监测技术规程 第1部分：海水（9.1 铵盐的测定-流动分析法）（HY/T 147.1—2013）
28	亚硝酸盐	海洋监测规范 第4部分：海水分析（37 亚硝酸盐 萘乙二胺分光光度法）（GB 17378.4—2007）
		海洋调查规范 第4部分：海水化学要素调查（10 亚硝酸盐测定 重氮-偶氮法）（GB/T 12763.4—2007）
		海洋监测技术规程 第1部分：海水（7.1 亚硝酸盐的测定-流动分析法）（HY/T 147.1—2013）

序号	项目	检测标准（方法）名称及编号（含年号）
29	硝酸盐	海洋监测规范　第4部分：海水分析（38.1 硝酸盐　镉柱还原法）（GB 17378.4—2007）
		海洋监测规范　第4部分：海水分析（38.2 硝酸盐　锌-镉还原法）（GB 17378.4—2007）
		海洋调查规范　第4部分：海水化学要素调查（附录B 硝酸盐测定　镉铜柱还原法）（GB/T 12763.4—2007）
		海洋调查规范　第4部分：海水化学要素调查［11 硝酸盐的测定（锌镉还原法）］（GB/T 12763.4—2007）
		海洋监测技术规程 第1部分：海水（8.1 硝酸盐的测定—流动分析法）（HY/T 147.1—2013）
30	硝酸盐氮、亚硝酸盐氮	近岸海域环境监测技术规范　第三部分 近岸海域水质监测（附录D 连续流动比色法测定河口与近岸海域海水中硝酸盐氮和亚硝酸盐氮）（HJ 442.3—2020）
31	悬浮物	海洋监测规范　第4部分：海水分析（27 悬浮物　重量法）（GB 17378.4—2007）
32	总有机碳	海洋监测规范　第4部分：海水分析（34.1 总有机碳 总有机碳仪器法）（GB 17378.4—2007）
		海洋监测规范　第4部分：海水分析（34.2 总有机碳 过硫酸钾氧化法）（GB 17378.4—2007）
33	活性硅酸盐	海洋监测规范　第4部分：海水分析（17.1 活性硅酸盐　硅钼黄法）（GB 17378.4—2007）
		海洋监测规范　第4部分：海水分析（17.2 活性硅酸盐　硅钼蓝法）（GB 17378.4—2007）
		近岸海域环境监测技术规范　第三部分 近岸海域水质监测（附录F 连续流动比色法测定河口与近岸海域海水中活性硅酸盐）（HJ 442.3—2020）
34	硅酸盐	海洋监测技术规程 第1部分：海水（11 硅酸盐的测定—流动分析法）（HY/T 147.1—2013）
35	铜	海洋监测规范　第4部分：海水分析（6.1 铜 无火焰原子吸收分光光度法）（GB 17378.4—2007）
		海洋监测规范　第4部分：海水分析（6.2 铜 阳极溶出伏安法）（GB 17378.4—2007）
		海洋监测规范　第4部分：海水分析（6.3 铜 火焰原子吸收分光光度法）（GB 17378.4—2007）
36	铅	海洋监测规范　第4部分：海水分析（7.1 铅 无火焰原子吸收分光光度法）（GB 17378.4—2007）
		海洋监测规范　第4部分：海水分析（7.2 铅 阳极溶出伏安法）（GB 17378.4—2007）
		海洋监测规范　第4部分：海水分析（7.3 铅 火焰原子吸收分光光度法）（GB 17378.4—2007）
37	镉	海洋监测规范　第4部分：海水分析（8.1 镉 无火焰原子吸收分光光度法）（GB 17378.4—2007）
		海洋监测规范　第4部分：海水分析（8.2 镉 阳极溶出伏安法）（GB 17378.4—2007）
		海洋监测规范　第4部分：海水分析（8.3 镉 火焰原子吸收分光光度法）（GB 17378.4—2007）
38	锌	海洋监测规范　第4部分：海水分析（9.1 锌 火焰原子吸收分光光度法）（GB 17378.4—2007）
		海洋监测规范　第4部分：海水分析（9.2 锌 阳极溶出伏安法）（GB 17378.4—2007）
39	硒	海洋监测规范　第4部分：海水分析（12.1 硒　荧光分光光度法）（GB 17378.4—2007）
		海洋监测规范　第4部分：海水分析（12.2 硒　二氨基联苯胺分光光度法）（GB 17378.4—2007）
		海洋监测规范　第4部分：海水分析（12.3 硒　催化极谱法）（GB 17378.4—2007）
		近岸海域环境监测技术规范　第三部分 近岸海域水质监测（附录G 原子荧光法测定近岸海域海水中硒）（HJ 442.3—2020）

序号	项目	检测标准（方法）名称及编号（含年号）
40	砷	海洋监测规范　第4部分：海水分析（11.1 砷 原子荧光法）（GB 17378.4—2007）
		海洋监测规范　第4部分：海水分析（11.2 砷 砷化氢－硝酸银分光光度法）（GB 17378.4—2007）
		海洋监测规范　第4部分：海水分析（11.3 砷 氢化物发生原子吸收分光光度法）（GB 17378.4—2007）
		海洋监测规范　第4部分：海水分析（11.4 砷 催化极谱法）（GB 17378.4—2007）
41	汞	海洋监测规范　第4部分：海水分析（5.1 汞 原子荧光法）（GB 17378.4—2007）
		海洋监测规范　第4部分：海水分析（5.2 汞 冷原子吸收分光光度法）（GB 17378.4—2007）
		海洋监测规范　第4部分：海水分析（5.3 汞 金捕集冷原子吸收光度法）（GB 17378.4—2007）
42	总铬	海洋监测规范　第4部分：海水分析（10.1 总铬 无火焰原子吸收分光光度法）（GB 17378.4—2007）
		海洋监测规范　第4部分：海水分析（10.2 总铬 二苯碳酰二肼分光光度法）（GB 17378.4—2007）
43	镍	海洋监测规范　第4部分：海水分析（42 镍 无火焰原子吸收分光光度法）（GB 17378.4—2007）
44	铜、铅、锌、镉、铬、铍、锰、钴、镍、砷、铊	海洋监测技术规程 第1部分：海水（5 铜、铅、锌、镉、铬、铍、锰、钴、镍、砷、铊的同步测定—电感耦合等离子体质谱法）（HY/T 147.1—2013）
45	六六六、滴滴涕	海洋监测规范　第4部分：海水分析（14 666、DDT　气相色谱法）（GB 17378.4—2007）
46	狄氏剂	海洋监测规范　第4部分：海水分析（16 狄氏剂 气相色谱法）（GB 17378.4—2007）
47	多氯联苯	海洋监测规范　第4部分：海水分析（15 多氯联苯 气相色谱法）（GB 17378.4—2007）
49	有机氯农药	海洋监测技术规程 第1部分：海水（18 有机氯农药的测定-气相色谱法）（HY/T 147.1—2013）
50	有机磷农药	海洋监测技术规程 第1部分：海水（21 有机磷农药的测定-气相色谱法）（HY/T 147.1—2013）
51	16种多环芳烃	海水中16种多环芳烃的测定　气相色谱-质谱法（GB/T 26411—2010）

附表 6 海洋沉积物

序号	项目名称	检测标准（方法）名称及编号（含年号）
1	含水率	海洋监测规范 第 5 部分：沉积物分析（19 含水率 重量法）（GB 17378.5—2007）
2	氧化还原电位	海洋监测规范 第 5 部分：沉积物分析（20 氧化还原电位 电位计法）（GB 17378.5—2007）
3	粒度	海洋调查规范 第 8 部分：海洋地质地球物理调查（6.3.2.1 粒度 筛析法）（GB/T 12763.8—2007）
		海洋调查规范 第 8 部分：海洋地质地球物理调查（6.3.2.2 粒度 沉析法）（GB/T 12763.8—2007）
		海洋调查规范 第 8 部分：海洋地质地球物理调查（6.3.2.3 粒度 激光法）（GB/T 12763.8—2007）
4	总氮	海洋监测规范 第 5 部分：沉积物分析（附录 D 总氮 凯氏滴定法）（GB 17378.5—2007）
		近岸海域环境监测技术规范 第四部分 近岸海域沉积物监测（附录 B 沉积物总氮-过硫酸钾氧化法）（HJ 442.4—2020）
5	总磷	海洋监测规范 第 5 部分：沉积物分析（附录 C 总磷 分光度法）（GB 17378.5—2007）
		近岸海域环境监测技术规范 第四部分 近岸海域沉积物监测（附录 C 沉积物总磷-过硫酸钾氧化法）（HJ 442.4—2020）
6	硫化物	海洋监测规范 第 5 部分：沉积物分析（17.1 硫化物 亚甲基蓝分光光度法）（GB 17378.5—2007）
		海洋监测规范 第 5 部分：沉积物分析（17.2 硫化物 离子选择电极法）（GB 17378.5—2007）
		海洋监测规范 第 5 部分：沉积物分析（17.3 硫化物 碘量法）（GB 17378.5—2007）
7	有机碳	海洋监测规范 第 5 部分：沉积物分析（18.1 有机碳 重铬酸钾氧化-还原容量法）（GB 17378.5—2007）
		海洋沉积物中总有机碳的测定 非色散红外吸收法（GB/T 30740—2014）
		海洋监测规范 第 5 部分：沉积物分析（18.2 有机碳 热导法）（GB 17378.5—2007）
8	（总）汞	海洋监测规范 第 5 部分：沉积物分析（5.1 总汞 原子荧光法）（GB 17378.5—2007）
		海洋监测规范 第 5 部分：沉积物分析（5.2 总汞 冷原子吸收光度法）（GB 17378.5—2007）
		海底沉积物化学分析方法（12 汞量的测定 冷蒸气-原子荧光光谱法）（GB/T 20260—2006）
		海洋监测技术规程 第 2 部分：沉积物（5 总汞的测定-热分解冷原子吸收光度法）（HY/T 147.2—2013）
9	铜、铅、镉	海洋监测规范 第 5 部分：沉积物分析（6.1 无火焰原子吸收分光光度法（连续测定铜、铅、镉））（GB 17378.5—2007）
		海洋监测规范 第 5 部分：沉积物分析（6.2 火焰原子吸收分光光度法（连续测定铜、铅、镉））（GB 17378.5—2007）
		海底沉积物化学分析方法（10 微量痕量成分分析 电感耦合等离子体质谱法）（GB/T 20260—2006）
10	锌	海洋监测规范 第 5 部分：沉积物分析（9 锌 火焰原子吸收分光光度法）（GB 17378.5—2007）
		海底沉积物化学分析方法（8 主量、次量成分分析 电感耦合等离子体原子发射光谱法）（GB/T 20260—2006）

序号	项目名称	检测标准（方法）名称及编号（含年号）
11	铬	海洋监测规范　第 5 部分：沉积物分析（10.1 铬 无火焰原子吸收分光光度法）（GB 17378.5—2007）
		海洋监测规范　第 5 部分：沉积物分析（10.2 铬 二苯碳酰二肼分光光度法）（GB 17378.5—2007）
		海底沉积物化学分析方法（10　微量、痕量成分分析 电感耦合等离子体质谱法）（GB/T 20260—2006）
12	砷	海洋监测规范　第 5 部分：沉积物分析（11.1 砷 原子荧光法）（GB 17378.5—2007）
		海洋监测规范　第 5 部分：沉积物分析（11.2 砷 砷钼酸-结晶紫分光光度法）（GB 17378.5—2007）
		海洋监测规范　第 5 部分：沉积物分析（11.3 砷 氢化物-原子吸收分光光度法）（GB 17378.5—2007）
		海洋监测规范　第 5 部分：沉积物分析（11.4 砷 催化极谱法）（GB 17378.5—2007）
		海底沉积物化学分析方法（11 砷量、锑量、铋量的测定　氢化物-原子荧光光谱法）（GB/T 20260—2006）
13	硒	海洋监测规范　第 5 部分：沉积物分析（12.1 硒　荧光分光光度法）（GB 17378.5—2007）
		海洋监测规范　第 5 部分：沉积物分析（12.2 硒　二氨基联苯胺四盐酸盐分光光度法）（GB 17378.5—2007）
		海洋监测规范　第 5 部分：沉积物分析（12.3 硒　催化极谱法）（GB 17378.5—2007）
		海底沉积物化学分析方法（13 硒量的测定氢化物-原子荧光光谱法）（GB/T 20260—2006）
14	锰	海底沉积物化学分析方法（GB/T 20260—2006）
15	钴	海底沉积物化学分析方法（GB/T 20260—2006）
16	镍	海底沉积物化学分析方法（GB/T 20260—2006）
17	铅	海洋监测规范　第 5 部分：沉积物分析（7.1 铅 无火焰原子吸收分光光度法）（GB 17378.5—2007）
		海洋监测规范　第 5 部分：沉积物分析（7.2 铅 火焰原子吸收分光光度法（GB 17378.5—2007）
18	镉	海洋监测规范　第 5 部分：沉积物分析（8.1 镉 无火焰原子吸收分光光度法）（GB 17378.5—2007）
		海洋监测规范　第 5 部分：沉积物分析（8.2 镉 火焰原子吸收分光光度法（GB 17378.5—2007）
19	铜、铅、锌、镉、铬、锂、钒、钴、镍、砷、铝、钛、铁、锰	海洋监测技术规程 第 2 部分：沉积物（6 铜、铅、锌、镉、铬、锂、钒、钴、镍、砷、铝、钛、铁、锰的同步测定-电感耦合等离子体质谱法）（HY/T 147.2—2013）
20	油类	海洋监测规范　第 5 部分：沉积物分析（13.1 油类 荧光分光光度法）（GB 17378.5—2007）
		海洋监测规范　第 5 部分：沉积物分析（13.2 油类 紫外分光光度法）（GB 17378.5—2007）
		海洋监测规范　第 5 部分：沉积物分析（13.3 油类 重量法）（GB 17378.5—2007）

序号	项目名称	检测标准（方法）名称及编号（含年号）
21	666、DDT	海洋监测规范　第 5 部分：沉积物分析（14 666、DDT 气相色谱法）（GB 17378.5—2007）
22	多氯联苯	海洋监测规范　第 5 部分：沉积物分析（15 多氯联苯（PCBs）气相色谱法）（GB 17378.5—2007）
		海洋监测规范　第 5 部分：沉积物分析（附录 F　多氯联苯 毛细管气相色谱测定法）（GB 17378.5—2007）
23	狄氏剂	海洋监测规范　第 5 部分：沉积物分析（16 狄氏剂 气相色谱法）（GB 17378.5—2007）
24	有机氯农药	海洋监测规范　第 5 部分：沉积物分析（附录 E　有机氯农药 毛细管气相色谱测定法）（GB 17378.5—2007）
25	有机磷农药	海洋监测技术规程 第 2 部分：沉积物（9 有机磷农药的测定-气相色谱法）（HY/T 147.2—2013）
26	多环芳烃	海洋监测技术规程 第 2 部分：沉积物（7.1 多环芳烃的测定-气相色谱/质谱联用法）（HY/T 147.2—2013）
		海洋监测技术规程 第 2 部分：沉积物（7.2 多环芳烃的测定-气相色谱法）（HY/T 147.2—2013）
		海洋监测技术规程 第 2 部分：沉积物（7.3 多环芳烃的测定-高效液相色谱法）（HY/T 147.2—2013）

附表 7　生物

序号	项目名称	检测标准（方法）名称及编号（含年号）
1	细菌总数	水质　细菌总数的测定　平皿计数法（HJ 1000—2018）
		海洋监测规范　第 7 部分：近海污染生态调查和生物监测（10.1 细菌总数平板计数法）（GB 17378.7—2007）
		海洋监测规范　第 7 部分：近海污染生态调查和生物监测（10.2 荧光显微镜直接计数法）（GB 17378.7—2007）
2	总大肠菌群	总大肠菌群　多管发酵法《水和废水监测分析方法》（第四版）国家环境保护总局（2002 年）
		总大肠菌群　滤膜法《水和废水监测分析方法》（第四版）国家环境保护总局（2002 年）
		总大肠菌群　延迟培养法《水和废水监测分析方法》（第四版）国家环境保护总局（2002 年）
3	总大肠菌群、粪大肠菌群	水质　总大肠菌群和粪大肠菌群的测定　纸片快速法（HJ 755—2015）
4	粪大肠菌群	海洋监测规范　第 7 部分：近海污染生态调查和生物监测（附录 E 沉积物粪大肠菌群数-发酵法）（GB17378.7—2007）
		海洋监测规范　第 7 部分：近海污染生态调查和生物监测（9.1 粪大肠菌群检测　发酵法）（GB 17378.7—2007）
		水质　粪大肠菌群的测定　滤膜法（HJ 347.1—2018）
		水质　粪大肠菌群的测定　多管发酵法（HJ 347.2—2018）
		海洋监测技术规程 第 5 部分：海洋生态（8 粪大肠菌群-测试片法）（HY/T 147.5—2013）
		海洋监测规范　第 7 部分：近海污染生态调查和生物监测（9.2 滤膜法）（GB 17378.7—2007）
5	总大肠菌群、粪大肠菌群、大肠埃希氏菌	水质　总大肠菌群、粪大肠菌群和大肠埃希氏菌的测定　酶底物法（HJ 1001—2018）
6	粪链球菌	粪链球菌 多管发酵法《水和废水监测分析方法》（第四版）国家环境保护总局（2002 年）
		粪链球菌 滤膜法《水和废水监测分析方法》（第四版）国家环境保护总局（2002 年）
		粪链球菌 倾注平板培养法《水和废水监测分析方法》（第四版）国家环境保护总局（2002 年）
7	弧菌	海洋监测规范　第 7 部分：近海污染生态调查和生物监测（附录 D 弧菌数量检测－平板计数法）（GB17378.7—2007）
		海洋监测技术规程 第 5 部分：海洋生态（6 弧菌总数-平板计数法）（HY/T 147.5—2013）
8	异养细菌总数	海洋监测规范　第 7 部分：近海污染生态调查和生物监测（附录 F 沉积物异养细菌总数-平板计数法）（GB17378.7—2007）
9	沙门氏菌	沙门氏菌《水和废水监测分析方法》（第四版）国家环境保护总局（2002 年）
10	浮游植物	海洋监测规范　第 7 部分：近海污染生态调查和生物监测（5 浮游生物调查（浮游植物））（GB 17378.7—2007）
		水质　浮游植物的测定　滤膜-显微镜计数法（HJ 1215—2021）
		水质　浮游植物的测定　0.1 ml 计数框-显微镜计数法（HJ 1216—2021）

序号	项目名称	检测标准（方法）名称及编号（含年号）
11	浮游动物	海洋监测规范　第 7 部分：近海污染生态调查和生物监测（5 浮游生物调查（浮游动物））（GB 17378.7—2007）
		浮游生物（浮游动物）《水和废水监测分析方法》（第四版）国家环境保护总局（2002 年）
12	微微型、微型浮游生物、小型浮游生物	海洋调查规范　第 6 部分：海洋生物调查（7 微微型、微型和小型浮游生物调查）（GB/T 12763.6—2007）
13	大、中型浮游生物	海洋调查规范　第 6 部分：海洋生物调查（8 大、中型浮游动物）（GB/T 12763.6—2007）
14	微型生物群落	水质　微型生物群落监测　PFU 法（GB/T 12990—91）
15	大型底栖生物	海洋监测规范　第 7 部分：近海污染生态调查和生物监测（6 大型底栖生物生态调查）（GB 17378.7—2007）
		海洋调查规范　第 6 部分：海洋生物调查（10 大型底栖生物调查）（GB/T 12763.6—2007）
16	小型底栖生物	海洋调查规范　第 6 部分：海洋生物调查（11 小型底栖生物调查）（GB/T 12763.6—2007）
17	潮间带生物	海洋监测规范　第 7 部分：近海污染生态调查和生物监测（7 潮间带生物）（GB 17378.7—2007）
		海洋调查规范　第 6 部分：海洋生物调查（12 潮间带生物调查）（GB/T 12763.6—2007）
18	底栖动物	底栖动物《水和废水监测分析方法》（第四版）国家环境保护总局（2002 年）
19	叶绿素 a	海洋监测规范　第 7 部分：近海污染生态调查和生物监测（8.1 叶绿素 a 荧光分光光度法）（GB 17378.7—2007）
		海洋监测规范　第 7 部分：近海污染生态调查和生物监测（8.2 叶绿素 a 分光光度法）（GB 17378.7—2007）
		水质　叶绿素 a 的测定　分光光度法（HJ 897—2017）
		海洋监测技术规程 第 5 部分：海洋生态（9 分级叶绿素 a—荧光法）（HY/T 147.5—2013）
20	叶绿素	海洋调查规范　第 6 部分：海洋生物调查（5.2.1 叶绿素 萃取荧光法）（GB/T 12763.6—2007）
		海洋调查规范　第 6 部分：海洋生物调查（5.2.2 叶绿素 分光光度法）（GB/T 12763.6—2007）
21	赤潮毒素-麻痹性贝毒	海洋监测规范　第 7 部分：近海污染生态调查和生物监测（14 赤潮毒素-麻痹性贝毒）（GB 17378.7—2007）
22	麻痹性贝毒	海洋监测技术规程 第 5 部分：海洋生态（19 麻痹性贝毒—酶联免疫吸附试验法）（HY/T 147.5—2013）
23	氧生产量	氧生产量　黑白瓶测氧法《水和废水监测分析方法》（第四版）国家环境保护总局（2002 年）
24	急性毒性	水质　急性毒性的测定　发光细菌法（GB/T 15441—1995）
25	急性毒性斑马鱼试验	水质　物质对淡水鱼（斑马鱼）急性毒性测定方法（GB/T 13267—91）
26	急性毒性斑马鱼卵试验	水质　急性毒性的测定　斑马鱼卵法（HJ 1069—2019）
27	急性毒性大型蚤试验	水质　物质对蚤类（大型蚤）急性毒性测定方法（GB/T 13266—91）
28	藻类生长抑制试验	藻类生长抑制试验《水和废水监测分析方法》（第四版）国家环境保护总局（2002 年）
29	紫露草微核试验	紫露草微核试验《水和废水监测分析方法》（第四版）国家环境保护总局（2002 年）

序号	项目名称	检测标准（方法）名称及编号（含年号）
30	蚕豆根尖微核试验	蚕豆根尖微核试验《水和废水监测分析方法》（第四版）国家环境保护总局（2002 年）
31	鱼类回避反应试验	海洋监测规范　第 7 部分：近海污染生态调查和生物监测（12 鱼类回避反应试验）（GB 17378.7—2007）
32	滤食率测定	海洋监测规范　第 7 部分：近海污染生态调查和生物监测（13 滤食率测定）（GB 17378.7—2007）
33	生物毒性试验	海洋监测规范　第 7 部分：近海污染生态调查和生物监测（11 生物毒性试验）（GB 17378.7—2007）
34	细菌回复突变试验	细菌回复突变试验《水和废水监测分析方法》（第四版）国家环境保护总局（2002 年）
36	微囊藻毒素	生活饮用水标准检验方法　有机物指标（13.1 微囊藻毒素 高压液相色谱法）（GB/T 5750.8—2006）
		水中微囊藻毒素的测定（3 高效液相色谱法）（GB/T 20466—2006）
37	蛔虫卵	水质　蛔虫卵的测定　沉淀集卵法（HJ 775—2015）

附表 8　生物体残留

序号	项目名称	检测标准（方法）名称及编号（含年号）
1	六六六、滴滴涕	海洋监测规范　第 6 部分：生物体分析（14 666、DDT 气相色谱法）（GB 17378.6—2007）
		动、植物中六六六和滴滴涕的测定　气相色谱法（GB/T 14551—2003）
2	有机磷农药	粮食、水果和蔬菜中有机磷农药的测定　气相色谱法（GB/T 14553—2003）
		海洋监测技术规程 第 3 部分：生物体（9 有机磷农药的测定　气相色谱法）（HY/T 147.3—2013）
3	总汞	海洋监测规范　第 6 部分：生物体分析（5.1 总汞 原子荧光法）（GB 17378.6—2007）
		海洋监测规范　第 6 部分：生物体分析（5.2 总汞 冷原子吸收光度法）（GB 17378.6—2007）
		海洋监测技术规程 第 3 部分：生物体（5 总汞的测定—热分解冷原子吸收光度法）（HY/T 147.3—2013）
4	铜	海洋监测规范　第 6 部分：生物体分析（6.3 铜 火焰原子吸收分光光度法）（GB 17378.6—2007）
		海洋监测规范　第 6 部分：生物体分析（6.1 铜 无火焰原子吸收分光光度法）（GB 17378.6—2007）
5	锌	海洋监测规范　第 6 部分：生物体分析（9.1 锌 火焰原子吸收分光光度法）（GB 17378.6—2007）
6	铅	海洋监测规范　第 6 部分：生物体分析（7.1 铅 无火焰原子吸收分光光度法）（GB 17378.6—2007）
7	镉	海洋监测规范　第 6 部分：生物体分析（8.1 镉 无火焰原子吸收分光光度法）（GB 17378.6—2007）
8	铬	海洋监测规范　第 6 部分：生物体分析（10.1 铬 无火焰原子吸收分光光度法）（GB 17378.6—2007）
		海洋监测规范　第 6 部分：生物体分析（10.2 铬 二苯碳酰二肼分光光度法）（GB 17378.6—2007）
9	（总）砷	海洋监测规范　第 6 部分：生物体分析（11.1 砷 原子荧光法）（GB 17378.6—2007）
		海洋监测规范　第 6 部分：生物体分析（11.3 砷 氢化物原子吸收分光光度法）（GB 17378.6—2007）
13	石油烃	海洋监测规范　第 6 部分：生物体分析（13 石油烃 荧光分光光度法）（GB 17378.6—2007）
14	氯霉素残留量	动物源性食品中氯霉素类药物残留量测定　高效液相色谱串联质谱（GB/T 22338—2008）
		蜂蜜中氯霉素残留量的测定方法　液相色谱-质谱法（GB/T 18932.19—2003）
15	磺胺类药残	动物源性食品中磺胺类药物残留量的测定　液相色谱-质谱/质谱法（GB/T 21316—2007）
		蜂蜜中 16 种磺胺残留量的测定方法　液相色谱-质谱联用法（GB/T 18932.17—2003）
16	铜、铅、锌、镉、铬、锰、镍、砷、铝、铁	海洋监测技术规程　第 3 部分：生物体（6 铜、铅、锌、镉、铬、锰、镍、砷、铝、铁的同步测定—电感耦合等离子体质谱法）（HY/T 147.3—2013）
17	酞酸酯类化合物	海洋监测技术规程　第 3 部分：生物体（8.1 酞酸酯类化合物的测定　气相色谱/质谱联用法）（HY/T 147.3—2013）
		海洋监测技术规程　第 3 部分：生物体（8.2 酞酸酯类化合物的测定　气相色谱法）（HY/T 147.3—2013）
18	有机锡	海洋监测技术规程　第 3 部分：生物体（10 有机锡的测定　气相色谱法）（HY/T 147.3—2013）

序号	项目名称	检测标准（方法）名称及编号（含年号）
19	多溴联苯醚	海洋监测技术规程　第 3 部分：生物体（11 多溴联苯醚的测定　气相色谱/质谱联用法）（HY/T 147.3—2014）
20	多氯联苯	海洋监测规范　第 6 部分：生物体分析（15 多氯联苯 气相色谱法）（GB 17378.6—2007）
21	多环芳烃	海洋监测技术规程　第 3 部分：生物体（7.1 多环芳烃的测定　气相色谱/质谱联用法）（HY/T 147.3—2013）
		海洋监测技术规程　第 3 部分：生物体（7.2 多环芳烃的测定　气相色谱法）（HY/T 147.3—2013）
		海洋监测技术规程　第 3 部分：生物体（7.3 多环芳烃的测定　高效液相色谱法）（HY/T 147.3—2013）
22	赤潮毒素-麻痹性贝毒	海洋监测规范　第 7 部分：近海污染生态调查和生物监测（14 赤潮毒素-麻痹性贝毒）（GB 17378.7—2007）
23	腹泻性贝毒	赤潮监测技术规程（5.4.7.4 小白鼠法、高效液相色谱法）（HY/T 069—2005）
24	神经性贝毒	赤潮监测技术规程（5.4.7.5 小白鼠法、高效液相色谱法）（HY/T 069—2005）
25	失忆性贝毒	赤潮监测技术规程（5.4.7.6 小白鼠法、高效液相色谱法）（HY/T 069—2005）
26	西加鱼毒素	赤潮监测技术规程（5.4.7.7 小白鼠法、高效液相色谱法）（HY/T 069—2005）

附表 9 噪声

序号	项目名称	检测标准（方法）名称及编号（含年号）
1	环境噪声	声环境质量标准（GB 3096—2008）
		环境噪声监测技术规范 城市声环境常规监测（HJ 640—2012）
2	厂界环境噪声	工业企业厂界环境噪声排放标准（GB 12348—2008）
		环境噪声监测技术规范 结构传播固定设备室内噪声（HJ 707—2014）
3	社会生活环境噪声	社会生活环境噪声排放标准（GB 22337—2008）
		环境噪声监测技术规范 结构传播固定设备室内噪声（HJ 707—2014）
4	建筑施工场界环境噪声	建筑施工场界环境噪声排放标准（GB 12523—2011）
5	铁路边界噪声	铁路边界噪声限值及其测量方法（GB/T 12525—90）及修改方案
6	铁路沿线环境噪声	铁路沿线环境噪声测量技术规定（TB/T 3050—2002）
7	机场噪声	机场周围飞机噪声测量方法（GB 9661—88）
8	城市轨道交通车站站台噪声	城市轨道交通车站站台声学要求和测量方法（GB 14227—2006）
9	城市轨道交通（地下段）结构噪声	城市轨道交通（地下段）结构噪声监测方法（HJ 793—2016）
10	城市轨道交通沿线建筑物室内二次辐射噪声	城市轨道交通引起建筑物振动与二次辐射噪声限值及其测量方法标准（JGJ/T 170—2009）
11	道路交通噪声	环境噪声监测技术规范 城市声环境常规监测（HJ 640—2012）
12	声屏障吸声隔声性能	声屏障声学设计和测量规范（HJ/T 90—2004）

附表 10 振动

序号	项目名称	检测标准（方法）名称及编号（含年号）
1	城市区域环境振动	城市区域环境振动测量方法（GB 10071—88）
2	城市轨道交通沿线建筑室内振动	城市轨道交通引起建筑物振动与二次辐射噪声限值及其测量方法标准（JGJ/T 170—2009）
3	住宅建筑室内振动	住宅建筑室内振动限值及其测量方法标准（GB/T 50355—2018）
4	铁路环境振动	铁路环境振动测量（TB/T 3152—2007）

附表 11 电磁辐射

序号	项目名称	检测标准（方法）名称及编号（含年号）
1	射频综合场强	辐射环境保护管理导则 电磁辐射监测仪器和方法（HJ/T 10.2—1996）
		中波广播发射台电磁辐射环境监测方法（HJ1136—2020）
		移动通信基站电磁辐射环境监测方法（HJ972—2018）
		5G 移动通信基站电磁辐射环境监测方法（试行）（HJ1151—2020）
		短波广播发射台电磁辐射环境监测方法（HJ 1199—2021）
2	工频电场/工频磁场	交流输变电工程电磁环境监测方法（试行）（HJ 681—2013）
		工频电场测量（GB/T 12720—1991）
		高压交流架空送电线路、变电站工频电场和磁场测量方法（DL/T 988—2005）
3	无线电干扰	交流电气化铁道接触网无线电辐射干扰测量方法（GB/T 15709—1995）
		高压架空送电线、变电站无线电干扰测量方法（GB/T 7349—2002）
4	合成场强	直流输电工程合成电场限值及其监测方法（GB 39220—2020）
		直流换流站与线路合成场强、离子流密度测试方法（DL/T 1089—2008）

附表 12 电离辐射

序号	项目名称	检测标准（方法）名称及编号（含年号）
1	α、β表面污染	表面污染测定 第1部分：β发射体（$E_{\beta max}$>0.15MeV）和α发射体（GB/T 14056.1—2008）
		表面污染测定 第2部分：氚表面污染（GB/T 14056.2—2011）
2	总α放射性	生活饮用水标准检验方法 放射性指标（1.1 总 α 放射性 低本底总 α 检测法）（GB/T 5750.13—2006）
		水中总α放射性浓度的测定 厚源法（HJ 898—2017）
		水中总α放射性浓度的测定 厚源法（EJ/T 1075—1998）
3	总β放射性	生活饮用水标准检验方法 放射性指标（2.1 总β放射性 薄样法）（GB/T 5750.13—2006）
		饮用天然矿泉水检验方法（4.50.1 总β放射性 薄样法）（GB/T 8538—2008）
		饮用天然矿泉水检验方法（4.50.2 总β放射性 活性碳吸附法）（GB/T 8538—2008）
		水中总β放射性测定 厚源法 （HJ 899—2017）
		水中总β放射性测定 蒸发法 （EJ/T 900—94）
4	X-γ辐射剂量率	环境γ辐射剂量率测量技术规范（HJ 1157—2021）
5	空气中γ核素分析	空气中放射性核素的γ能谱分析方法（WS/T 184—2017）
		环境空气 气溶胶中γ放射性核素的测定 滤膜压片/γ能谱法（HJ 1149—2020）
6	空气中铀	环境样品中微量铀的分析方法（3 激光荧光法）（HJ 840—2017）
		环境样品中微量铀的分析方法（4 N-235 萃—分光光度法）（HJ 840—2017）
		环境样品中微量铀的分析方法（9 CL-5209 萃淋树脂分离—2-（5-溴-2 吡啶偶氮）-5-二乙氨基苯酚分光光度法）（HJ 840—2017）
7	空气碘-131	空气中碘-131 的取样与测定 （GB/T 14584—93）
8	空气中碳-14	空气中 ^{14}C 的取样与测定方法 （EJ/T 1008—1996）
9	空气中氡	环境空气中氡的测量方法（5.1 径迹蚀刻法）（HJ 1212 —2021）
		环境空气中氡的测量方法（5.2 活性炭盒法）（HJ 1212 —2021）
		环境空气中氡的测量方法（5.3 脉冲电离室法）（HJ 1212 —2021）
		环境空气中氡的测量方法（5.4 静电收集法）（HJ 1212 —2021）
		空气中氡浓度的闪烁瓶测量方法（GB/T 16147—1995）
10	氡析出率	建筑物表面氡析出率的活性炭测量方法（GB/T 16143—1995）
		表面氡析出率测定 积累法（EJ/T 979—95）
11	水中γ核素分析	水中放射性核素的γ能谱分析方法 （GB/T 16140—2018）
12	水中钾-40	水中钾-40 的分析方法（第一篇 原子吸收分光光度法）（GB 11338—89）
		水中钾-40 的分析方法（第二篇 火焰光度法）（GB 11338—89）
		水中钾-40 的分析方法（第三篇 离子选择电极法）（GB 11338—89）
13	水中锶—90	水和生物样品灰中锶—90 的放射化学分析方法（3 二-（2-乙基己基）磷酸萃取色层法）（HJ 815—2016）
		水和生物样品灰中锶—90 的放射化学分析方法（4 发烟硝酸沉淀法）（HJ 815—2016）
		水和生物样品灰中锶—90 的放射化学分析方法（5 离子交换法）（HJ 815—2016）
14	水中铀	环境样品中微量铀的分析方法（3 激光荧光法）（HJ 840—2017）
		环境样品中微量铀的分析方法（4 N-235 萃—分光光度法）（HJ 840—2017）
		环境样品中微量铀的分析方法（9 CL-5209 萃淋树脂分离—2-（5-溴-2 吡啶偶氮）-5-二乙氨基苯酚分光光度法）（HJ 840—2017）

序号	项目名称	检测标准（方法）名称及编号（含年号）
15	水中镭	水中镭-226 的分析测定（GB11214—89）
		水中镭的 α 放射性核素的测定（GB 11218—89）
16	水中钍	水中钍的分析方法（GB 11224—89）
17	水中铯-137	水和生物样品灰中铯-137 的放射化学分析方法（HJ 816—2016）
18	水中氚	水中氚的分析方法（HJ 1126—2020）
19	水中钴-60	水中钴-60 的分析方法　（GB/T 15221—94）
20	水中镍-63	水中镍-63 的分析方法（GB/T 14502—93）
21	水中碘-131	水、牛奶、植物、动物甲状腺中碘-131 的分析方法（HJ841—2017）
22	水中钋-210	水中钋-210 的分析方法（HJ 813—2016）
23	水中铅-210	水中铅-210 的分析方法（EJ/T 859—94）
24	水中钚-239	水和土壤样品中钚的放射化学分析方法（3 萃取色层法）（HJ 814—2016）
25	水中碳-14	核动力厂液态流出物中 ^{14}C 分析方法—湿法氧化法（HJ 1056—2019）
26	土壤中锶—90	土壤中锶—90 的分析方法　（EJ/T 1035—2011）
27	土壤中镭	土壤中镭-226 的放射化学分析方法（EJ/T 1117—2000）
28	土壤中铀	土壤、岩石等样品中铀的测定激光荧光法（EJ/T 550—2000）
		环境样品中微量铀的分析方法（3 激光荧光法）（HJ 840—2017）
		环境样品中微量铀的分析方法（4 N-235 萃—分光光度法）（HJ 840—2017）
		环境样品中微量铀的分析方法（9 CL-5209 萃淋树脂分离—2-（5-溴-2 吡啶偶氮）-5-二乙氨基苯酚分光光度法）（HJ 840—2017）
29	土壤中钚-239	水和土壤样品中钚的放射化学分析方法（3 萃取色层法）（HJ 814—2016）
		水和土壤样品中钚的放射化学分析方法（4　离子交换法）（HJ 814—2016）
30	土壤中 γ 核素分析	土壤中放射性核素的 γ 能谱分析方法（GB/T 11743—2013）
31	固体中 γ 核素分析	高纯锗 γ 能谱分析通用方法（GB/T 11713—2015）
32	生物中 γ 核素分析	生物样品中放射性核素的 γ 能谱分析方法　（GB/T 16145—2020）
33	生物中锶—90	水和生物样品灰中锶—90 的放射化学分析方法（3 二-（2-乙基己基）磷酸萃取色层法）（HJ 815—2016）
34	生物中铀	环境样品中微量铀的分析方法（3 激光荧光法）（HJ 840—2017）
		环境样品中微量铀的分析方法（4 N-235 萃—分光光度法）（HJ 840—2017）
		环境样品中微量铀的分析方法（9 CL-5209 萃淋树脂分离—2-（5-溴-2 吡啶偶氮）-5-二乙氨基苯酚分光光度法）（HJ 840—2017）
35	生物中铯-137	水和生物样品灰中铯-137 的放射化学分析方法（HJ 816—2016）
36	生物中碘-131	水、牛奶、植物、动物甲状腺中碘-131 的分析方法（HJ 841—2017）
37	生物样品中 ^{14}C	生物样品中 ^{14}C 的分析方法　氧弹燃烧法（GB/T 37865—2019）

附表 13　油气回收

序号	项目名称	检测标准（方法）名称及编号（含年号）
1	液阻	加油站大气污染物排放标准（附录 A 液阻检测方法）（GB 20952—2020）
2	密闭性	加油站大气污染物排放标准（附录 B 密闭性检测方法）（GB 20952—2020）
		油品运输大气污染物排放标准（附录 A 汽车罐车油气回收系统密闭性检测方法）（GB 20951—2020）
3	气液比	加油站大气污染物排放标准（附录 C 气液比检测方法）（GB 20952—2020）
4	泄漏浓度	泄漏和敞开液面排放的挥发性有机物检测技术导则（HJ 733—2014）（只用火焰离子化检测器）
5	油气排放浓度（非甲烷总烃）	加油站大气污染物排放标准（附录 D 处理装置油气排放检测方法）（GB 20952—2020） 固定污染源废气　总烃、甲烷和非甲烷总烃的测定　气相色谱法（HJ 38—2017）

备注：该表仅供申请生态环境监测的机构参考使用。机构应根据各自的能力选择申报。若方法变更，应按最新有效的方法申报。